思茅松天然林生物量分配及环境解释

欧光龙　胥　辉　王俊峰　等　著

U0228307

科学出版社

北京

内 容 简 介

本书以云南省普洱市思茅松天然成熟林为研究对象，在调查研究区澜沧县、思茅区和墨江县三个典型位点45块样地的基础上，分析比较了三个典型位点思茅松天然林乔木层、灌木层、草本层、枯落物层及林分总生物量等维量的生物量及其分配比例变化规律，以及乔木层木材、树皮、树枝、树叶、地上部分、根系及乔木层总体等维量生物量分配比例的变化规律。采用相关性分析了各类生物量及其分配比例随温度及降水两大类气候因子，海拔、坡度和坡向等地形因子，林分密度指数、林分平均胸径、林分平均树高等林分因子，以及林地土壤因子的变化规律，并采用CCA排序对各维量的生物量及其分配比例随各类环境因子的变化进行解释。

本书可为从事森林生物量研究方面的科研人员提供科学指导，也可为森林经理学、森林生态学学习的本科生及研究生，以及林业生产实践人员提供参考。

图书在版编目(CIP)数据

思茅松天然林生物量分配及环境解释 / 欧光龙等著. — 北京：科学出版社, 2020.10

ISBN 978-7-03-066415-0

Ⅰ.①思…　Ⅱ.①欧…　Ⅲ.①思茅松–天然林–生物量–研究　Ⅳ.①S791.259.01

中国版本图书馆 CIP 数据核字 (2020) 第 200113 号

责任编辑：孟　锐 / 责任校对：彭　映
责任印制：罗　科 / 封面设计：墨创文化

科 学 出 版 社 出版

北京东黄城根北街16号
邮政编码：100717
http://www.sciencep.com

成都锦瑞印刷有限责任公司 印刷

科学出版社发行　各地新华书店经销

*

2020 年 10 月第　一　版　　　开本：787×1092 1/16
2020 年 10 月第一次印刷　　　印张：20
字数：475 000

定价：148.00 元
(如有印装质量问题，我社负责调换)

资 助 项 目

研究资助：

国家自然科学基金项目(31560209)
国家自然科学基金项目(31660202)
国家自然科学基金项目(31760206)
国家自然科学基金项目(31160157)
西南林业大学博士科研启动基金项目(111416)
云南省唐守正院士专家工作站(2018IC066)
云南省万人计划"青年拔尖人才专项"（YNWR-QNBJ-2018-184)

出版资助：

西南林业大学西南地区生物多样性保育国家林业和草原局重点实验室
西南林业大学西南山地森林资源保育与利用教育部重点实验室

著者委员会

主　著　欧光龙　胥　辉　王俊峰

副主著　黄明泉　吴文君　李　超　闫妍宇　熊河先　李潇晗

著　者（按姓氏汉语拼音顺序）

陈科屹　黄明泉　李　超　李恩良　李潇晗　梁志刚

闫妍宇　欧光龙　石晓琳　孙雪莲　王俊峰　魏安超

吴文君　肖义发　熊河先　胥　辉　徐婷婷　张　博

郑海妹　周清松

前　言

森林生物量作为森林生态系统最基本的特征数据，是研究森林生态系统结构和功能的基础(Lieth and Whittaker，1975；West，2009)，生物量的调查测定及其估算一直是林业及生态学领域研究的重点，由于生物量数据获取具有破坏性，因此其模型研究一直为学者所重视。

思茅松(*Pinus kesiya* var. *langbianensis*)是松科(Pinaceae)松属(*Pinus*)植物，属卡西亚松(*P. kesiya*)的地理变种，主要分布于云南热带北缘和亚热带南部半湿润地区(云南森林编写委员会，1988)。该树种是我国亚热带西南部山地的代表种和云南重要的人工造林树种。该树种作为重要的速生针叶树种，具有用途广泛、生长迅速的特点(云南森林编写委员会，1988)。思茅松林作为云南特有的森林类型，主要分布于云南哀牢山西坡以西的亚热带南部，其分布面积和蓄积量均占云南省有林地面积的 11%(云南森林编写委员会，1988)，具有重要的经济价值、森林生态服务功能和碳汇效益，分析并解释其生物量分配变化规律对于准确把握其林分生长及变化规律，提升森林可持续经营管理水平具有重要意义。

鉴于此，本书依托国家自然科学基金项目"考虑枯损的单木生物量分配与生长率的相对生长关系及相容性生长模型构建(31560209)""基于空间回归的森林生物量模型研建(31660202)""亚热带典型森林单木生物量空间效应变化比较(31760206)""基于蓄积量的碳储量机理转换模型构建(31160157)"，西南林业大学博士科研启动基金项目"环境灵敏的思茅松单木生物量因子模型构建(111416)"，以及"云南省唐守正院士专家工作站"和"云南省万人计划'青年拔尖人才专项'"，在调查研究区澜沧县、思茅区和墨江县三个典型位点45块样地的基础上，分析比较了三个典型位点思茅松天然林乔木层、灌木层、草本层、枯落物层及林分总生物量等维量的生物量及其分配比例变化规律，以及乔木层木材、树皮、树枝、树叶、地上部分、根系及乔木层总体等维量生物量分配比例的变化规律。采用相关性分析了各类生物量及其分配比例随温度及降水两大类气候因子，海拔、坡度和坡向等地形因子，林分密度指数、林分平均胸径、林分平均树高等林分因子，以及林地土壤测定常规八项等土壤因子的变化规律，并采用对应分析(canonical correspondence analusis，CCA)排序对各维量生物量及其分配比例随各类环境因子的变化进行解释。

本书第 1 章综述目前森林生物量及其分配变化研究概况，介绍本书的主要研究内容；第 2 章从研究区概况、数据调查、数据收集与处理等方面介绍本书相关研究的方法；第 3 章阐述三个典型位点思茅松天然成熟林的生物量及其分配比例变化规律；第 4 章采用相关性分析技术分析思茅松天然成熟林生物量及其分配比例随气候因子的变化情况，并采用 CCA 排序分析解释各维量生物量随气候因子的综合变化规律；第 5 章采用相关性分析技术分析思茅松天然成熟林生物量及其分配比例随地形因子的变化情况，并采用 CCA 排序分析解释各维量生物量随地形因子的综合变化规律；第 6 章采用相关性分析技术分析思茅松天然成熟林生物量及其分配比例随林分因子的变化情况，并采用 CCA 排序分析解释各维量生物量随林分因子的综合变化规律；第 7 章采用相关性分析思茅松天然成熟林生物量及其分配比例随土壤因子的变化情况，并采用 CCA 排序分析解释各维量生物量随土壤因子的综合变化规律；第 8 章综合分析和总结各类环境因子对思茅松天然林生物量及其分配比例的影响，并对研究存在的问题进行总结讨论。

本书是著作团队研究成果的总结，欧光龙和胥辉提出了研究的整体思路和实验设计，欧光龙和王俊峰负责野外调查、室内数据分析处理以及文本撰写等工作，硕士研究生黄明泉、吴文君参加了部分文本的撰写工作，硕士研究生李超、间妍宇、熊河先参加了野外调查及数据处理分析工作；此外，西南林业大学梁志刚等老师，肖义发、陈科屹、郑海妹、魏安超、孙雪莲、徐婷婷、张博等硕士研究生参加了野外调查及室内数据测定，普洱学院周清松副教授、墨江县林业局李恩良工程师参加了部分野外调查工作，野外调查还得到了云南省普洱市林业局及墨江县林业局、澜沧县林业局、思茅区林业局相关同志的帮助。本书出版得到"西南林业大学西南地区生物多样性保育国家林业和草原局重点实验室""西南林业大学西南山地森林资源保育与利用教育部重点实验室"的共同资助，在此一并致谢！

由于时间仓促，加之作者水平有限，书中难免存在不足之处，恳请读者批评指正！

著者

2020 年 6 月于昆明

目　　录

第1章 绪　　论

1.1　引　　言

1.1.1　研究背景及目的意义

1. 研究背景

工业革命以来，随着人类工业活动的增加和社会的不断发展，大气中的温室气体显著增加，导致的气候变化问题更加突出。气候变化不但影响着生物圈的结构、功能和生态格局，还威胁着地球的生态平衡和人类的可持续发展。因此，减少温室气体排放和增加陆地碳汇显得十分必要。植物吸收二氧化碳，并将其固定和贮藏在土壤及植物体内，从而降低大气中二氧化碳的含量。而森林不但能大量吸收空气中的二氧化碳，而且在涵养水源、保持水土、防风固沙、维护全球气候系统、调节碳平衡等方面也有重要作用。因此开展森林生物量和森林生产力的研究，不但可为森林碳汇研究提供基础数据，还可为减缓全球温室效应研究提供支持，目前已成为全球研究的热点(方精云和陈安平，2001)。

生物量分配反映的是植物对于资源的分配方式，是植物光合作用和呼吸作用的积累在不同器官间分配的结果。研究生物量在森林各层和植物各器官之间的分配规律，可以了解植物是怎样利用环境和适应环境的，也为营林生产中提高林木经济效率提供了理论支持(高成杰，2015)。当植物生长在不利的环境中时，会通过调整生物量分配模式来适应极端环境。植物生长过程中受到地形因子、林分因子、土壤因子等的影响，会对植物的生物量分配产生不同响应。因此，在生物量研究中结合环境因子，可以揭示生物量与环境的关系，以及环境在植物生长过程中对植物生物量分配的影响。目前对森林生物量的研究已经细化到植物样本的各个器官，同时还从对植物生物量分配的研究，扩大到各个气候类型林分生物量的空间分布，及其环境影响的研究。

目前，关于生物量分配的研究已经非常丰富，但采用排序分析对各环境因子与各生物量维量进行环境解释的还相对较少。思茅松天然林作为云南特有的森林类型，对其在不同典型位点的生物量分配及其生物量分配受环境的影响却鲜有研究。基于此，本书以云南普洱思茅松天然成熟林为主要研究对象，对不同典型位点思茅松天然林的生物量分配进行横向比较，同时从地形因子、林分因子、土壤因子给出环境解释，为思茅松林生物量现状、发展潜力、可持续发展和经营提供理论支持。

2. 研究目的及意义

森林生物量不但是生态系统的重要指标之一，还是生态系统中重要的量度(徐郑周，2010)。生物量研究是森林生态系统中的基础研究，其成果可为生态系统能量流动、养分循环、碳汇和碳循环提供关键数据(Houghton et al.，2001；Krebs，1972)。因此，围绕思茅松天然林生物量的研究，特别是关于天然林生物量分配及环境解释的研究成为关键。

首先，森林生物量和森林生产力的研究是森林碳汇研究的基础数据，能为减缓全球温室效应研究提供支持(方精云和陈安平，2001)。研究思茅松天然林生物量，可为思茅松林森林碳汇的转化及其测算提供基础。

其次，对森林生物量在整个生态系统中的分布和森林生物量机理的研究，可以揭示生物量与环境的关系，探索林地持久生产力和森林生态健康的生理要素和生态条件，为评价森林生态系统的生长能力、森林生态系统的物质循环和能量利用、提高森林经营质量和森林可持续经营提供理论支持(Andersson et al.，2000；高成杰，2012)。思茅松天然林生物量分配的环境解释研究，可为思茅松林的生态服务功能、营林管理、提高生产力、开发利用、可持续发展等提供科学依据，为思茅松天然林各维量生物量研究提供案列。

再次，森林生物量的积累可为人类提供大量生物能源材料，通过生物量的研究可以提高森林经营的生物量产出，缩短能源林的轮伐期，增加森林生物量的产出，探索可再生生物能源(Houghton et al.，1996)。探究思茅松天然林生物量可为思茅松人工林增加出材率和缩短轮伐期的技术措施提供相关依据。

1.1.2 生物量国内外研究概述

1. 森林生物量研究概述

生物量是指一定时间内单位空间范围中所产干物质的累积量，一般以干物质的质量表示，其单位是 g/m^2 或 t/hm^2。森林生物量是指单位面积的森林所积累的全部干物质的质量(胥辉和张会儒，2002)。

森林生物量的研究作为森林生态系统中的基础研究，其成果不但能为生态系统能量流动和养分循环研究提供依据，还能为森林碳汇和全球碳循环研究提供关键数据(Houghton et al.，2001；Krebs，1972)。德国学者 Ebermeyer 于 1876 年对几类森林树枝的落叶量、木材的重量进行了测定，最先开展了森林生物量的研究。之后，Boysen(1910)在研究森林自然稀疏问题时，对林分初级生产力进行了测算。Kittredge(1944)成功将数学模型应用到白松等树的生物量测算中。20 世纪 60 年代开始，在国际生物学计划(international biological programme，IBP)和人与生物圈计划(man and the biosphere programme，MBA)的推动下，许多国家的学者开展了生物量的相关研究，生物量研究迎来了一个新的高潮。Ogawa 等(1961)研究了森林生态系统的初级生产力和生物量；Satoo(1955)研究了温带森林生物量；Maclean 和 Wein(1976)研究了混交林的生物量等；到 20 世纪后期，全球碳循环、森林碳源、碳汇的研究成为热点，也推动了森林生物量的相关研究。近年来，对森林生物量的研究不但细化到植物样本各器官生物量分配的研究，还扩大到各个气候类型林分生物量的空间分布，及其环境影响的研究。

我国对森林生物量的研究始于 20 世纪 70 年代末，最早的是对人工林中杉木和马尾松生物量的研究(潘维俦等，1978；张家武和冯宗炜，1980；冯宗炜等，1982)。李文华等(1981)也对天然林生物量进行了研究。以上研究使我国在人工林和天然林生物量研究方面都有所发展。陈灵芝和任继凯(1984)在研究人工油松林中使用数学模型预测生物量，为生物量模型的发展奠定了基础。方精云等(1996)用材积推算生物量的方法在大尺度上推算了我国森林植被的生产力，研究了生物量的分配格局。邢素丽等(2004)基于 ETM 数据探讨了落叶松林生物量的估算方法，扩展了估测生物量模型的技术方法，让大尺度森林生物量的研究成为可能。在我国学者多年的努力研究下，东起滨海，西到青藏高原，北至寒温带，南达亚热带都有了森林生物量的研究(谢寿昌，1996；陈灵芝和任继凯，1984；鲍显诚等，1984；彭少麟和张祝平，1996)。为我国评价森林生态系统的生长能力、森林生态系统的物质循环和能量利用、人工林营林水平做出了积极贡献。

对于森林生物量的研究，如何测定森林生物量是关键。森林生物量的测定方法可分为：收获法、平均生物量法(包括平均木法和相对生长法)、材积转换法。在遥感技术日益成熟的背景下，采用遥感技术与地理信息系统技术结合的方式，可以在大尺度区域对植被生物量进行估测(万猛等，2009)。但是，森林生物量在实际测定过程中，还是以平均生物量法和材积源生物量法为主(欧光龙，2014)。

2. 生物量分配研究概述

1) 生物量分配

生物量分配是资源的重要分配方式，植物光合、呼吸共同作用产生了生物量的积累，也形成了在植物不同器官间生物量的分配结果。揭示生物量在植物各器官之间以及森林各层之间的分配规律，不但有利于我们更好地了解植物怎样适应环境，还为调控环境因子提高植物特定器官生物量积累，产生良好经济效率提供了理论依据(高成杰，2015)。

Macarthur 和 Pianka(1966)于最先提出了分配理论，Harper(1967)将它运用到个体植物中，由此将个体植物的生理指标和生活史连接到了一起。Harper 和 Ogden(1970)首次提出生物量分配(biomass allocation)理论，该理论是基于植物个体水平上的光合作用产物在不同的植物器官或功能单位间的配置方式(Enquist and Niklas，2002)，体现了植物个体之间在资源竞争方面的能力大小。生物量分配不但在植物生活史的每个阶段有所体现，还对植物的生长和发育产生影响。生物量在植物各器官之间不同的分配有利于植物应对生物和非生物变化带来的威胁(Bonser and Aarssen，2009；Poorter et al.，2012)。例如，植物根系部分受限制，植物就会分配更多生物量给根系；若受限制的是地上部分，植物就会把更多的生物量分配给嫩枝(Davidson，1969；Hunt and Burnett，1973)。

国外的相关研究认为 CO_2 浓度、光照强度、温度、水分、海拔、营养成分等因素都会影响生物量的分配。随着 CO_2 浓度的增加，大多数植物的光合作用会随之增强，短期内会减少植物地上部分的生长限制，其叶质比会增加，但变化趋势并不明显(Poorter et al.，2012)。植物地下部分和叶片之间存在的膨压因 CO_2 浓度的升高而增加，导致根系获得更多的生物量(Xu et al.，2007)。植物的淀粉含量也受光照的影响，低光照情况下植物的淀粉含量较低，同时植物的淀粉含量随植物根系生物量分配比例的增加而增加(De Groot et al.，2002)。光照强度的增加会使空气湿度下降、温度升高，同时水分胁迫会影响植物的生理生长，因此植物通过降低光合作用，减少呼吸作用，增加生物量分配比例来适应高光强环境(Lockhart et al.，2008)。光照较弱时，植物的地上部分会分配到更多的生物量，但光照增加后，植物的分配模式会随之发生改变(Poorter and Nagel，2000；Snyman，2005；Grechi et al.，2007)。植物在低温情况下其茎叶比会降低，而根质比(Root Mass Ratio)会增加(Andrews et al.，2001；Poorter et al.，2012)。在低温下植物的相关功能会遭到破坏，包括光合作用、养分的吸收和运输等，同时由于水分吸收速率的降低导致根系生物量增加(Lambers et al.，2008)。缺水的植物根系会得到更多的生物量分配，而不缺水时植物的地上部分会得到更多的生物量分配(Villar et al.，1998)。同样水分会影响植物蛋白质合成的能力，当植物受到水分胁迫时会降低体内氮含量，同时增加根系生物量分配比例(Poorter and Nagel，2000)。随着海拔梯度的变化，植物的个体形态和生物量都会发生显著变化，在高海拔地区的植物个体通常比低海拔地区的矮小，可以简单理解为植物生物量随海拔的增加而减少。但在研究中发现，随着海拔的增加，温度降低、辐射增强以及大风带来的恶劣天气等变化，植物的有些功能器官为了适应环境其生物量会增加，如植物的叶片会变厚(Xiang et al.，2009)。土壤中的物质也会对植物生物量产生影响，当土壤中的氮浓度逐渐增加，叶片的生物量增加明显，地下生物量却呈减小的趋势(Burton et al.，2015)。一些研究发现，不同营养元素对植物的生物量分配有不同影响，土壤中氮元素、磷元素和硫元素的含量与根系生物量分配比例呈负相关，而钾元素、镁元素和锰元素的含量与根系生物量分配比例呈正相关(Ericsson et al.，1996；Balachandran et al.，1997)。

国内的相关研究也是从营养成分、海拔、水分、放牧等角度研究植物的生物量分配，并取得了一定成果。王军邦等(2002)、吴楚等(2004)通过研究根冠比来反映植物对养分、光照的竞争能力。张林静等(2007)研究了高海拔地区植物生物量分配的变化；马维玲等(2010)研究了植物叶片生物量随海拔梯度变化的情况。王娓等(2008)研究了北方天然草地地下和地上生物量比值与降雨量的关系。耿浩林等(2008)研究了植物地下部分和地上部分生物量分配的关系。宋智芳等(2009)研究了在收割和放牧影响下伊犁绢蒿根生物量分配的变化情况。樊维等(2010)研究了氮肥对克氏针茅草原生物量分配的影响。黎磊和周道玮(2011)研究了红葱的器官生物量分配比例与个体密度之间的关系，以及在光胁迫下红葱地上部分和地下部分生物量分配的变化趋势。孙洪刚等(2014)研究了水分对 1 年生毛红椿幼苗生物量分配的影响。相关研究表明，植物生长过程中受环境的影响生物量分配会发生改变。

根据目前对各森林类型和树种生物量分配的研究发现，在森林林层生物量维量上，乔木层的生物量占比最大。在乔木层各生物量维量上，树干生物量占绝对优势。其他生物量维量由于森林类型、树种和环境条件等的不同各有差异。谢贤健等(2005)对巨桉人工林地上部分各维量生物量研究后发现：树干>树皮>树枝>树叶。武会欣等(2006)对油松林各维量生物量研究后发现：树干>树根>树枝>树叶。姜韬等(2012)对油松各维量生物量研究后也发现：树干>树枝>树根>树叶。

2)生物量分配的影响因素

在植物生长和发育的每个阶段都伴随着植物的生物量分配，其分配模式也是植物为适应环境和植物进化的结果(薛海霞，2016)。相关研究认为影响植物生物量分配的主要因素包括植物遗传特性、生理生长过程和环境因子(马冰，2016；Mccarthy and Enquist，2007)。其中对植物生物量分配模式和总体策略起决定性作用的是植物的遗传特性，而生理生长过程和环境因子只对植物生物量分配的模式有影响，生理生长过程是内在因素，环境因子是外在因素，两者共同作用(马冰，2016；Poorter and Nagel，2000；Enquist and Niklas，2002)。

从整个植物的生长史出发，植物是一个有机的整体，其生长发育的每个过程都会对生物量分配产生一定影响。目前对于生物量分配的影响因素研究主要集中在：植物生物学特性、植物不同的生长发育阶段、外界的干扰、不同的环境梯度等。在植物不同的生长发育阶段研究中，目前认为植物光合作用产生光合产物的过程、植物光合产物运输的过程、植物繁殖分配的过程以及光合产物在各植物器官利用的过程都对植物生物量分配有直接影响(薛海霞，2016)。在植物的不同生长阶段研究中，目前认为植物在不同的生长阶段，各器官具有不同的生长速率，这种生长速率的差异造成了植物生物量分配在各个器官上的不同，该种生物量分配方式不受环境因子影响，而是与植物个体发育或植物生长快慢有关；只有在植物各器官呈等速生长时，植物生物量分配在各器官上的差异才是环境因子引起的(Mcconnaughay and Coleman，1999)。而在环境因子对生物量分配的研究中，众多学者从光照、水分、土壤养分等角度研究了植物生物量分配的影响，但是目前还未得到一致结论(卓露等，2014；全国明等，2015；李雯等，2015；马志良等，2015)。

3. 生物量分配的环境解释研究概述

在一定环境下，植物的生物量在不同器官之间的分配变化体现在相对生长速率的差异上，该分配变化主要受植物个体发育、植物生长快慢的影响(Lacointe，2000)。而在相对长的时间尺度上，植物为了适应环境，会在植物形态上发生可塑性改变，形成不同的生物量分配结果，该结果则由环境因子引起(Malhi et al.，2010；Jackson et al.，2000)。植物的生长发育过程中，当受到某些环境因子影响时，会通过调整生物量分配格局来降低环境因子的影响(Huston and Smith，1987；Tilman，1989)。例如：植物根茎比大时对养分需求和吸收的能力更强，而植物根茎比小时对光照需求的能力更强。许多研究认为，当植物在不利环境中时，会通过调整生物量分配模式来适应环境(Chapin et al.，1987)。但是，另一些研究则认为，植物个体在不同阶段的生长发育所产生生物量的不同分配不具有真实的可塑性(Mcconnaughay and Coleman，1999；Wright and Mcconnaughay，2002)。

植物生物量分配的不同是各种因子综合作用的结果，但是从环境因子对植物生物量分配影响的角度讲，不同的环境因子对植物生物量分配的影响程度不同。其中气候因子、地形因子、林分因子、土壤因子等是植物生物量分配的主要影响因子。

1) 气候因子

在低温条件下，植物的一系列功能均会遭到破坏，对水分的吸收速率会降低，茎和叶的生物量分配比例也会降低，同时根系的生物量增加(Lambers et al.，2008；Andrews et al.，2001；Poorter et al.，2012)。但也有研究发现，在草原生态系统中升温会导致根系生物量分配比例变少(Mokany et al.，2006)。Litton 等(2010)从全球尺度上研究了温度变化对植物生物量的影响，研究表明，热带和温带的升温会使植物根系生物量分配比例增加，而北方寒温带林区升温会使植物根系生物量比例分配减少。

大量的研究表明，植物因水分胁迫时，气孔会关闭，进而影响植物的呼吸作用，导致植物的同化能力下降(French and Turner，1991)，但为保证水分的供给，植物根系会得到更多的生物量分配(Mcconnaughay and Coleman，1999)。还有的研究认为，植物在水分胁迫下，根系生物量分配增多，是因为植物蛋白质合成能力减弱，氮含量降低(Poorter and Nagel，2000)。Hale 等(2005)在研究中发现，养分胁迫对植物生物量分配的影响大于水分胁迫的影响，但在干旱环境中植物对生物量分配的响应是显著的。韩国栋(2002)研究了降水量对小针茅草生产力的影响，结果表明，生长期的小针茅草群落初级生产力与降水量呈正相关。王娓等(2008)研究了我国北方年降水量对天然草地生物量分配的影响，结果表明，草地根系生物量和地上生物量的比值与年降水量成反比。

2) 地形因子

植物的个体形态和生物量在地形因子的影响下发生显著变化。就植物个体而言，随海拔的升高植物个体形态会变矮小，生物量会逐渐变少。但植物器官的生物量分配较复杂。相关研究认为，随海拔的升高植物器官的生物量会减少，但是随海拔的升高植物所处的环境也会发生改变，植物为了抵御高海拔环境，某些重要功能器官的生物量反而增加(Xiang et al.，2009)。但另有研究发现，植物叶生物量在海拔变化的情况下分配比较稳定，而茎的生物量发生了改变；这是由于在海拔变化下植物其他器官的生物量发生了变化，茎需要支撑这些器官的重量，故茎的生物量也发生了变化(Fabbro and Korner，2004)。张茜等(2013)通过研究毒狼生物量和海拔的关系发现，随海拔的升高毒狼地上生物量逐渐降低。

李鹏(2013)对秦岭森林乔木层地上生物量研究后发现，随海拔和坡度的变化，森林生物量呈先增加后减少的趋势，而森林生物量随坡向的变化呈阴坡积累高于半阴坡和半阳坡，阳坡积累最小的变化规律。李娜(2008)对川西亚高山森林生物量的研究发现，该区域的森林植被生物量随海拔的升高呈先增加后减少的变化趋势，当海拔为 3800~4200m 时森林植被生物量最大。而森林植被的生物量随坡度的增加呈增加的趋势。坡向对森林植被生物量的变化则表现为半阴坡＞半阳坡＞阳坡＞阴坡＞无坡向。

3) 林分因子

林分因子既是表征林分特征的因子，也是表征林分立地质量和林木竞争的重要因子，反映的是林木竞争状态的指标，在一定程度上反映了林木生长的拥挤状态。

郁闭度直接影响森林灌木层和草本层的光照强度，进而影响林下植被生物量的分配。杨梅等研究了马尾松-肉桂人工林在郁闭度的影响下林下植被生物量的变化规律，发现随林分郁闭度的增加林下枯落物层的生物量呈增加趋势，而灌木层和草本层的生物量则呈减少趋势。罗春旺(2016)在研究湿地松生物量分配时发现，林分密度对单株生物量及组分生物量的分配比例均有影响，单株生物量随林分密度的增加而减少。张佐明等(2012)在研究落叶松时发现，落叶松的胸径与落叶松叶生物量呈直线关系，随胸径的增加叶生物量也增加。林开敏等(2001)通过对杉木人工林林下生物量的研究发现，地位指数和林龄的不同，林下枯落物层的生物量差异较明显。赵菡(2017)对江西省的主要树种进行研究时，利用优势木的树高和胸径建立模型,通过计算生物量均值来体现林分立地质量,也是林分因子对生物量分配影响的体现。

4)土壤因子

土壤养分是植物生长发育的基础,对植物生物量分配的影响较大。土壤中的元素对植物生物量分配比例作用显著,其中氮、磷、硫的含量增加会使植物的根冠比减小,钾、镁、锰的含量降低同样会使植物的根冠比减小,而钙、铁、锌的含量对生物量分配也会产生影响(Nielsen and Eshel,2001)。根系生物量的分配比例随土壤中氮、磷、硫元素含量的增加而减少,随土壤中钾、镁、锰元素的增加而增加(Ericsson et al.,1996;Balachandran et al.,1997)。王满莲和冯玉龙(2005)通过研究氮元素对生物量分配的影响发现,供氮水平的高低会影响植物生物量的分配。在供氮量较少时,植物为快速吸收养分,会把更多的光合产物分配给吸收营养的构件。而供氮充足时,植物会把更多的光合产物分配给同化功能的单位,增加碳的积累。

5)其他环境因子

植物生物量分配的不同既可由单一环境因素引起,也可能是多种环境因素共同作用的结果。大量研究表明,植物形态和生物量的分配受环境的综合影响显著(高成杰,2015)。光照、二氧化碳等因素都会影响植物的生物量分配。

在光照充足的情况下,根系生物量增加,而叶片生物量减少。在高光照条件下,空气湿度降低,温度升高,因植物受水分胁迫,故植物会关闭气孔,减少光合作用,增加根系的生物量分配来缓解水分胁迫的影响(Lockhart et al.,2008)。在光照不足的情况下,植物的叶片生物量增加,以增大叶面积获取更多的光照(Grechi et al.,2007;Poorter and Nagel,2000)。其原因在于光照较弱的情况下,植物的光合作用能力较弱,植物生长缓慢,利用水分变少,同时气孔导度变低,养分需求变少,但为了功能平衡,会降低地下部分生物量的分配,而提高茎和叶片的生物量(高成杰,2015)。同时,在低光照条件下,植物的淀粉含量也较低,并且淀粉含量随根系生物量分配比例的增加而增加(De Groot et al.,2002)。还有研究发现,在光照不足的情况下,植物茎生物量的比例也会增大(Ccd G et al.,2002)。黎磊等(2011)研究了红葱生物量分配和光胁迫之间的关系,研究发现,在光胁迫增加的情况下,地上部分生物量分配比例增加,而地下部分生物量分配比例减少。植物在光资源受限的情况下,会减少根系生物量的分配增加地上部分的生物量,以吸收更多的阳光。

植物的光合作用为植物提供能量,当环境中的二氧化碳浓度升高时,植物可能会减少地上部分对生长的限制,叶质比就会有增加的趋势(Poorter et al.,2012)。还有研究发现,随环境中二氧化碳浓度的升高地下部分和叶片之间的膨压也会升高,导致根系分配到更多的生物量(Xu et al.,2007)。张玲等(2013)研究了3种枫香在水分和养分的共同作用下生物量分配比例的变化,研究表明,当植物处于干旱状态下,地下部分吸收利用氮元素的效率随水分的减少而增加,植物为逃避干旱对生长的影响,会增加根系生物量分配比例,加强对水分和养分的吸收能力。耿浩林等(2008)对草原植被的研究发现,降水量和温度会影响草原羊草根冠比的变化。

1.2 思茅松研究概述

1.2.1 思茅松简介

思茅松(*Pinus kesiya* var. *langbianensis*)是松科(Pinaceae)松属(*Pinus*)常绿乔木,为卡西亚松(*P. kesiya*)的地理变种,分布于云南热带北缘和亚热带南部半湿润地区(云南森林编写委员会,1988),包括云南南部文山州麻栗坡县、普洱市及西部德宏州芒市等海拔1800m以下的地区,在国外主要分布于越南中部、北部及老挝等地(中国植物志编辑委员会,1978)。思茅松为喜光树种,深根性,喜高温湿润环境,不耐寒冷,不耐干旱瘠薄土壤。作为重要的速生针叶树种,思茅松具有用途广泛、生长迅速的特点,较其他针叶树种,其主干及一年生枝条每年生长两轮至多轮,是我国亚热带西南部山地的代表种,也是云南重要的人工造林树种。其分布面积和蓄积量均占云南省有林地面积的11%(云南森林编写委员会,1988),具有重要的经济价值、森林生态服务功能和碳汇效益(吴兆录和党承林,1992a;1992b;温庆忠等,2010;李江,2011)。分析并解释其生物量分配变化规律对于准确把握其林分生长及变化规律,提升森林可持续经营管理水平具有重要意义。

1.2.2 思茅松研究简介

在我国,对思茅松的研究始于20世纪90年代,最早是在普洱地区吴兆录和党承林(1992b)从生物量的方向对思茅松进行了研究。主要研究成果为,林分总生物量与林龄成正比,且在乔木层各器官生物量维度上发现树干生物量最高,树枝生物量次之,之后各器官生物量按根系、叶、果的顺序依次减少。李泰君等(2008)采用思茅松树干部分的生物量建立模型,对思茅松木材基本密度和思茅松树皮率的变化进行了分析。朱丽梅和胥辉(2009)在云南景谷县通过对不同思茅松林龄、立地和密度的多元相关分析发现,思茅松胸径和树高与地上部分生物量及各分量之间的相关性较高,并确定了思茅松生物量的最优估测模型。肖义发等(2014)主要从思茅松根系的角度进行了研究,不但对思茅松单木根系生物量进行了研究,还对思茅松的单木主根、侧根和总根系生物量估测模型进行了研究。欧光龙等(2014)通对思茅区的思茅松天然林建立地理加权回归模型,研究了克服思茅松最小二乘生物量模型中异方差的问题。孙雪莲等(2015)以TM影像和二类调查小班空间属性数据库为信息源,在已有思茅松单木生物量模型的基础上,建立了随机森林回归遥感估测模型,并估测了云南景谷县人工思茅松林的生物量。

综上所述,对思茅松的研究都集中在思茅松胸径变化、根系生物量估测、林分多样性、单木生物量模型和大尺度生物量估测模型上,而对于典型地段思茅松天然林生物量分配的比较分析及其环境解释的研究却鲜有报道。

1.3　主　要　内　容

1.3.1　思茅松天然林生物量分配规律分析

以基本测树因子为基础,分析比较澜沧县、思茅区和墨江县三个典型位点思茅松天然林乔木层、灌木层、草本层、枯落物层和总生物量在地上和根系等维量的生物量及生物量分配比例的变化规律,以及乔木层木材、树皮、树枝、树叶、地上部分、根系及乔木层总体等维量生物量的分配比例变化规律。

1.3.2　思茅松天然林生物量分配的环境解释

通过分析各维量生物量与环境因子的相关性、各维量生物量随环境因子的变化规律以及 CCA 排序对生物量分配随环境因子的变化进行解释。

第2章 研究方法

2.1 研究区概况

研究区普洱市位于云南省西南部，境内群山起伏，山地面积占全市面积的98.3%，地处北纬22°02′～24°50′、东经99°09′～102°19′，北回归线横穿中部。东临红河、玉溪，南接西双版纳，西北连临沧，北靠大理、楚雄，总面积45385km²，是云南省面积最大的州（市），全市海拔为317～3370m。普洱市曾是"茶马古道"上重要的驿站。由于受亚热带季风气候的影响，这里大部分地区常年无霜，是著名的普洱茶的重要产地之一，也是中国最大的产茶区之一。

全市年均气温15～20.3℃，年无霜期在315d以上，年降雨量1100～2780mm。全市森林覆盖率高达67%，有2个国家级、4个省级自然保护区，是云南"动植物王国"的缩影，全国生物多样性最丰富的地区之一；是北回归线上最大的绿洲，最适宜人类居住的地区之一。全市林业用地面积约310.4万hm²，是云南省重点林区、重要的商品用材林基地和林产工业基地。

本研究涉及普洱市墨江哈尼族自治县（墨江县）、思茅区、澜沧拉祜族自治县（澜沧县）3个区县（图2.1），均为思茅松集中分布的东、中、西部地区。结合实地调查后，选定的研究位点为：墨江县通关镇（Site Ⅰ）伐区、思茅区云仙乡（Site Ⅱ）伐区、澜沧县糯福乡（SiteⅢ）伐区。

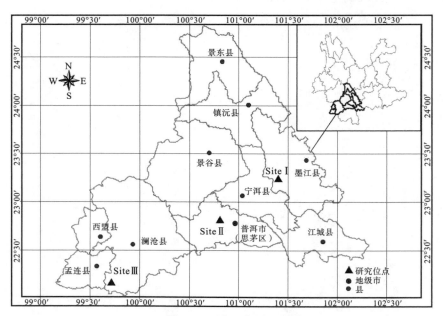

图2.1 研究区位置示意图

2.2　数据调查与测定

2.2.1　样地调查

样地调查在普洱市思茅区、墨江县、澜沧县三区县。结合当地伐木实际开展调查工作，并选择墨江县通关镇、思茅区云仙乡及澜沧县糯福乡的伐区作为研究位点(表 2.1、图 2.2)。

表 2.1　研究位点基本情况表

研究位点	经纬度		海拔/m	样地数/个
墨江县通关镇	N23°19′20.4″~23°19′26.5″	E101°24′0.9″~101°24′15.6″	1300~1620	15
思茅区云仙乡	N22°49′28.8″~22°50′30.1″	E100°47′25.0″~100°47′46.7″	1080~1460	15
澜沧县糯福乡	N22°11′29.1″~22°11′42.3″	E99°42′33.8″~99°42′48.8″	1260~1560	15

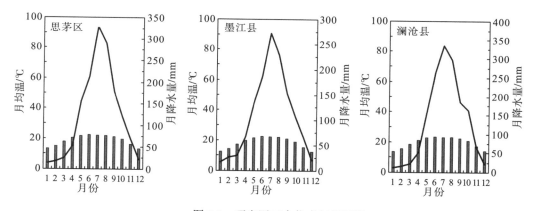

图 2.2　研究区三个位点气候图谱

在三个位点分别调查 15 个思茅松样地，样地面积为 $600m^2$，共计 45 个样地(表 2.2)。记录样地经纬度信息、地形因子(坡度、坡向、海拔、坡位等)，并取样进行室内测定；并进行乔木每木检尺(起测径阶 6cm)，记录物种名称、树高和胸径；并计算林分优势高、林分平均高、林分平均胸径等数据；并分层进行生物量测定。

乔木层生物量调查，在每木检尺的基础上，选取思茅松标准木进行测定(具体测定方法见 2.3.2 节)，其他树种则根据相关文献模型进行计算；灌木层生物量在样地内设置 3 个 5m×5m 的小样地调查，地上部分采用全称重法调查，根系则选取标准木测定生物量根茎比进行套算；草本层生物量测定，在样地内设置 3 个 1m×1m 的小样地，采用全称重法分别称取地上和根系部分鲜重，并取样；枯落物层测定则是在样地内设置 3 个 1m×1m 的小样地，采用全称重法称取其鲜重并取样。

表 2.2   样地基本特征表

变量	样地数/块	最小值	最大值	平均值	标准差
林分平均高 H_m/m	45	9.85	26.03	16.09	0.58
林分优势高 H_t/m	45	13.50	31.10	20.52	0.61
林分平均胸径 D_m/cm	45	9.91	22.19	14.82	0.39
林木株数 N/株	45	38.00	205.00	94.60	4.38
林分总胸高断面积 G_t/m²	45	0.8868	2.4163	1.5455	0.0488
林分平均胸高断面积 G_m/m²	45	0.0077	0.0387	0.0178	0.0009
林分蓄积 M/(m³/hm²)	45	85.29	360.60	204.48	9.87

2.2.2   样木生物量调查

    样木生物量调查结合样地调查开展，并考虑径阶分布，共计调查 128 株样木（表 2.3），其中根系调查 50 株。记录各样木基本信息，包括经纬度、海拔、坡度和坡向等因子。

    生物量测定采取分器官分别测定。主干部分采用材积密度法测定生物量，将伐倒木分段测定长度、直径等因子套算材积，分段称取鲜重，并取样；枝、叶采用分级标准枝法进行测定；枯枝、嫩枝、果实采用全称重法；根系采用全称重法测定，记录主根根长及基径，主根生物量分段称重并取样，侧根全称重并取样。

表 2.3   样木基本特征表

变量	样本数/株	最小值	最大值	平均值	标准误
树龄 A/a	128	8.00	82.00	39.46	1.35
胸径 DBH/cm	128	4.40	58.30	27.20	1.11
树高 H/m	128	6.10	37.00	19.00	0.59
冠长 CL/m	128	2.30	20.50	9.09	0.37
冠幅 CW/m	128	2.00	19.72	8.34	0.32
竞争指数 CI	128	0.34	341.74	37.51	4.73
带皮材积 V_i/m³	128	0.0086	3.1402	0.7864	0.0666
去皮材积 V_o/m³	128	0.0060	2.9059	0.6930	0.0600
树皮材积 V_b/m³	128	0.0026	0.3423	0.0933	0.0072

2.2.3   数据测定

    （1）含水率测定。称定在野外取样，样品鲜重，然后在 105℃烘箱内将样品烘至恒重，并称重，测算出含水率。

    （2）树干和树皮密度测定。参考胥辉和张会儒（2002）的树干和树皮密度测定方法。

    （3）土壤数据测定。土壤样品带回实验室处理测定常规八项指标，即土壤 pH（PH）、土壤有机质含量（OM）、全氮（TN）、全磷（TP）、全钾（TK）、水解性氮（HN）、有效磷（YP）、速效钾（SK）。

2.3　数据收集与整理

2.3.1　环境因子数据的整理计算

1. 地形因子数据

通过实地调查,对样地及样木所处位置的地形因子(海拔、坡度和坡向)进行记录整理,并分级(表 2.4～表 2.6)。

表 2.4　海拔因子分级及代码表

赋值	划分标准/m	赋值	划分标准/m
1	1200 及以下	4	1400～1500
2	1200～1300	5	1500 以上
3	1300～1400		

表 2.5　坡向因子分级及代码表

赋值	坡向	划分标准/(°)	赋值	坡向	划分标准/(°)
1	北坡	方位角 337.5～22.5	5	南坡	方位角 157.5～202.5
2	东北坡	方位角 22.5～67.5	6	西南坡	方位角 202.5～247.5
3	东坡	方位角 67.5～112.5	7	西坡	方位角 247.5～292.5
4	东南坡	方位角 112.5～157.5	8	西北坡	方位角 292.5～337.5

表 2.6　坡度因子分级及代码表

赋值	坡度级	划分标准/(°)	赋值	坡度级	划分标准/(°)
1	平坡	坡度小于 5	4	陡坡	坡度 25～35
2	缓坡	坡度 5～15	5	急坡及险坡	坡度 35 以上
3	斜坡	坡度 15～25			

2. 气候因子数据收集

研究所用的气候数据从环境气候网站 WORLDCLIM (http://www.worldclim.org) 获得。所有的气候指标数据图层在 ArcGIS 10.1 软件平台下,利用 Spatial Analyst Tools 中的 Extraction 工具,根据样点的经纬度坐标提取信息,将所有数据提取后整理保存。本研究选取年降水量和年均温作为气候因子代入模型(表 2.7)。

表 2.7　气候数据指标表

气候变量	变量描述	气候变量	变量描述
Bio1	年均温	Bio4	温度季节变异系数
Bio2	最热月均温和最冷月均温差	Bio5	极端最高温
Bio3	等温性	Bio6	极端最低温

续表

气候变量	变量描述	气候变量	变量描述
Bio7	气温年较差	Bio14	最干月降水量
Bio8	最湿季均温	Bio15	降水季节变化系数
Bio9	最干季均温	Bio16	最湿季降水量
Bio10	最热季均温	Bio17	最干季降水量
Bio11	最冷季均温	Bio18	最热季降水量
Bio12	年降水量	Bio19	最冷季降水量
Bio13	最湿月降水量		

3. 林分因子数据整理

(1)地位指数计算。地位指数(site index，SI)引用王海亮(2003)的思茅松天然林次生林地位指数计算公式：

$$SI = H_t \cdot \exp\left(\frac{15.46}{A} - \frac{15.46}{20}\right) \tag{2.1}$$

式中：SI——地位指数；

H_t——林分优势木平均高；

A——林分年龄，基准年龄取值为 20 年。

(2)林分密度指数计算。林分密度指标选取 Reineke(1933)提出的林分密度指数(stand density index，SDI)，其计算公式中相关指数参考王海亮(2003)提出的思茅松林分密度指数计算参数值，其计算公式及参数如下：

$$SDI = N\left(\frac{D_0}{D}\right)^b = N \cdot \left(\frac{12}{D}\right)^{-1.936} \tag{2.2}$$

式中：SDI——林分密度指数；

N——现实林分中每公顷株数；

D_0——标准平均直径［参考王海亮(2003)的研究成果，其值为 12cm］；

D——现实林分平均直径；

b——完满立木度林分的株数与平均直径之间的关系斜率值［参考王海亮(2003)的研究成果，其值为-1.936］。

2.3.2　单木生物量数据计算

木材和树皮生物量通过材积密度法计算得出，其他器官组件生物量通过鲜重数据乘以对应样品的干物质率得出。单木生物量各维量数据见表 2.8。

表 2.8　单木生物量基本数据特征表

维量	样本数/株	最小值/kg	最大值/kg	平均值/kg	标准误/kg
木材生物量	128	2.25	1362.97	314.80	28.09
树皮生物量	128	0.85	140.86	40.83	3.12

续表

维量	样本数/株	最小值/kg	最大值/kg	平均值/kg	标准误/kg
树枝生物量	128	0.15	613.43	66.42	8.23
树叶生物量	128	0.07	50.60	6.13	0.62
地上部分生物量	128	3.33	2108.00	434.35	38.18
根系生物量	50	2.22	538.79	56.33	10.93
整株生物量	50	31.37	2646.79	351.01	57.95

2.3.3　林分生物量数据计算

1. 乔木层生物量计算

（1）乔木层思茅松生物量各维量计算。选取乔木层不同径阶的标准木进行思茅松生物量和碳储量计算。各径阶株数与对应径阶级的思茅松各器官组件的生物量和碳储量值乘积之和即为各器官组件生物量和碳储量值。计算公式如下：

$$W_{sta} = \sum_{i=1}^{n} W_{ij} \times n_i \tag{2.3}$$

式中：W_{sta}——某样地思茅松林分生物量；

　　　W_{ij}——第 j 径阶 i 器官组件的生物量；

　　　n_i——j 径阶的思茅松林木株数。

（2）乔木层其他树种各维量生物量计算。由于调查样地是思茅松为优势树种的林分，甚至是思茅松纯林，因此，本研究仅构建思茅松单木生物量各维量模型用于计算林分内思茅松单木生物量；其他树种生物量通过收集研究区及相似区域的树种(组)的生物量模型公式来计算(表 2.9)。

表 2.9　主要树种生物量计算公式列表

树种或树种组	生物量公式	参考文献	备注
刺栲 (*Castanopsis hystrix*)	$W_s=0.6417\cdot(D^2H)^{0.9129}$；$W_b=0.1068\cdot(D^2H)^{0.9742}$； $W_l=0.3952\cdot(D^2H)^{0.7515}$；$W_r=0.3170\cdot(D^2H)^{0.8608}$	李东，2006	——
红木荷 (*Schima wallichii*)	$W_s=0.2697\cdot(D^2H)^{1.0183}$；$W_b=0.0567\cdot(D^2H)^{1.0135}$； $W_l=0.0495\cdot(D^2H)^{0.8107}$；$W_r=0.6326\cdot(D^2H)^{0.8641}$	李东，2006	——
西南桦 (*Betula alnoides*)	$W_s=0.563\cdot D^{2.631}$；$W_b=0.0003\cdot D^{3.6499}$； $W_l=0.0022\cdot D^{2.6063}$；$W_r=0.0113\cdot D^{2.5878}$	刘云彩等，2008	——
其他常绿阔叶树种	$W_s=0.1597\cdot(-0.3699+D)^2$；$W_b=6.0763\times10^{-6}\cdot(5.3554+D)^5$； $W_l=0.1135+1.7756\times10^{-3}\cdot D^3$；$W_r=0.8718\cdot\exp(0.2166\cdot D)^{-0.796}$	党承林和吴兆录，1992	——
其他硬阔树种	$W_s=0.044\cdot(D^2H)^{0.9169}$；$W_p=0.023\cdot(D^2H)^{0.7115}$； $W_b=0.0104\cdot(D^2H)^{0.9994}$；$W_l=0.0188\cdot(D^2H)^{0.8024}$； $W_r=0.0197\cdot(D^2H)^{0.8963}$	李海奎和雷渊才，2010	——
旱冬瓜 (*Alnus nepanensis*)	$W_s=0.027388\cdot(D^2H)^{0.898869}$；$W_p=0.012101\times(D^2H)^{0.854295}$； $W_b=0.014972\times(D^2H)^{0.875639}$；$W_l=0.010593\cdot(D^2H)^{0.813953}$； $W_r=0.036227\times(D^2H)^{0.728875}$	李贵祥等，2006	选用桤木公式
其他落叶阔叶树种	$W_s=0.2062\cdot D^{2.0025}-0.498$；$W_b=7.6778\times10^{-3}\cdot(0.3822+D)^3$； $W_l=-1.1257\times10^{-2}+0.0316\cdot D^2$；$W_r=-2.3455+1.2299\cdot D$	党承林和吴兆录，1992	——

表中：W_s 为树干生物量；W_p 为树皮生物量；W_b 为树枝生物量；W_l 为树叶生物量；W_r 为根系生物量；D 为树木胸径；H 为树高。

(3) 乔木层生物量汇总数据。乔木层生物量计算公式如下:

$$\mathrm{Wtree}_i = \mathrm{Wtreea}_i + \mathrm{Wtreeb}_i \tag{2.4}$$

$$\mathrm{Wtreea}_i = \sum \mathrm{Wtreea}_{ij} \div 600 \times 10000 / 1000 \tag{2.5}$$

$$\mathrm{Wtreeb}_i = \sum \mathrm{Wtreeb}_{ij} \div 600 \times 10000 / 1000 \tag{2.6}$$

式中: Wtree_i——第 i 个样地乔木层单位面积生物量,t/hm^2;

$\quad\quad$ Wtreea_i——第 i 个样地乔木层单位面积地上部分生物量,t/hm^2;

$\quad\quad$ Wtreeb_i——第 i 个样地乔木层单位面积根系生物量,t/hm^2;

$\quad\quad$ Wtreea_{ij}——第 i 个样地 j 号树木地上部分生物量(样地面积 600m^2),kg;

$\quad\quad$ Wtreeb_{ij}——第 i 个样地 j 号树木根系生物量,kg。

2. 灌木层生物量计算

灌木层生物量计算公式如下:

$$\mathrm{Wshrub}_i = \mathrm{Wshruba}_i + \mathrm{Wshrubb}_i \tag{2.7}$$

$$\mathrm{Wshruba}_i = \frac{\sum \mathrm{Wshruba}_{ij}}{3} \div 25 \times 10000 / 1000 \tag{2.8}$$

$$\mathrm{Wshrubb}_i = \frac{\sum \left(\mathrm{Wshruba}_{ij} \cdot \mathrm{Rshruba}_{ij} \right)}{3} \div 25 \times 10000 / 1000 \tag{2.9}$$

式中: Wshrub_i——第 i 个样地灌木层单位面积生物量,t/hm^2;

$\quad\quad$ $\mathrm{Wshruba}_i$——第 i 个样地灌木层单位面积地上部分生物量,t/hm^2;

$\quad\quad$ $\mathrm{Wshrubb}_i$——第 i 个样地灌木层单位面积根系生物量,t/hm^2;

$\quad\quad$ $\mathrm{Wshruba}_{ij}$——第 i 个样地 j 号小样地灌木层地上部分生物量(小样地面积 25m^2),kg;

$\quad\quad$ $\mathrm{Rshruba}_{ij}$——第 i 个样地 j 号小样地灌木层生物量根茎比,无量纲。

3. 草本层生物量计算

草本层生物量计算公式如下:

$$\mathrm{Wherb}_i = \mathrm{Wherba}_i + \mathrm{Wherbb}_i \tag{2.10}$$

$$\mathrm{Wherba}_i = \frac{\sum \mathrm{Wherba}_{ij}}{3} \times 10000 / 1000 \tag{2.11}$$

$$\mathrm{Wherbb}_i = \frac{\sum \mathrm{Wherbb}_{ij}}{3} \times 10000 / 1000 \tag{2.12}$$

式中: Wherb_i——第 i 个样地草本层单位面积生物量,t/hm^2;

$\quad\quad$ Wherba_i——第 i 个样地草本层单位面积地上部分生物量,t/hm^2;

$\quad\quad$ Wherbb_i——第 i 个样地草本层单位面积根系生物量,t/hm^2;

$\quad\quad$ Wherba_{ij}——第 i 个样地 j 号小样地草本层地上部分生物量(小样地面积 1m^2),kg;

$\quad\quad$ Wherbb_{ij}——第 i 个样地 j 号小样地草本层根系生物量,kg。

4. 枯落物层生物量计算

枯落物层生物量计算公式如下：

$$Wfall_i = \frac{\sum Wfall_{ij}}{3} \times 10000/1000 \tag{2.13}$$

式中：$Wfall_i$——第 i 个样地枯落物层单位面积生物量，t/hm^2；

$\quad\quad\quad Wfall_{ij}$——第 i 个样地 j 号小样地枯落物层生物量（小样地面积 $1m^2$），kg。

5. 林分生物量数据汇总

林分生物量数据见表 2.10。

表 2.10　样地生物量基本数据特征表

	维量	样地数/块	最小值/(t/hm²)	最大值/(t/hm²)	平均值/(t/hm²)	标准误/(t/hm²)
乔木层	地上部分生物量	45	49.06	204.45	116.43	5.72
	根系生物量	45	12.16	38.73	22.77	1.04
	总生物量	45	62.68	243.18	139.20	6.64
林分	地上部分生物量	45	53.52	206.74	122.77	5.69
	根系生物量	45	13.67	39.75	24.49	1.07
	总生物量	45	67.58	246.49	147.26	6.63

2.4　数据分析与处理

2.4.1　思茅松生物量分配规律分析

基于样地思茅松天然林每木检尺数据，利用 Excel 计算乔木层、灌木层、草本层、枯落物层及林分总生物量在地上部分、地下部分及总生物量的分配；基于思茅松天然林乔木层其他树种各样木器官生物量数据，利用 Excel 计算乔木层其他树种木材、枝皮、树枝、树叶、地上、根系、乔木层总生物量的分配。利用 SPSS 软件对各生物量维量和三个典型位点之间进行单因素方差分析。

基于思茅松天然林各维量生物量的分配数据与各典型位点样地的气候因子、地形因子、林分因子、土壤因子，利用 SPSS 软件分析各生物量维量与环境因子的相关性及变化趋势。由于气候因子较多，且因子之间存在较强的相关性，故而选择年均温（Bio1）、等温性（Bio3）、温度季节变异系数（Bio4）、极端最高温（Bio5）、气温年较差（Bio7）、最热季均温（Bio10）、年降水量（Bio12）、最湿月降水量 Bio13、最干月降水量（Bio14）、降水季节变异系数（Bio15）、最湿季降水量（Bio16）、最干季降水量（Bio17）、最热季降水量（Bio18）和最冷季降水量（Bio19）14 个气候因子进行思茅松天然林各维量生物量的分配数据与环境因子的相关性分析。

2.4.2 基于 CCA 排序的思茅松生物量分配的环境解释分析

基于样地实测的海拔、坡度和坡向数据，构建地形因子数据矩阵。基于样地思茅松天然林每木检尺数据，计算郁闭度、林分平均胸径、林分平均高、林分优势高、林分密度指数和立地指数，构建林分因子数据矩阵。基于样地采集土壤测定土壤 pH、有机质、全氮、全磷、全钾、水解性氮、有效磷和速效钾，构建土壤因子数据矩阵。

采用 CANOCO Version4.5 软件分别对样地的地形、林分和土壤因子数据矩阵与思茅松天然林各维量生物量进行 CCA 直接梯度排序分析，并根据 CCA 排序轴的前两轴分别制作 3 种环境因子与思茅松天然林各维量生物量的二维排序图，分析思茅松天然林生物量分配与各环境因子的关系。

典范对应分析(CCA)是一种非线性多元直接梯度分析方法，它把分析与多元回归结合起来，能够直接分析自变量与因变量之间的关系。它是专为分析植物和影响因子关系而设计的，需要研究对象和环境因子两个数据矩阵来完成。由于 CCA 排序分析形象直观，可将多维数据降为二维排序直观分析它们之间的关系，操作方便，能够客观反映物种与物种、物种与环境之间的生态关系，这种方法在生态学领域应用广泛。

第3章 思茅松天然林生物量分配规律分析

3.1 思茅松天然林总生物量分配

3.1.1 思茅松天然林各层总生物量分配情况分析

思茅松天然林各层总生物量分配在三个典型位点间的差异明显，各层总生物量分配存在显著差异。思茅松天然林乔木层、灌木层、草本层、林分总生物量在三个典型位点间差异极显著（$P<0.01$），但枯落物层总生物量在三个典型位点的差异不显著（$P>0.05$）。思茅松天然林总体生物量分配差异显著，即乔木层（139.20 t/hm²）＞枯落物层（3.83 t/hm²）＞灌木层（2.82 t/hm²）＞草本层（1.41 t/hm²），不同林层各维量生物量在三个典型位点也存在类似的分配规律。其中林分总生物量澜沧最高，思茅区次之，墨江最低且显著低于另外两地，但思茅和澜沧之间没有显著差异；乔木层总生物量在三个典型位点间的分配变化趋势和林分总生物量一致；灌木层和草本层总生物量则以思茅区最高，且显著高于墨江和澜沧，而墨江和澜沧之间没有显著差异，但灌木层总生物量以墨江最低（1.58 t/hm²），而草本层总生物量以澜沧最低（0.92 t/hm²）；枯落物层总生物量在三个典型位点间没有显著差异，其中思茅区枯落物层总生物量最高（4.45 t/hm²），墨江次之，澜沧最低（3.12 t/hm²）（图 3.1）。

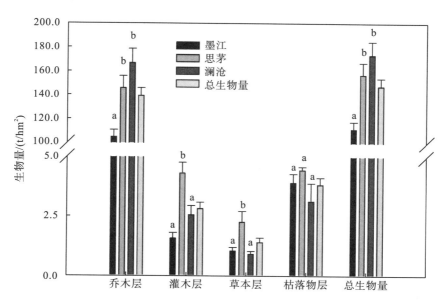

图 3.1 思茅松天然林各层总生物量分配差异比较

3.1.2　思茅松天然林总生物量分配百分比情况分析

思茅松天然林总生物量分配在三个典型位点间的差异明显,各层生物量分配百分比存在显著差异。思茅松天然林乔木层、灌木层、草本层总生物量百分比在三个典型位点间差异显著($P<0.05$),但枯落物层总生物量百分比在三个典型位点差异不显著($P>0.05$)。思茅松天然林总体生物量分配百分比存在显著差异,即乔木层(94.15%)>枯落物层(2.87%)>灌木层(1.99%)>草本层(0.99%),三个典型位点间各层总生物量百分比也存在类似的分配规律。乔木层总生物量百分比澜沧最高,墨江次之,思茅最低,但墨江和思茅之间没有显著差异;灌木层和草本层总生物量百分比则以思茅区最高,且显著高于墨江和澜沧,而墨江和澜沧之间没有显著差异,但灌木层以墨江最低(0.43%),草本层则以澜沧最低(0.57%);枯落物层总生物量百分比在墨江和澜沧之间差异显著,而思茅与墨江和澜沧之间均没有显著差异,其中墨江枯落物层生物量百分比最高(3.66%),思茅区次之,澜沧最低(1.98%)(图3.2)。

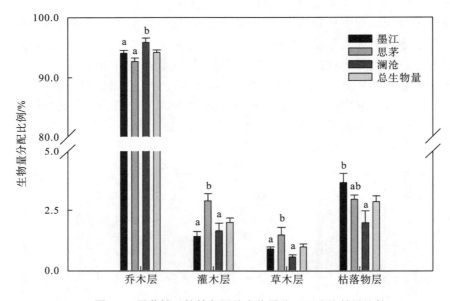

图3.2　思茅松天然林各层总生物量分配百分比差异比较

3.2　思茅松天然林地上生物量分配

3.2.1　思茅松天然林地上生物量分配情况分析

思茅松天然林地上生物量分配在三个典型位点间的差异明显,各层地上生物量分配存在显著差异。思茅松天然林乔木层地上、灌木层地上、林分地上总生物量在三个典型位点间差异极显著($P<0.01$),草本层地上总生物量在三个典型位点间差异显著($P<$

0.05），但枯落物层总生物量在三个典型位点间差异不显著（$P>0.05$）。思茅松天然林地上总体生物量分配也存在显著差异，即乔木层（116.43 t/hm²）＞枯落物层（3.83 t/hm²）＞灌木层（1.76 t/hm²）＞草本层（0.75 t/hm²），三个典型位点各层地上总生物量分配也存在类似的规律。林分地上总生物量澜沧最高，思茅区次之，墨江最低，且墨江地上总生物量显著低于另外两地，但思茅和澜沧没有显著差异；乔木层地上总生物量在三个典型位点间的变化趋势和地上林分总生物量一致；灌木层地上和草本层地上总生物量则以思茅区最高，且显著高于墨江和澜沧，而墨江和澜沧之间没有显著差异，但灌木层地上生物量以墨江最低（0.92 t/hm²），而草本层地上生物量则以澜沧最低（0.59 t/hm²）；枯落物层地上总生物量在三个典型位点间没有显著差异，其中思茅区枯落物层地上层生物量最高（4.45 t/hm²），墨江次之，澜沧最低（3.12 t/hm²）（图 3.3）。

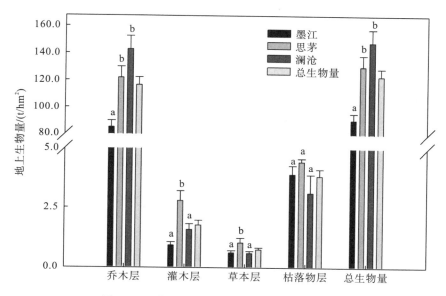

图 3.3　思茅松天然林各层地上生物量分配差异比较

3.2.2　思茅松天然林地上生物量分配百分比情况分析

思茅松天然林地上生物量分配百分比在三个典型位点间的差异明显，地上各层生物量分配百分比存在显著差异。思茅松天然林乔木层地上、灌木层地上、枯落物层生物量百分比在三个典型位点间差异极显著（$P<0.01$），但草本层地上生物量百分比在三个典型位点间差异显著（$P<0.05$）。思茅松天然林地上总体生物量百分比存在显著差异，即乔木层（94.41%）＞枯落物层（3.46%）＞灌木层（1.49%）＞草本层（0.64%），三个典型位点各层地上总生物量百分比也存在类似的分配规律。乔木层地上总生物量百分比澜沧最高，墨江次之，思茅区最低，且澜沧总生物量百分比显著高于另外两地，但墨江和思茅区之间没有显著差异；灌木层地上总生物量百分比思茅区最高，且显著高于墨江和澜沧，而墨江和澜沧之间没有显著差异，墨江最低（1.05%）；草本层地上总生物量百分比思茅区最高，且思茅区和

澜沧有显著差异，墨江与思茅区和澜沧之间没有显著差异，澜沧最低(0.43%)；枯落物层生物量百分比墨江最高，思茅次之，墨江和思茅之间没有显著差异，墨江与澜沧之间有显著差异，澜沧最低(图3.4)。

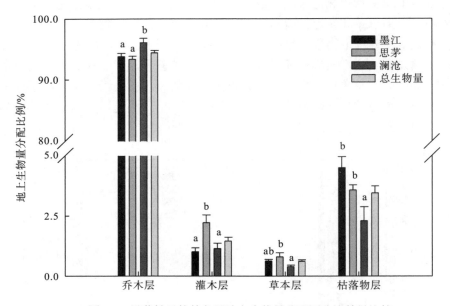

图3.4 思茅松天然林各层地上生物量分配百分比差异比较

3.3 思茅松天然林根系生物量分配

3.3.1 思茅松天然林根系生物量分配情况分析

思茅松天然林根系生物量分配在三个典型位点间的差异明显，各层根系生物量分配存在显著差异。思茅松天然林灌木层根系、草本层根系生物量在三个典型位点间差异极显著($P<0.01$)，但乔木层根系、林分根系总生物量在三个典型位点差异不显著($P>0.05$)。思茅松天然林根系总体生物量分配存在显著差异，即乔木层根系(22.77 t/hm²)＞灌木层根系(1.05 t/hm²)＞草本层根系(0.66 t/hm²)，三个典型位点各层根系总生物量也存在类似的分配规律。林分根系总生物量思茅区最高，澜沧次之，墨江最低(21.09 t/hm²)，且显著低于思茅区，思茅区和澜沧间有显著差异，而澜沧与墨江和思茅区均没有显著差异；乔木层根系总生物量在三个典型位点间没有显著差异，澜沧最高，思茅区次之，墨江最低(19.99 t/hm²)；灌木层和草本层根系总体生物量则以思茅区最高，且显著高于墨江和澜沧，而墨江和澜沧之间没有显著差异，但灌木层以墨江最低(0.66 t/hm²)，而草本层则以澜沧最低(0.32 t/hm²)(图3.5)。

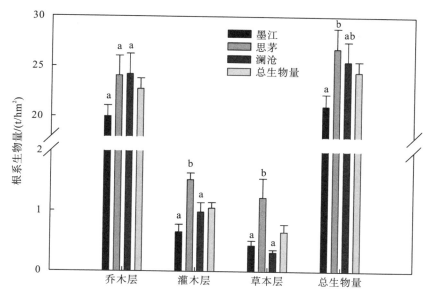

图 3.5　思茅松天然林各层根系生物量分配差异比较

3.3.2　思茅松天然林根系生物量分配百分比情况分析

思茅松天然林根系生物量分配百分比在三个典型位点间的差异明显，各层根系生物量分配百分比存在显著差异。思茅松天然林乔木层根系、草本层根系总生物量百分比在三个典型位点间差异极显著（$P<0.01$），但灌木层根系总生物量百分比在三个典型位点差异显著（$P<0.05$）。思茅松天然林根系总体生物量百分比分配存在显著差异，即乔木层根系（92.78%）＞灌木层根系（4.60%）＞草本层根系（2.62%），三个典型位点各层根系总生物量百分比也存在类似的分配规律。乔木层根系总生物量百分比墨江最高，澜沧次之，思茅区最

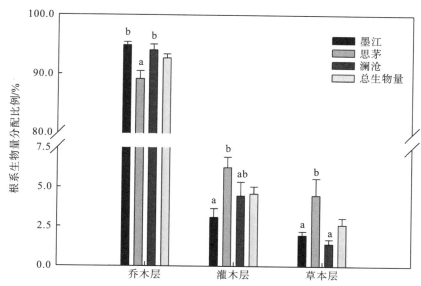

图 3.6　思茅松天然林各层根系生物量分配百分比差异比较

低，且墨江和澜沧根系总生物量百分比显著高于思茅区，但墨江和澜沧没有显著差异；灌木层根系总生物量百分比则以思茅区最高(6.25%)，且显著高于墨江，澜沧次之，墨江最低。澜沧与墨江和思茅区之间没有显著差异；草本层根系总生物量百分比以思茅区最高，且显著高于墨江和澜沧，而墨江和澜沧之间没有显著差异，以澜沧最低(1.42%)(图 3.6)。

3.4　思茅松天然林乔木层生物量分配

3.4.1　思茅松天然林乔木层总生物量分配情况分析

思茅松天然林乔木层思茅松各器官生物量分配在三个典型位点间的差异明显。乔木层思茅松的木材、叶、地上以及总体生物量在三个典型位点间差异极显著($P<0.01$)，但皮、枝、根系生物量在三个典型位点间差异不显著($P>0.05$)。乔木层思茅松各器官总生物量分配存在显著差异，即木材(66.79 t/hm²)＞根系(16.7 t/hm²)＞皮(11.51 t/hm²)＞枝(10.1 t/hm²)＞叶(2.7 t/hm²)，墨江和思茅区乔木层思茅松各器官生物量也存在类似的分配规律，但澜沧乔木层思茅松各器官生物量分配则为木材(88.29 t/hm²)＞根系(16.77 t/hm²)＞枝(10.75 t/hm²)＞皮(10.44 t/hm²)＞叶(1.77 t/hm²)。思茅松总体生物量澜沧最高，思茅区次之，墨江最低，且墨江的总体生物量显著低于另外两地，但思茅和澜沧没有显著差异。思茅松木材生物量澜沧最高，思茅区次之，墨江最低，且三个典型位点之间显著差异。思茅松皮生物量思茅区最高，墨江次之，澜沧最低，但三个典型位点之间没有差异显著。思茅松枝、根生物量则以思茅区最高，澜沧次之，墨江最低，三个典型位点之间也没有显著差异。思茅松叶生物量墨江最高，且显著高于另外两地，思茅区与澜沧之间没有显著差异，澜沧最低(1.77 t/hm²)。思茅松地上生物量澜沧最高，思茅区次之，且两者之间没有显著差异，墨江最低且显著低于另外两地(图 3.7)。

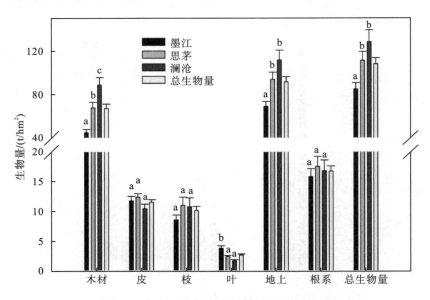

图 3.7　乔木层思茅松各维量生物量分配差异比较

　　天然林乔木层其他树种各器官生物量分配在三个典型位点间的差异明显。天然林乔木层其他树种的枝、叶、地上生物量在三个典型位点间差异显著($P<0.05$)，但其他树种木材、皮、根系、总生物量在三个典型位点差异不显著($P>0.05$)。乔木层其他树种各器官总生物量分配也存在显著差异，即木材(15.05 t/hm²)＞枝(6.58 t/hm²)＞根系(6.07 t/hm²)＞叶(2.03 t/hm²)＞皮(1.67 t/hm²)，思茅区和澜沧乔木层其他树种各器官总生物量也存在类似的分配规律，而墨江乔木层其他树种各器官生物量分配则为木材(9.94 t/hm²)＞根系(4.19 t/hm²)＞枝(3.76 t/hm²)＞叶(1.27 t/hm²)＞皮(1.22 t/hm²)。天然林乔木层其他树种总生物量澜沧最高，思茅区次之(35.02 t/hm²)，墨江最低，且墨江总生物量显著低于澜沧，但思茅与墨江和澜沧没有显著差异。其他树种木材、地上生物量在三个典型位点间的分配规律和乔木层总生物量的分配规律一致。其他树种皮和根生物量则以澜沧最高，思茅区次之，墨江最低，而三个典型位点之间没有显著差异。其他树种枝和叶生物量则以墨江最低，且显著低于思茅区和澜沧，而思茅区和澜沧之间没有显著差异，但其他树种枝生物量以澜沧最高(8.24 t/hm²)，其他树种叶总生物量则以思茅区最高(2.48 t/hm²)(图 3.8)。

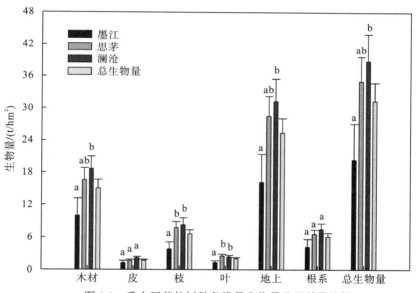

图 3.8　乔木层其他树种各维量生物量分配差异比较

　　思茅松天然林乔木层各器官生物量分配在三个典型位点间的差异明显。思茅松天然林乔木层木材、地上、总体生物量在三个典型位点间差异极显著($P<0.01$)，乔木层枝生物量在三个典型位点差异显著($P<0.05$)，但乔木层皮、叶、根系总生物量在三个典型位点差异不显著($P>0.05$)。思茅松天然林乔木层各器官总生物量分配也存在显著差异，即木材(81.84 t/hm²)＞根系(22.27 t/hm²)＞枝(16.68 t/hm²)＞皮(13.18 t/hm²)＞叶(4.73 t/hm²)，澜沧和思茅区乔木层各器官生物量也存在类似的分配规律，但墨江乔木层各器官生物量分配规律为木材(54.45 t/hm²)＞根系(19.99 t/hm²)＞皮(12.97 t/hm²)＞枝(12.35 t/hm²)＞叶(5.13 t/hm²)。乔木层总生物量澜沧最高，思茅区次之，墨江最低，且墨江总生物量显著低于另外两地，但思茅和澜沧没有显著差异。乔木层枝、地上总生物量在三个典型位点间的分配规律和乔木层总生物量的分配规律一致。乔木层木材总生物量澜沧最高，思茅区次之，墨江最低，且三个典型点位之间有显著差异。乔木层叶生物量都是墨江县最高，思茅区次之，澜沧最低，思茅区与墨江和澜沧乔木层叶生物量没有显著差异，墨江和澜沧之间有显著差异，乔木层皮总生物量在三个典型点位之间没有显著差异。乔木层根系总生物量澜沧最高，思茅区次之，墨江最低，但三个典型位点之间没有显著差异(图3.9)。

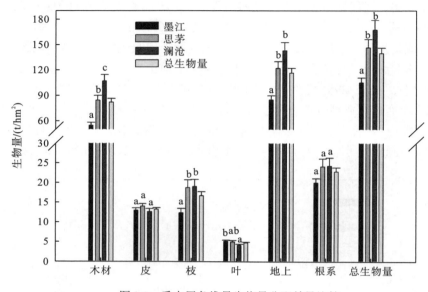

图3.9　乔木层各维量生物量分配差异比较

3.4.2　思茅松天然林乔木层总生物量分配百分比情况分析

　　思茅松天然林乔木层思茅松各器官生物量分配在三个典型位点间的差异明显。思茅松的木材、皮、叶、地上、根系生物量百分比在三个典型位点间差异极显著($P<0.01$)，思茅松枝生物量百分比在三个典型位点间差异显著($P<0.05$)。思茅松各器官总生物量百分比分配存在显著差异，即木材(61.15%)＞根系(15.62%)＞皮(11.26%)＞枝(9.17%)＞叶(2.8%)，三个典型位点思茅松各器官生物量百分比也存在类似的分配规律。思茅松木材和地上生物量百分比澜沧最高，思茅区次之，墨江最低，且三个典型位点之间有显著差异。思茅松皮、叶、根系生物量百分比墨江最高，思茅区次之，澜沧最低，且三个典型位点之间有显著差异。思茅松枝生物量百分比则以墨江最高，思茅区次之，澜沧最低(图3.10)。

　　思茅松天然林乔木层其他树种各器官生物量百分比分配在三个典型位点间的差异明显。天然林乔木层其他树种的皮、枝生物量百分比在三个典型位点间差异极显著($P<0.01$)，其他树种叶生物量百分比在三个典型位点间差异显著($P<0.05$)，但其他树种木材、地上、根系生物量百分比在三个典型位点差异不显著($P>0.05$)。思茅松天然林乔木层其他树种各器官总体生物量百分比分配存在显著差异，即木材(48.51%)＞枝(19.69%)＞根系(19.49%)＞叶(6.77%)＞皮(5.55%)，思茅区和澜沧其他树种各器官总生物量百分比也存在类似的分配规律，而墨江乔木层其他树种各器官生物量分配百分比为木材(49.86%)＞根系(20.19%)

＞枝(16.75%)＞叶(7%)＞皮(6.21%)。乔木层其他树种木材生物量百分比墨江最高，澜沧次之，思茅区最低，墨江和思茅有显著差异，但澜沧与墨江和思茅区没有显著差异。其他树种皮生物量百分比墨江最高，澜沧次之，思茅区最低，且三个典型位点间有显著差异。其他树种枝生物量百分比思茅区最高，澜沧次之，墨江最低，且墨江显著低于另外两地，而思茅区和澜沧之间没有显著差异。其他树种叶生物量百分比以澜沧最低，且显著低于墨江和思茅区，而墨江和思茅区之间没有显著差异，思茅区最高。其他树种地上生物量百分比以思茅区最高，澜沧次之，墨江最低，且三个典型位点间没有显著差异。其他树种根系生物量百分比墨江最高，澜沧次之，思茅区最低，三个典型位点间没有显著差异(图 3.11)。

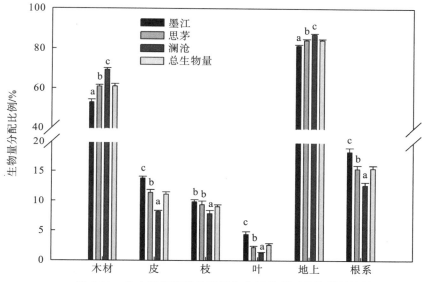

图 3.10　乔木层思茅松各维量生物量分配百分比差异比较

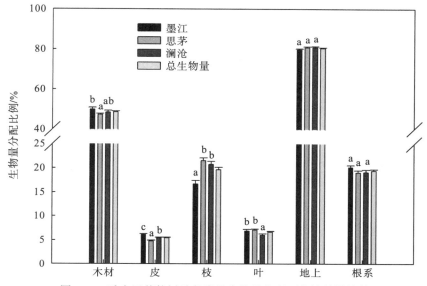

图 3.11　乔木层其他树种各维量生物量分配百分比差异比较

思茅松天然林乔木层各器官生物量百分比分配在三个典型位点间的差异明显。思茅松天然林乔木层木材、皮、叶、地上、根系生物量百分比在三个典型位点间差异极显著（$P<0.01$），但乔木层枝生物量百分比在三个典型位点间差异不显著（$P>0.05$）。思茅松天然林乔木层各器官总体生物量百分比分配存在显著差异，即木材（57.92%）＞根系（16.61%）＞枝（11.75%）＞皮（10.05%）＞叶（3.67%），澜沧和思茅区乔木层各器官总生物量百分比也存在类似的分配规律，但墨江乔木层各器官总生物量百分比为木材（51.6%）＞根系（19.15%）＞皮（12.61%）＞枝（11.59%）＞叶（5.03%）。乔木层木材、地上生物量百分比澜沧最高，思茅区次之，墨江最低，且三个典型位点之间有显著差异。乔木层皮、叶、根系总生物量百分比墨江最高，思茅区次之，澜沧最低，且三个典型点位之间没有显著差异。乔木层枝生物量百分比思茅区最高，墨江次之，澜沧最低，但三个典型点位之间没有显著差异（图 3.12）。

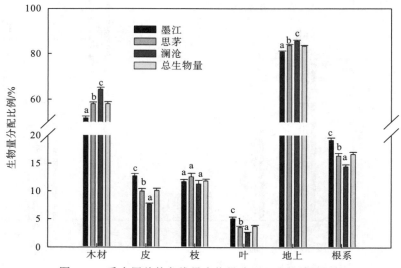

图 3.12　乔木层总体各维量生物量分配百分比差异比较

思茅松天然林乔木层各树种各器官生物量占乔木层生物量百分比分配在三个典型位点间的差异明显。思茅松叶占乔木层叶生物量百分比、其他树种叶占乔木层叶生物量百分比在三个典型位点间差异极显著（$P<0.01$），但思茅松木材占乔木层木材生物量百分比、其他树种木材占乔木层木材生物量百分比、思茅松树皮占乔木层树皮生物量百分比、其他树种树皮占乔木层树皮生物量百分比、思茅松枝占乔木层树枝生物量百分比、其他树种树枝占乔木层树枝生物量百分比、思茅松地上占乔木层地上生物量百分比、其他树种地上占乔木层地上生物量百分比、思茅松根系占乔木层根系生物量百分比、其他树种根系占乔木层根系生物量百分比、思茅松总生物量占乔木层总生物量百分比、其他树种总生物量占乔木层总生物量百分比在三个典型位点间差异不显著（$P>0.05$）。

思茅松天然林乔木层各器官占乔木层生物量百分比分配存在显著差异，即思茅松木材占乔木层木材生物量百分比（82.05%）＞其他树种木材占乔木层木材生物量百分比（17.95%）；思茅松树皮占乔木层树皮生物量百分比（87%）＞其他树种树皮占乔木层树皮生物量百分比（13%）；思茅松枝占乔木层枝生物量百分比（63.95%）＞其他树种枝占乔木层枝生物量百分比(36.05%);思茅松叶占乔木层叶生物量百分比(58.36%)＞其他树种叶占乔木层叶生物量百分比(41.64%);思茅松地上占乔木层地上生物量百分比(79.23%)＞其他树种地上占乔木层地上生物量百分比(20.77%);思茅松根系占乔木层根系生物量百分比(74.16%)＞其他树种根系占乔木层根系生物量百分比(25.84%);思茅松总生物量占乔木层总生物量百分比(78.47%)＞其他树种总生物量占乔木层总生物量百分比(21.53%);三个典型位点乔木层生物量也存在类似的分配规律。

天然林乔木层思茅松总生物量占乔木层总生物量百分比墨江最高,澜沧次之,思茅区最低,但三个典型位点间没有显著差异;思茅松木材占乔木层总木材生物量百分比、思茅松地上占乔木层总地上生物量百分比在三个典型位点间的分配规律和思茅松总生物量占乔木层总生物量百分比的分配规律一致;其他树种总生物量占乔木层总生物量百分比思茅区最高,澜沧次之,墨江最低,三个典型位点间没有显著差异;其他树种木材占乔木层总木材生物量百分比、其他树种地上占乔木层总地上生物量百分比在三个典型位点间的分配规律和其他树种总生物量占乔木层总生物量百分比的分配规律一致;思茅松树皮占乔木层总树皮生物量百分比墨江最高,思茅区次之,澜沧最低,但三个典型位点间没有显著差异;思茅松根系占乔木层总根系生物量百分比在三个典型位点间的分配规律和思茅松树皮占乔木层总树皮生物量百分比的分配规律一致;其他树种树皮占乔木层总树皮生物量百分比澜沧最高,思茅区次之,墨江最低,但三个典型位点间没有显著差异;其他树种根系占乔木层总根系生物量百分比在三个典型位点间的分配规律和其他树种树皮占乔木层总树皮生物量百分比的分配规律一致;思茅松枝占乔木层总枝生物量百分比墨江最高,且显著高于澜沧,思茅区次之,澜沧最低,但是思茅区与墨江和澜沧之间没有显著差异;其他树种枝占乔木层总枝生物量百分比澜沧最高,且显著高于墨江,思茅区次之,墨江最低,但是思茅区与墨江和澜沧之间没有显著差异;思茅松叶占乔木层总叶生物量百分比墨江最高,且显著高于另外两地,但思茅区和澜沧之间没有显著差异,澜沧最低;其他树种叶占乔木层总叶生物量百分比墨江最低,且显著低于另外两地,但思茅区和澜沧之间没有显著差异,澜沧最高(图 3.13)。

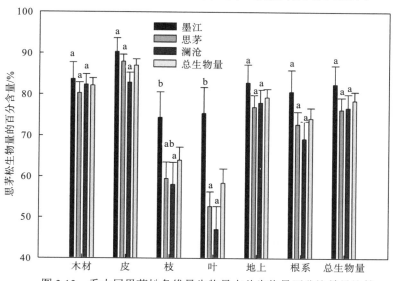

图 3.13　乔木层思茅松各维量生物量占总生物量百分比差异比较

3.5 小　结

本研究以云南普洱三个典型位点的思茅松天然林为研究对象,实测了 45 个样地和 128 株样木。以三个典型位点思茅松天然林各层生物量及乔木层各器官生物量为主要研究对象,分析典型位点思茅松天然林各维量生物量分配规律,并结合各样地的环境因子(地形因子、林分因子、土壤因子),采用相关性分析和 CCA 排序方法,给出思茅松天然林各维量生物量分配的环境解释。

1. 思茅松天然林各层生物量分配特征

在思茅松天然林各层生物量及百分比的分配中,乔木层总生物量、乔木层地上生物量、乔木层根系生物量均占绝对优势(92.78%以上)。天然林各层生物量及百分比的分配规律均为:乔木层>枯落物层(根系生物量及百分比除外)>灌木层>草本层。

在三个典型位点间,天然林各层生物量及百分比的分配差异较大。其中墨江地区思茅松天然林各维量的生物量相对其他两地更少,具体体现在,墨江地区只有枯落物层总生物量百分比、枯落物层地上生物量百分比相对最高。思茅地区思茅松天然林中灌木层、草本层生物量占优势,具体体现在,思茅地区灌木层总生物量、灌木层总生物量百分比、草本层总生物量、草本层总生物量百分比、灌木层地上总生物量、灌木层地上总生物量百分比、草本层地上总生物量、草本层地上总生物量百分比、灌木层根系生物量、灌木层根系生物量百分比、草本层根系体生物量、草本层根系生物量百分比、天然林根系总生物量相对最高。澜沧地区思茅松天然林中乔木层及天然林林分总生物量占明显优势,具体体现在,澜沧地区乔木层总生物量、乔木层总生物量百分比、天然林林分总生物量、乔木层地上总生物量、乔木层地上总生物量百分比、天然林地上总生物量相对最高。

2. 思茅松天然林乔木层各器官生物量分配特征

天然林乔木层思茅松各器官生物量及分配比在三个典型位点均为木材生物量及分配比占绝对优势(53.02%以上),其次为根系生物量及分配比较大,而其他器官的生物量及分配比在各典型位点则各有不同,但是所占比例均较低。思茅松各器官生物量分配规律为:木材>根系>皮≈枝>叶。天然林乔木层其他树种各器官生物量及分配比在三个典型位点也均为木材生物量及分配比占绝对优势(47.27%),而其他器官生物量及分配比在各典型位点则各有不同,但是所占比例均较低。其他树种各器官生物量分配规律为:木材>枝≈根系>叶>皮。思茅松天然林乔木层各器官总生物量及分配比在三个典型位点也均为木材生物量及分配比占绝对优势(57.92%),而其他器官生物量及分配比在各典型位点则各有不同,所占比例均较低。乔木层各器官总生物量分配规律为:木材>根系>枝≈皮>叶。而思茅松天然林乔木层各器官生物量占乔木层总生物量百分比在三个典型位点的分配规律均为:思茅松>其他树种,且思茅松占绝对优势。

在三个典型位点间,思茅松天然林乔木层各器官生物量及百分比的分配差异较大。墨江地区思茅松皮生物量百分比、思茅松叶生物量百分比、思茅松根系生物量百分比、其他树种皮生物量百分比、乔木层地上总生物量百分比、乔木层皮生物量百分比、乔木层叶生物量百分比、乔木层根系总生物量百分比相对最高。

思茅地区其他树种枝生物量百分比相对最高。

澜沧地区思茅松木材生物量、思茅松木材生物量百分比、思茅松地上总生物量、思茅松地上总生物量百分比、思茅松总生物量、其他树种木材生物量、其他树种枝生物量、其他树种地上总生物量、其他树种总生物量、乔木层木材总生物量、乔木层木材总生物量百分比、乔木层地上总生物量、乔木层地上总生物量百分比、乔木层总生物量相对最高。

第4章 气候因子对思茅松天然林生物量分配的影响

4.1 气候因子与思茅松天然林生物量的相关性分析

4.1.1 气候因子与思茅松天然林乔木层生物量分配的关系

思茅松天然林乔木层生物量分配随气候因子的变化呈规律性。乔木层各生物量分配与年均温、等温性、极端最高温、气温年较差、最热季均温、年降水均呈正相关，与温度季节变异系数、最湿月降水、最干月降水、降水季节变异系数、最湿季降水、最干季降水、最热季降水、最冷季降水均呈负相关。其中乔木层总生物量(Bt)与等温性有最大正相关性，相关系数为 0.136；与最湿季降水有最大负相关性，相关系数为-0.184。乔木层地上总生物量(Bta)与等温性有最大正相关性，相关系数为 0.114；与最湿季降水有最大负相关性，相关系数为-0.180。乔木层根系总生物量(Btr)与等温性有最大正相关性，相关系数为0.238；与最冷季降水有最大负相关性，相关系数为-0.269(表 4.1)。

表 4.1 气候因子与乔木层生物量分配相关关系表

气候因子	Bt	Bta	Btr
Bio1	0.068	0.058	0.114*
Bio3	0.136*	0.114*	0.238*
Bio4	−0.172*	−0.150*	−0.275*
Bio5	0.083	0.070	0.140*
Bio7	0.073	0.056	0.159*
Bio10	0.035	0.031	0.054
Bio12	0.053	0.032	0.162*
Bio13	−0.178*	−0.174*	−0.179*
Bio14	−0.153*	−0.131*	−0.257*
Bio15	−0.128*	−0.110	−0.211*
Bio16	−0.184*	−0.180*	−0.182*
Bio17	−0.174*	−0.154*	−0.268*
Bio18	−0.170*	−0.152*	−0.247*
Bio19	−0.176*	−0.156*	−0.269*

注：*为 0.05 水平上的相关性。

1. 温度因子对思茅松天然林乔木层生物量分配的影响

各指数曲线拟合的显著性均有差异，从曲线拟合的 R^2 看，R^2 均比较小。乔木层总生物量随年均温、极端最高温、最热季均温的增加呈基本不变的趋势[图 4.1（a）、（d）、（f）]，随等温性和温度季节变异系数的增加呈先缓慢减少后增加的趋势，当等温性为 50.6 和温度季节变异系数为 36 时分别达到最小值[图 4.1（b）、（c）]；随气温年较差的增加呈先缓慢增加后减少的趋势，当气温年较差为 23.4℃时达到最大值[图 4.1（e）]。乔木层地上总生物量与温度因子也存在类似的变化规律(图 4.1)。乔木层根系总生物量随温度因子的变化呈基本不变的规律(图 4.1)。

年均温、极端最高温、最热季均温对思茅松天然林乔木层各生物量分配变化趋势的影响相似[图 4.1（a）、（d）、（f）]；等温性、温度季节变异系数对思茅松天然林乔木层各生物量分配变化趋势的影响相似[图 4.1（b）、（c）]。

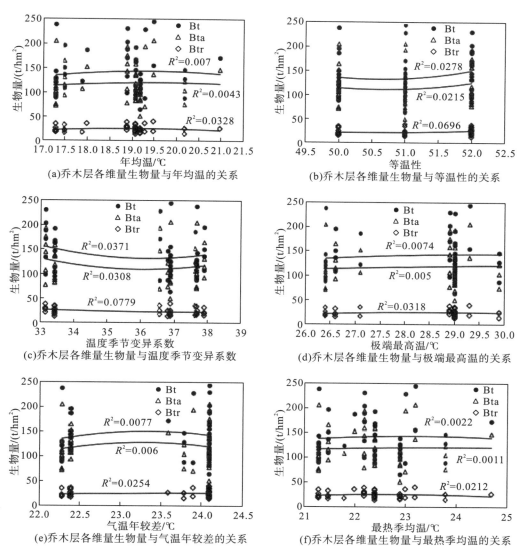

图 4.1　温度因子与乔木层生物量分配相关性分析

2. 降水因子对思茅松天然林乔木层生物量分配的影响

　　各指数曲线拟合的显著性均有差异,从曲线拟合的 R^2 看,R^2 均比较小。乔木层总生物量随年降水、降水季节变异系数的增加呈先减少后增加的趋势,当年降水为 1440mm 和降水季节变异系数为 86 时分别达到最小值［图 4.2(a)、(d)］;随最湿月降水、最干月降水、最湿季降水的增加呈不断减少的趋势［图 4.2(b)、(c)、(e)］;随最干季降水、最热季降水、最冷季降水的增加呈先增加后减少的趋势,当最干季降水为 47mm、最热季降水为 740mm、最冷季降水为 53mm 时分别达到最大值［图 4.2(f)、(g)、(h)］。乔木层地上总生物量与降水因子也存在类似的变化规律(图 4.2)。乔木层根系总生物量随降水因子的变化呈基本不变的规律(图 4.2)。

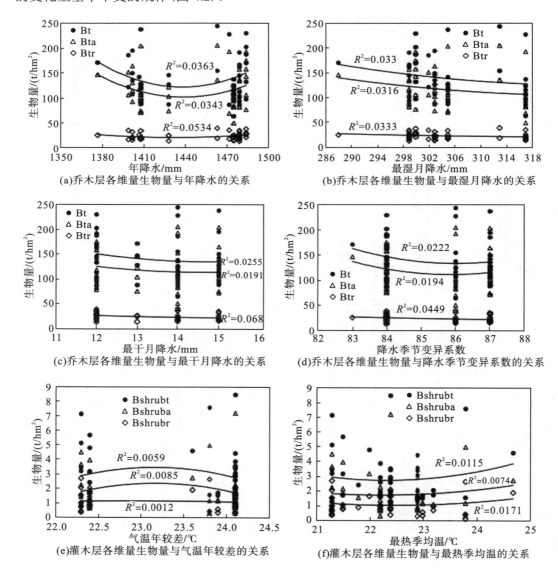

(a)乔木层各维量生物量与年降水的关系　　　　(b)乔木层各维量生物量与最湿月降水的关系

(c)乔木层各维量生物量与最干月降水的关系　　　(d)乔木层各维量生物量与降水季节变异系数的关系

(e)灌木层各维量生物量与气温年较差的关系　　　(f)灌木层各维量生物量与最热季均温的关系

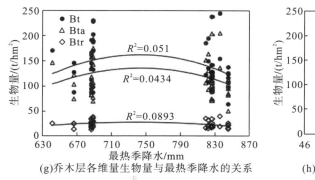
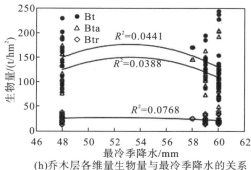

(g)乔木层各维量生物量与最热季降水的关系　　　(h)乔木层各维量生物量与最冷季降水的关系

图 4.2　降水因子与乔木层生物量分配的相关性分析

最湿月降水、最干月降水、最湿季降水对思茅松天然林乔木层各生物量分配变化趋势的影响相似［图 4.2(b)、(c)、(e)］；最干季降水、最热季降水、最冷季降水对思茅松天然林乔木层各生物量分配变化趋势的影响相似［图 4.2(f)、(g)、(h)］。

4.1.2　气候因子与思茅松天然林灌木层生物量分配的关系

思茅松天然林灌木层生物量分配随气候因子的变化呈规律性。灌木层各生物量分配与年均温、等温性、极端最高温、最热季均温均呈正相关性，与温度季节变异系数、气温年较差、年降水、最湿月降水、最干月降水、降水季节变异系数、最湿季降水、最干季降水、最热季降水、最冷季降水均呈负相关性。灌木层总生物量(Bshrubt)与最热季均温有最大正相关性，相关系数为 0.047；与最湿季降水有最大负相关性，相关系数为-0.194。灌木层地上总生物量(Bshruba)与最热季均温有最大正相关性，相关系数为 0.048；与最湿季降水有最大负相关性，相关系数为-0.169。灌木层根系总生物量(Bshrubr)与最热季均温有最大正相关性，相关系数为 0.031；与最湿季降水有最大负相关性，相关系数为-0.199(表 4.2)。

表 4.2　气候因子与灌木层生物量分配相关关系表

气候因子	Bshrubt	Bshruba	Bshrubr
Bio1	0.045	0.046	0.030
Bio3	0.011	0.009	0.012
Bio4	-0.023	-0.018	-0.027
Bio5	0.028	0.028	0.019
Bio7	-0.032	-0.028	-0.033
Bio10	0.047	0.048	0.031
Bio12	-0.094	-0.083	-0.093
Bio13	-0.183*	-0.159*	-0.189*
Bio14	-0.066	-0.063	-0.057
Bio15	-0.087	-0.079	-0.082
Bio16	-0.194*	-0.169*	-0.199*
Bio17	-0.051	-0.043	-0.055
Bio18	-0.067	-0.079	-0.024
Bio19	-0.054	-0.046	-0.057

注：*为 0.05 水平上的相关性。

1. 温度因子对思茅松天然林灌木层生物量分配的影响

各指数曲线拟合的显著性均有差异，从曲线拟合的 R^2 看，R^2 均比较小。灌木层总生物量随年均温、等温性、极端最高温、最热季均温的增加呈先缓慢减少后缓慢增加的趋势，当年均温为 18.5℃、等温性为 51.0、极端最高温为 28.0℃、最热季均温为 22.4℃时分别达到最小值 [图 4.3 (a)、(b)、(d)、(f)]；随温度季节变异系数的增加呈基本不变的趋势 [图 4.3 (c)]；随气温年较差的增加呈先增加后减少的趋势，当气温年较差为 23.1℃时达到最大值 [图 4.3 (e)]。灌木层地上总生物量与温度因子也存在类似的变化规律 (图 4.3)。灌木层根系总生物量随年均温、极端最高温、最热季均温的增加呈先缓慢减少后缓慢增加的趋势，当年均温为 18.5℃、极端最高温为 28.0℃、最热季均温为 22.6℃时分别达到最小值 [图 4.3 (a)、(d)、(f)]；随等温性、温度季节变异系数、气温年较差的增加呈基本不变的趋势 [图 4.3 (b)、(c)、(e)]。

年均温、极端最高温、最热季均温对思茅松天然林灌木层各生物量分配变化趋势的影响相似 [图 4.3 (a)、(d)、(f)]；等温性、温度季节变异系数对思茅松天然林灌木层各生物量分配变化趋势的影响相似 [图 4.3 (b)、(c)]。

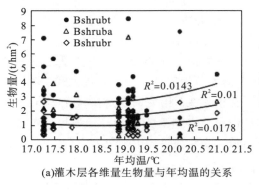

(a)灌木层各维量生物量与年均温的关系

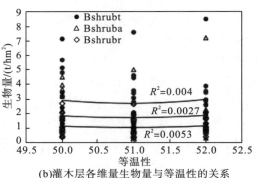

(b)灌木层各维量生物量与等温性的关系

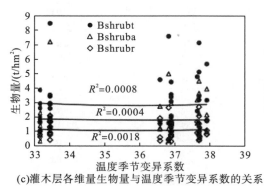

(c)灌木层各维量生物量与温度季节变异系数的关系

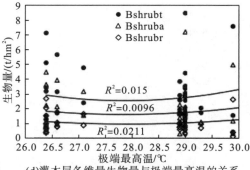

(d)灌木层各维量生物量与极端最高温的关系

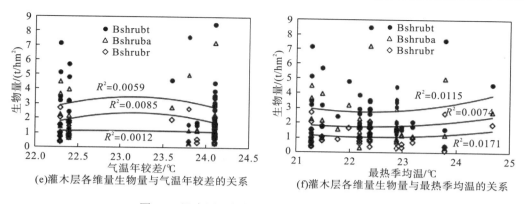

(e)灌木层各维量生物量与气温年较差的关系　　(f)灌木层各维量生物量与最热季均温的关系

图4.3　温度因子与灌木层生物量分配的相关性分析

2. 降水因子对思茅松天然林灌木层生物量分配的影响

各指数曲线拟合的显著性均有差异，从曲线拟合的 R^2 看，R^2 均比较小。灌木层总生物量随年降水、降水季节变异系数、最热季降水的增加呈先减少后增加的趋势，当年降水为 1440mm、降水季节变异系数为 85.5、最热季降水为 775mm 时分别达到最小值 [图 4.4(a)、(d)、(g)]；随最湿月降水、最湿季降水的增加呈不断减少的趋势 [图 4.4(a)、(e)]；随最干月降水的增加呈基本不变的趋势 [图 4.4(c)]；随最干季降水、最冷季降水的增加呈先增加后减少的趋势，当最干季降水为 47.5mm、最冷季降水为 53.8mm 时分别达到最大值 [图 4.4(f)、(h)]。灌木层地上总生物量和根系总生物量随降水因子的变化也存在类似的规律(图4.4)。

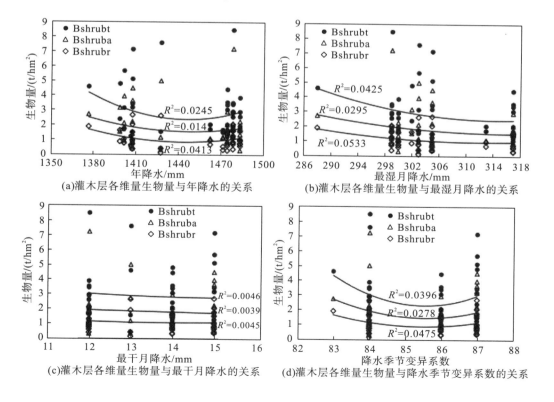

(a)灌木层各维量生物量与年降水的关系　　(b)灌木层各维量生物量与最湿月降水的关系

(c)灌木层各维量生物量与最干月降水的关系　　(d)灌木层各维量生物量与降水季节变异系数的关系

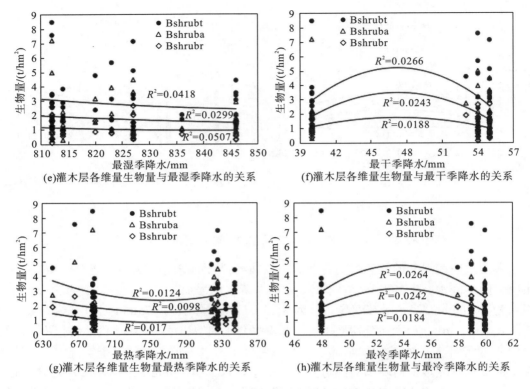

图 4.4　降水因子与灌木层生物量分配的相关性分析

年降水、降水季节变异系数、最热季降水对思茅松天然林灌木层各生物量分配变化趋势的影响相似［图 4.4(g)、(j)、(m)］；最干季降水、最冷季降水对思茅松天然林灌木层各生物量分配变化趋势的影响相似［图 4.4(l)、(n)］。

4.1.3　气候因子与思茅松天然林草本层生物量分配的关系

草本层生物量分配随气候因子的变化呈规律性。草本层总生物量(Bherbt)与年均温、温度季节变异系数、极端最高温、最热季均温、降水季节变异系数、最干季降水、最热季降水、最冷季降水均呈正相关性，其中与温度季节变异系数有最大正相关性，相关系数为 0.086；与等温性、气温年较差、年降水、最湿月降水、最干月降水、最湿季降水均呈负相关性，其中与年降水有最大负相关性，相关系数为-0.090。草本层地上总生物量(Bherba)与温度季节变异系数、最干月降水、降水季节变异系数、最干季降水、最热季降水、最冷季降水均呈正相关性，其中与温度季节变异系数有最大正相关性，相关系数为 0.100；与年均温、等温性、极端最高温、气温年较差、最热季均温、年降水、最湿月降水、最湿季降水均呈负相关性，其中与年降水有最大负相关性，相关系数为-0.158。草本层根系总生物量(Bherbr)与年均温、温度季节变异系数、极端最高温、气温年较差、最热季均温、最湿月降水、最湿季降水、最干季降水、最热季降水、最冷季降水均呈正相关性，其中与最热季均温有最大正相关性，相关系数为 0.131；与等温性、年降水、最干月降水、降水季节变异系数均呈负相关性，其中与最干月降水有最大负相关性，相关系数为-0.037。

草本层生物量分配与温度季节变异系数、最干季降水、最热季降水、最冷季降水均呈正相关性，与等温性、年降水均呈负相关性（表 4.3）。

表 4.3　气候因子与草本层生物量分配相关关系表

气候因子	Bherbt	Bherba	Bherbr
Bio1	0.038	-0.077	0.106
Bio3	-0.075	-0.131*	-0.027
Bio4	0.086	0.100	0.065
Bio5	0.010	-0.098	0.078
Bio7	-0.047	-0.148*	0.025
Bio10	0.064	-0.057	0.131*
Bio12	-0.090	-0.158*	-0.034
Bio13	-0.003	-0.053	0.029
Bio14	-0.009	0.039	-0.037
Bio15	0.004	0.047	-0.024
Bio16	-0.017	-0.045	0.003
Bio17	0.078	0.080	0.066
Bio18	0.007	0.004	0.007
Bio19	0.076	0.077	0.063

注：*为 0.05 水平上的相关性。

1. 温度因子对思茅松天然林草本层生物量分配的影响

各指数曲线拟合的显著性均有差异，从曲线拟合的 R^2 看，R^2 均比较小。草本层总生物量随年均温、等温性、温度季节变异系数、极端最高温、最热季均温的增加呈基本不变的趋势［图 4.5（a）、（b）、（c）、（d）、（f）］；随气温年较差的增加呈先增加后减少的趋势，当气温年较差为 23.2℃时达到最大值［图 4.5（e）］。草本层地上总生物量随年均温、等温性、极端最高温、最热季均温的增加呈先缓慢减少后趋于水平的趋势［图 4.5（a）、（b）、（d）、（f）］；随温度季节变异系数的增加呈先缓慢减少后缓慢增加的趋势，当温度季节变异系数为 35.5 时达到最小值［图 4.5（c）］；随气温年较差的增加呈先增加后减少的趋势，当气温年较差为 23.25℃时达到最大值［图 4.5（e）］。草本层根系总生物量随年均温、等温性、极端最高温、最热季均温的增加呈先缓慢增加后趋于水平的趋势［图 4.5（a）、（b）、（d）、（f）］；随温度季节变异系数、气温年较差的增加呈先缓慢增加后缓慢减少的趋势，当温度季节变异系数为 35.6、气温年较差为 23.1℃时达到最大值［图 4.5（c）、（e）］。

年均温、等温性、极端最高温、最热季均温对思茅松天然林草本层各生物量分配变化趋势的影响相似［图 4.5（a）、（b）、（d）、（f）］。

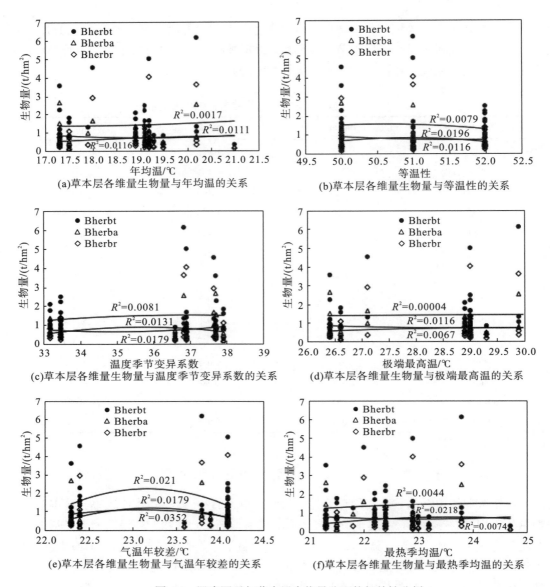

图4.5   温度因子与草本层生物量分配的相关性分析

2. 降水因子对思茅松天然林草本层生物量分配的影响

各指数曲线拟合的显著性均有差异，从曲线拟合的 R^2 看，R^2 均比较小。草本层总生物量随年降水、最湿月降水、最干月降水、最干季降水、最冷季降水的增加呈先增加后减少的趋势，当年降水为 1440mm、最湿月降水为 307mm、最干月降水为 13.4mm、最干季降水为 47.8mm、最冷季降水为 54mm 时分别达到最大值[图 4.6(a)、(b)、(c)、(f)、(h)]；随降水季节变异系数、最湿季降水的增加呈基本不变的趋势［图 4.6(d)、(e)］；随最热季降水的增加呈先缓慢减少后缓慢增加的趋势，当最热季降水为 755mm 时达到最小值［图 4.6(g)］。草本层地上总生物量随年降水、最湿月降水、最干月降水、降水季节变异系数、最干季降水、最热季降水、最冷季降水的增加呈先缓慢增加后缓慢减少的趋势，当年降水为 1440mm、最湿月降水为 306mm、最干月降水为 13.4mm、降水季节变异系数为 85.3、最干季降水为 47.5mm、最热季降水为 750mm、最冷季降水为 54mm 时分别达到最大值 ［图 4.6（a）、（b）、（c）、（d）、（f）、（g）、（h）］；随最湿季降水的增加呈基本不变的趋势 ［图 4.6（e）］。草本层根系总生物量随年降水、最湿月降水、最干季降水、最冷季降水的增加呈先缓慢增加后缓慢减少的趋势，当年降水为 1440mm、最湿月降水为 306mm、最干季降水为 47.8mm、最冷季降水为 54mm 时分别达到最大值 ［图 4.6（a）、（b）、（f）、（h）］；随最干月降水、最湿季降水的增加呈基本不变的趋势 ［图 4.6（i）、（k）］；随降水季节变异系数、最热季降水的增加呈先缓慢减少后缓慢增加的趋势，当降水季节变异系数为 85.1、最热季降水为 75mm 时达到最小值 ［图 4.6（d）、（g）］。

最干季降水、最冷季降水对思茅松天然林草本层各生物量分配变化趋势的影响相似 ［图 4.6（f）、（h）］。

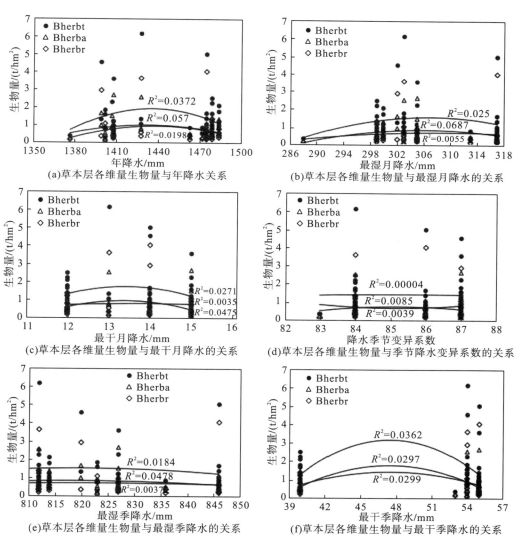

(a)草本层各维量生物量与年降水关系

(b)草本层各维量生物量与最湿月降水的关系

(c)草本层各维量生物量与最干月降水的关系

(d)草本层各维量生物量与季节降水变异系数的关系

(e)草本层各维量生物量与最湿季降水的关系

(f)草本层各维量生物量与最干季降水的关系

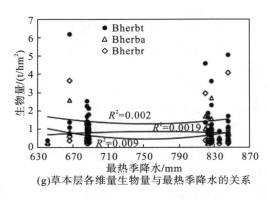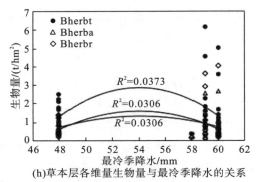

(g)草本层各维量生物量与最热季降水的关系   (h)草本层各维量生物量与最冷季降水的关系

图4.6   降水因子与草本层生物量分配的相关性分析

4.1.4 气候因子与思茅松天然林枯落物层生物量分配的关系

思茅松天然林枯落物层生物量分配随气候因子的变化呈规律性。枯落物层生物量（Bfall）与年均温、温度季节变异系数、极端最高温、最热季均温、最干月降水、最干季降水、最冷季降水均呈正相关性，其中与最热季均温有最大正相关性，相关系数为 0.107；与等温性、气温年较差、年降水、最湿月降水、降水季节变异系数、最湿季降水、最热季降水均呈负相关性，其中与最湿季降水有最大负相关性，相关系数为−0.253（表 4.4）。

表 4.4   气候因子与枯落物层生物量分配相关关系表

气候因子	Bfall	气候因子	Bfall
Bio1	0.065	Bio13	−0.216*
Bio3	−0.087	Bio14	0.024
Bio4	0.088	Bio15	−0.070
Bio5	0.023	Bio16	−0.253*
Bio7	−0.105	Bio17	0.054
Bio10	0.107	Bio18	−0.092
Bio12	−0.240*	Bio19	0.047

注：*为 0.05 水平上的相关性。

1. 温度因子对思茅松天然林枯落物层生物量分配的影响

各指数曲线拟合的显著性均有差异，从曲线拟合的 R^2 看，R^2 均比较小。枯落物层生物量随年均温、极端最高温、最热季均温的增加呈先减少后增加的趋势，当年均温为 18.5℃、极端最高温为 28℃、最热季均温为 22.5℃时分别达到最小值 ［图 4.7（a）、（d）、（f）］；随等温性的增加呈缓慢减少的趋势 ［图 4.7（b）］；随温度季节变异系数的增加呈缓慢增加的趋势 ［图 4.7（c）］；随气温年较差的增加呈先增加后减少的趋势，当气温年较差为 23.2℃时达到最大值 ［图 4.7（e）］。

年均温、极端最高温、最热季均温对思茅松天然林枯落物层生物量分配变化趋势的影响相似 ［图 4.7（a）、（d）、（f）］。

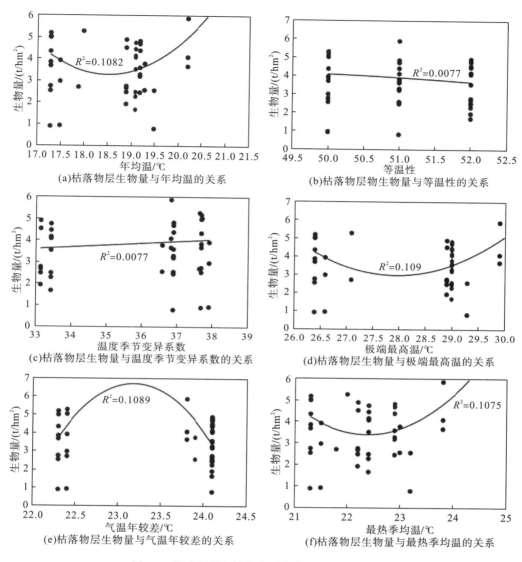

图 4.7 温度因子与枯落物层生物量分配的相关性分析

2. 降水因子对思茅松天然林枯落物层生物量分配的影响

各指数曲线拟合的显著性均有差异，从曲线拟合的 R^2 看，R^2 均比较小。枯落物生物量随年降水、最湿月降水、降水季节变异系数、最热季降水的增加呈先减少后增加的趋势，当年降水为 1450mm、最湿月降水为 311mm、降水季节变异系数为 85.5、最热季降水为 760mm 时分别达到最小值 [图 4.8(a)、(b)、(d)、(g)]；随最干月降水的增加呈基本不变的趋势 [图 4.8(c)]；随最湿季降水的增加呈先缓慢减少后缓慢增加的趋势，当最湿季降水为 835mm 时达到最小值 [图 4.8(e)]；随最干季降水、最冷季降水的增加呈先增加后减少的趋势，当最干季降水为 48mm、最冷季降水为 54mm 时分别达到最大值 [图 4.8(f)、(h)]。

年降水、最湿月降水、降水季节变异系数、最热季降水对思茅松天然林枯落物层生物量分配变化趋势的影响相似［图 4.8(a)、(b)、(d)、(g)］；最干季降水、最冷季降水对思茅松天然林枯落物层生物量分配变化趋势的影响相似［图4.8(f)、(h)］。

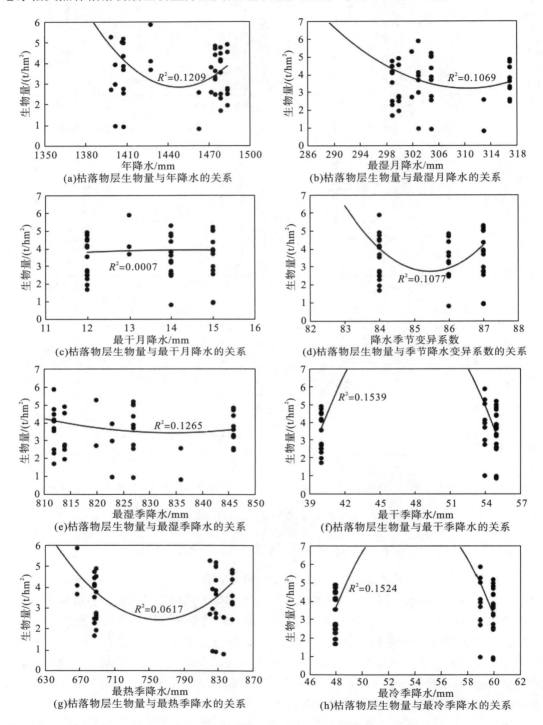

图 4.8　降水因子与枯落物层生物量分配的相关性分析

4.1.5　气候因子与思茅松天然林总生物量分配的关系

思茅松天然林总生物量分配随气候因子的变化呈规律性。思茅松天然林总生物量分配与年均温、等温性、极端最高温、气温年较差、最热季均温、年降水均呈正相关性，与温度季节变异系数、最湿月降水、最干月降水、降水季节变异系数、最湿季降水、最干季降水、最热季降水、最冷季降水均呈负相关性。思茅松天然林总生物量（Bstt）与等温性有最大正相关性，相关系数为 0.130；与最湿季降水有最大负相关性，相关系数为−0.203。思茅松天然林地上总生物量（Bsat）与等温性有最大正相关性，相关系数为 0.109；与最湿季降水有最大负相关性，相关系数为−0.200。思茅松天然林根系总生物量（Bsrt）与等温性有最大正相关性，相关系数为 0.230；与温度季节变异系数有最大负相关性，相关系数为−0.262（表 4.5）。

表 4.5　气候因子与思茅松天然林总生物量分配相关关系表

气候因子	Bstt	Bsat	Bsrt
Bio1	0.074	0.063	0.126
Bio3	0.130*	0.109	0.230*
Bio4	−0.167*	−0.145*	−0.262*
Bio5	0.085	0.071	0.147*
Bio7	0.066	0.048	0.155*
Bio10	0.044	0.038	0.070
Bio12	0.036	0.015	0.146*
Bio13	−0.195*	−0.192*	−0.188*
Bio14	−0.155*	−0.132*	−0.260*
Bio15	−0.135*	−0.116	−0.216*
Bio16	−0.203*	−0.200*	−0.195*
Bio17	−0.172*	−0.152*	−0.258*
Bio18	−0.177*	−0.160*	−0.242*
Bio19	−0.174*	−0.154*	−0.260*

注：*为 0.05 水平上的相关性，**为 0.01 水平上的相关性。

1. 温度因子对思茅松天然林总生物量分配的影响

各指数曲线拟合的显著性均有差异，从曲线拟合的 R^2 看，R^2 均比较小。思茅松天然林总生物量随年均温、极端最高温、最热季均温的增加呈基本不变的趋势［图 4.9(a)、(d)、(f)］；随等温性、温度季节变异系数的增加呈先缓慢减少后缓慢增加的趋势，当等温性为 50.6、温度季节变异系数为 36.8℃时分别达到最小值［图 4.9(b)、(c)］；随气温年较差的增加呈先增加后减少的趋势，当气温年较差为 23.3℃时达到最大值［图 4.9(e)］。思茅松天然林地上总生物量随温度因子的增加也存在类似的规律（图 4.9）。思茅松天然林根系总生物量随温度因子的增加呈基本不变的趋势（图 4.9）。

年均温、极端最高温、最热季均温对思茅松天然林总生物量分配变化趋势的影响相似［图 4.9(a)、(d)、(f)］；等温性、温度季节变异系数对思茅松天然林总生物量分配变化趋势的影响相似［图 4.9(b)、(c)］。

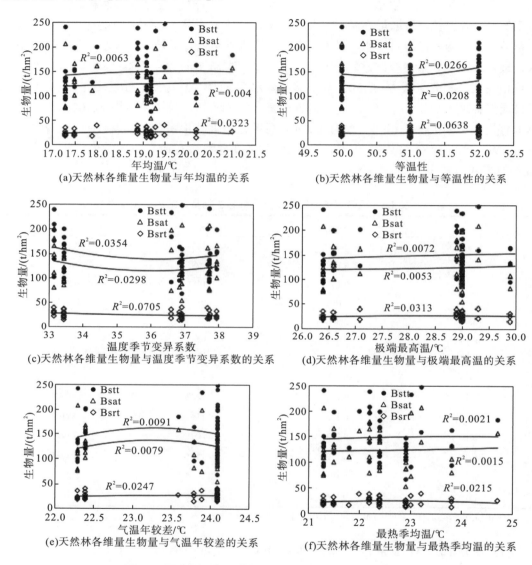

图 4.9　温度因子与思茅松天然林总生物量分配的相关性分析

2. 降水因子对思茅松天然林总生物量分配的影响

各指数曲线拟合的显著性均有差异，从曲线拟合的 R^2 看，R^2 均比较小。思茅松天然林总生物量随年降水、降水季节变异系数的增加呈先减少后增加的趋势，当年降水为 1445mm、降水季节变异系数为 86 时分别达到最小值［图 4.10(a)、(d)］；随最湿月降水、最干月降水、最湿季降水的增加呈不断减少的趋势［图 4.10(b)、(c)、(e)］；随最干季降水、最热季降水、最冷季降水的增加呈先增加后减少的趋势，当最干季降水为 46mm、最热季降水为 740mm、最冷季降水为 53.5mm 时分别达到最大值［图 4.10(f)、(g)、(h)］。思茅松天然林地上总生物量与降水因子也存在类似的变化规律［图 4.10］。思茅松天然林根系总生物量随降水因子的增加呈基本不变的趋势(图 4.10)。

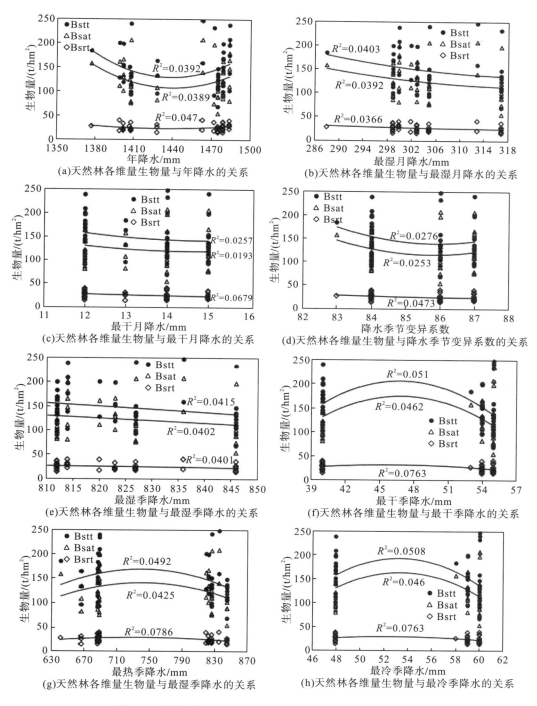

图 4.10　降水因子与思茅松天然林总生物量分配的相关性分析

　　年降水、降水季节变异系数对思茅松天然林总生物量分配变化趋势的影响相似
［图 4.10（a）、（d）］；最湿月降水、最干月降水、最湿季降水对思茅松天然林总生物量分
配变化趋势的影响相似［图 4.10（b）、（c）、（e）］；最干季降水、最热季降水、最冷季降
水对思茅松天然林总生物量分配变化趋势的影响相似［图 4.10（f）、（g）、（h）］。

4.2　气候因子与思茅松天然林生物量分配比例的相关性分析

4.2.1　气候因子与思茅松天然林乔木层生物量分配比例的关系

　　思茅松天然林乔木层生物量分配比例随气候因子的变化呈规律性。乔木层生物量分配
比例与等温性、极端最高温、气温年较差、年降水、最湿月降水、最湿季降水均呈正相关
性，与年均温、温度季节变异系数、最热季均温、最干月降水、降水季节变异系数、最干
季降水、最热季降水、最冷季降水均呈负相关性。乔木层总生物量分配比例（Pbt）与年降
水有最大正相关性，相关系数为 0.184；与温度季节变异系数有最大负相关性，相关系数
为-0.177。乔木层地上总生物量分配比例（Pbta）与年降水有最大正相关性，相关系数为
0.190；与温度季节变异系数有最大负相关性，相关系数为-0.181。乔木层根系总生物量分
配比例（Pbtr）与年降水有最大正相关性，相关系数为 0.101；与温度季节变异系数有最大
负相关性，相关系数为-0.104（表 4.6）。

表 4.6　气候因子与乔木层生物量分配比例相关关系表

气候因子	Pbt	Pbta	Pbtr
Bio1	-0.014	-0.005	-0.011
Bio3	0.145*	0.153*	0.081
Bio4	-0.177*	-0.181*	-0.104
Bio5	0.027	0.037	0.013
Bio7	0.108	0.118	0.054
Bio10	-0.065	-0.057	-0.039
Bio12	0.184*	0.190*	0.101
Bio13	0.011	0.007	0.011
Bio14	-0.103	-0.117	-0.044
Bio15	-0.038	-0.044	-0.028
Bio16	0.033	0.029	0.020
Bio17	-0.157*	-0.164*	-0.082
Bio18	-0.056	-0.041	-0.096
Bio19	-0.154*	-0.161*	-0.081

注：*为 0.05 水平上的相关性。

1. 温度因子对思茅松天然林乔木层生物量分配比例的影响

　　各指数曲线拟合的显著性均有差异，从曲线拟合的 R^2 看，R^2 均比较小。乔木层总生

物量百分比随年均温、极端最高温、最热季均温的增加呈先缓慢增加后缓慢减少的趋势，当年均温为 18.6℃、极端最高温为 28.1℃、最热季均温为 22.5℃时分别达到最大值［图 4.11(a)、(d)、(f)］；随等温性、温度季节变异系数、气温年较差的增加呈先缓慢减少后缓慢增加的趋势，当等温性为 50.5、温度季节变异系数为 36.8、气温年较差为 23.2℃时分别达到最小值［图 4.11(b)、(c)、(e)］。乔木层地上总生物量百分比和根系总生物量百分比随温度因子的变化也存在类似规律(图 4.11)。

年均温、极端最高温、最热季均温对思茅松天然林乔木层各维量生物量分配比例变化趋势的影响相似［图 4.11 (a)、(d)、(f)］；等温性、温度季节变异系数、气温年较差对思茅松天然林乔木层各维量生物量分配比例变化趋势的影响相似［图 4.11(b)、(c)、(e)］。

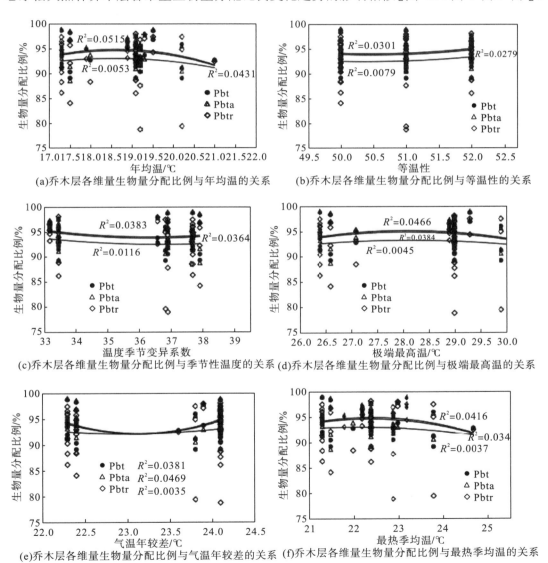

(a)乔木层各维量生物量分配比例与年均温的关系　(b)乔木层各维量生物量分配比例与等温性的关系

(c)乔木层各维量生物量分配比例与季节性温度的关系 (d)乔木层各维量生物量分配比例与极端最高温的关系

(e)乔木层各维量生物量分配比例与气温年较差的关系 (f)乔木层各维量生物量分配比例与最热季均温的关系

图 4.11　温度因子与乔木层生物量分配比例的相关性分析

2. 降水因子对思茅松天然林乔木层生物量分配比例的影响

各指数曲线拟合的显著性均有差异，从曲线拟合的 R^2 看，R^2 均比较小。乔木层总生物量百分比随年降水的增加呈先缓慢减少后缓慢增加的趋势，当年降水为 1410mm 时达到最小值［图 4.12(a)］；随最湿月降水、降水季节变异系数的增加呈先缓慢增加后缓慢减少的趋势，当最湿月降水为 307mm、降水季节变异系数为 85.5 时分别达到最大值［图 4.12(b)、(d)］；随最干月降水的增加呈缓慢减少的趋势［图 4.12(c)］；随最湿季降水的增加呈基本不变的趋势［图 4.12(e)］；随最干季降水、最冷季降水的增加呈先减少后增加的趋势，当最干季降水为 48mm、最冷季降水为 54.1mm 时分别达到最小值［图 4.12(f)、(h)］；随最热季降水的增加呈先增加后减少的趋势，当最热季降水为 760mm 时达到最大值［图 4.12(g)］。乔木层地上总生物量百分比随降水因子的变化也存在类似规律(图 4.12)。乔木层根系总生物量百分比随年降水、最干月降水的增加呈先缓慢减少后缓慢增加的趋势，当年降水为 1442mm、最干月降水为 13.7mm 时分别达到最小值［图 4.12(a)、(c)］；随最湿月降水、最湿季降水的增加呈基本不变的趋势［图 4.12(a)、(e)］；随降水季节变异系数的增加呈先缓慢增加后缓慢减少的趋势，当降水季节变异系数为 85.3 时达到最大值［图 4.12(d)］；随最干季降水、最冷季降水的增加呈先减少后增加的趋势，当最干季降水为 48mm、最冷季降水为 54mm 时分别达到最小值［图 4.12(f)、(h)］；随最热季降水的增加呈先增加后减少的趋势，当最热季降水为 750mm 时达到最大值［图 4.12(g)］。

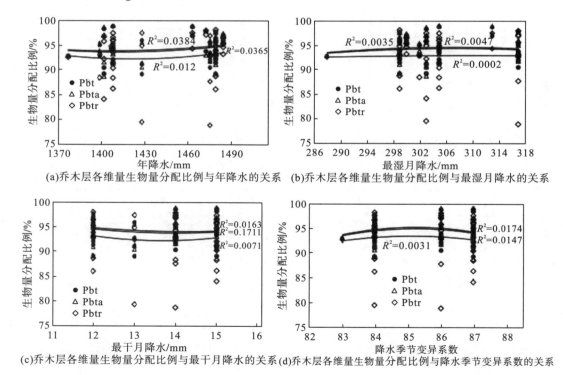

(a)乔木层各维量生物量分配比例与年降水的关系　(b)乔木层各维量生物量分配比例与最湿月降水的关系

(c)乔木层各维量生物量分配比例与最干月降水的关系(d)乔木层各维量生物量分配比例与降水季节变异系数的关系

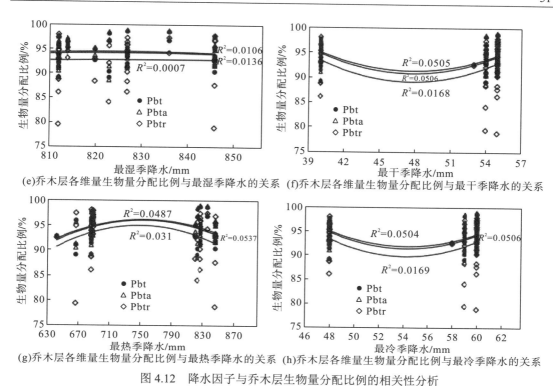

(e)乔木层各维量生物量分配比例与最湿季降水的关系 (f)乔木层各维量生物量分配比例与最干季降水的关系

(g)乔木层各维量生物量分配比例与最热季降水的关系 (h)乔木层各维量生物量分配比例与最冷季降水的关系

图4.12 降水因子与乔木层生物量分配比例的相关性分析

年降水、最干月降水对思茅松天然林乔木层各生物量分配比例变化趋势的影响相似〔图4.12(g)、(i)〕；最干季降水、最冷季降水对思茅松天然林乔木层各生物量分配比例变化趋势的影响相似〔图4.12(l)、(n)〕。

4.2.2 气候因子与思茅松天然林灌木层生物量分配比例的关系

思茅松天然林灌木层生物量分配比例随气候因子的变化呈规律性。灌木层总生物量百分比(Pbshrubt)与温度季节变异系数、最热季均温、最干月降水、降水季节变异系数、最干季降水、最热季降水、最冷季降水均呈正相关性，其中与温度季节变异系数有最大正相关性，相关系数为 0.054；与年均温、等温性、极端最高温、气温年较差、年降水、最湿月降水、最湿季降水均呈负相关性，其中与年降水有最大负相关性，相关系数为-0.085。灌木层地上总生物量百分比(Pbshruba)与年均温、温度季节变异系数、最热季均温、最干月降水、降水季节变异系数、最干季降水、最热季降水、最冷季降水均呈正相关性，其中与温度季节变异系数有最大正相关性，相关系数为 0.068；与等温性、极端最高温、气温年较差、年降水、最湿月降水、最湿季降水均呈负相关性，其中与年降水有最大负相关性，相关系数为-0.082。灌木层根系总生物量百分比(Pbshrubr)与温度季节变异系数、最干月降水、降水季节变异系数、最干季降水、最热季降水、最冷季降水均呈正相关性，其中与最热季降水有最大正相关性，相关系数为 0.074；与年均温、等温性、极端最高温、气温年较差、最热季均温、年降水、最湿月降水、最湿季降水均呈负相关性，其中与最湿月降水有最大负相关性，相关系数为-0.108。

思茅松天然林灌木层生物量分配比例与温度季节变异系数、最干月降水、降水季节变异系数、最干季降水、最热季降水、最冷季降水均呈正相关性，与等温性、极端最高温、气温年较差、年降水、最湿月降水、最湿季降水均呈负相关性(表 4.7)。

表 4.7　气候因子与灌木层生物量分配比例相关关系表

气候因子	Pbshrubt	Pbshruba	Pbshrubr
Bio1	−0.009	0.008	−0.052
Bio3	−0.048	−0.054	−0.050
Bio4	0.054	0.068	0.037
Bio5	−0.026	−0.013	−0.060
Bio7	−0.056	−0.049	−0.081
Bio10	0.004	0.026	−0.045
Bio12	−0.085	−0.082	−0.104
Bio13	−0.057	−0.031	−0.108*
Bio14	0.025	0.029	0.033
Bio15	0.005	0.009	0.014
Bio16	−0.056	−0.035	−0.099
Bio17	0.029	0.049	0.002
Bio18	0.041	0.021	0.074
Bio19	0.029	0.048	0.002

注：*为 0.05 水平上的相关性。

1. 温度因子对思茅松天然林灌木层生物量分配比例的影响

各指数曲线拟合的显著性均有差异，从曲线拟合的 R^2 看，R^2 均比较小。灌木层总生物量百分比和地上总生物量百分比随所有温度因子的变化均呈基本不变的规律(图 4.13)。灌木层根系总生物量随年均温、等温性、温度季节变异系数、极端最高温、气温年较差、最热季均温的增加均呈先缓慢减少后缓慢增加的趋势，当年均温为 19.0℃、等温性为 51.3、温度季节变异系数为 35.2℃、极端最高温为 28.3℃、气温年较差为 23.4℃、最热季均温为 22.9℃时分别达到最小值(图 4.13)。

所有温度因子对思茅松天然林灌木层各维量生物量分配比例变化趋势的影响相似(图 4.13)。

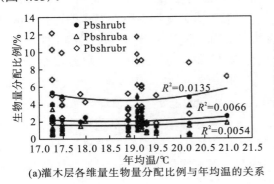

(a)灌木层各维量生物量分配比例与年均温的关系

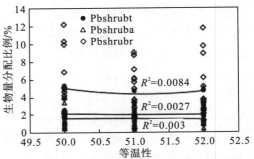

(b)灌木层各维量生物量分配比例与等温性的关系

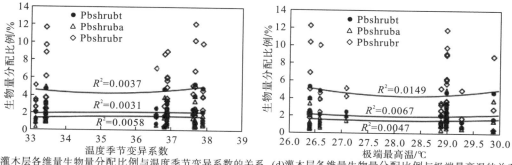

(c)灌木层各维量生物量分配比例与温度季节变异系数的关系　(d)灌木层各维量生物量分配比例与极端最高温的关系

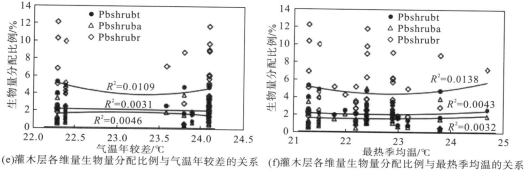

(e)灌木层各维量生物量分配比例与气温年较差的关系　(f)灌木层各维量生物量分配比例与最热季均温的关系

图4.13　温度因子与灌木层生物量分配比例的相关性分析

2. 降水因子对思茅松天然林灌木层生物量分配比例的影响

各指数曲线拟合的显著性均有差异,从曲线拟合的 R^2 看, R^2 均比较小。灌木层总生物量百分比随年降水、最湿月降水的增加呈缓慢减少的趋势［图 4.14(a)、(b)］;随最干月降水、最湿季降水的增加呈基本不变的趋势［图 4.14(c)、(e)］;随降水季节变异系数、最热季降水的增加呈先缓慢减少后缓慢增加的趋势,当降水季节变异系数为 85.5、最湿季降水 750mm 时分别达到最小值［图 4.14(d)、(g)］;随最干季降水、最冷季降水的增加呈先缓慢增加后缓慢减少的趋势,当最干季降水为 47.8mm、最冷季降水为 54mm 时分别达到最大值［图 4.14(f)、(h)］。灌木层地上总生物量随降水因子的变化也存在类似规律(图 4.14)。灌木层根系总生物量百分比随年降水、降水季节变异系数、最热季降水的增加呈先减少后增加的趋势,当年降水为 1450mm、降水季节变异系数为 85.4、最热季降水为 750mm 时分别达到最小值［图 4.14(a)、(d)、(g)］;随最湿月降水的增加呈先减少后趋于水平的趋势,当最湿月降水为 309mm 时开始趋于水平［图 4.14(b)］;随最干月降水的增加呈先缓慢减少后缓慢增加的趋势,当最干月降水为 13.2mm 时达到最小值［图 4.14(c)］;随最湿季降水的增加呈缓慢减少的趋势［图 4.14(e)］;随最干季降水、最冷季降水的增加呈先缓慢增加后缓慢减少的趋势,当最干季降水为 47.5mm、最冷季降水为 54mm 时分别达到最大值［图 4.14(f)、(h)］。

年降水、最干月降水、降水季节变异系数、最热季降水对思茅松天然林灌木层各维量生物量分配比例变化趋势的影响相似［图 4.14(a)、(c)、(d)、(g)］;最干季降水、最冷季降水对思茅松天然林灌木层各维量生物量分配比例变化趋势的影响相似［图4.14(f)、(h)］。

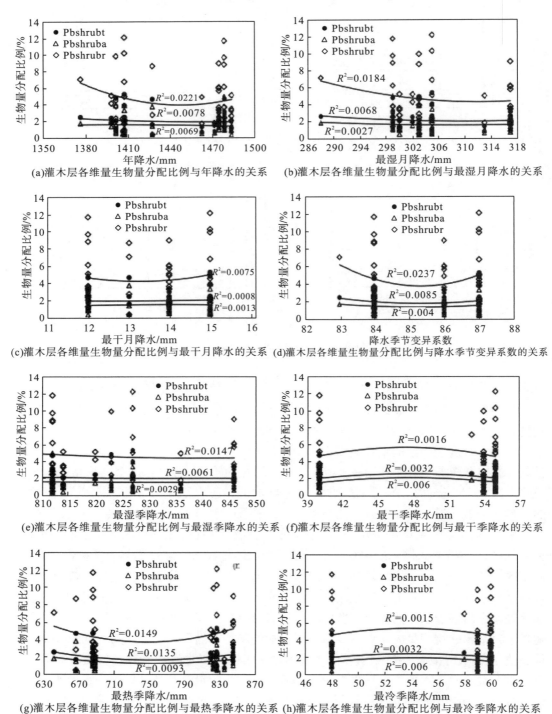

图4.14 降水因子与灌木层生物量分配比例的相关性分析

4.2.3　气候因子与思茅松天然林草本层生物量分配比例的关系

思茅松天然林草本层生物量分配比例随气候因子的变化呈规律性。草本层总生物量百分比（Pbherbt）与年均温、温度季节变异系数、最热季均温、最湿月降水、最干月降水、降水季节变异系数、最湿季降水、最干季降水、最热季降水、最冷季降水均呈正相关性，其中与温度季节变异系数有最大正相关性，相关系数为 0.153；与等温性、极端最高温、气温年较差、年降水均呈负相关性，其中与等温性有最大负相关性，相关系数为-0.124。草本层地上总生物量百分比（Pbherba）与温度季节变异系数、最湿月降水、最干月降水、降水季节变异系数、最湿季降水、最干季降水、最热季降水、最冷季降水均呈正相关性，其中与温度季节变异系数有最大正相关性，相关系数为 0.172；与年均温、等温性、极端最高温、气温年较差、最热季均温、年降水均呈负相关性，其中与等温性有最大负相关性，相关系数为-0.186。草本层根系总生物量百分比（Pbherbr）与年均温、温度季节变异系数、极端最高温、最热季均温、最湿月降水、最干月降水、降水季节变异系数、最湿季降水、最干季降水、最热季降水、最冷季降水均呈正相关性，其中与最干季降水有最大正相关性，相关系数为 0.131；与等温性、年降水均呈负相关性，其中与等温性有最大负相关性，相关系数为-0.078。

思茅松天然林草本层生物量分配比例与温度季节变异系数、最湿月降水、最干月降水、降水季节变异系数、最湿季降水、最干季降水、最热季降水、最冷季降水均呈正相关性，与等温性、年降水均呈负相关性，其中草本层根系总生物量百分比与气温年较差在本研究中没有相关性（表 4.8）。

表 4.8　气候因子与草本层生物量分配比例相关关系表

气候因子	Pbherbt	Pbherba	Pbherbr
Bio1	0.011	−0.105*	0.072
Bio3	−0.124*	−0.186*	−0.078
Bio4	0.153*	0.172*	0.128*
Bio5	−0.019	−0.130*	0.043
Bio7	−0.067	−0.173*	0.001
Bio10	0.050	−0.071	0.110*
Bio12	−0.102	−0.174*	−0.052
Bio13	0.080	0.032	0.096
Bio14	0.064	0.116*	0.036
Bio15	0.058	0.105*	0.031
Bio16	0.066	0.040	0.072
Bio17	0.152*	0.159*	0.131*
Bio18	0.081	0.084	0.077
Bio19	0.150*	0.158*	0.129*

注：*为 0.05 水平上的相关性。

1. 温度因子对思茅松天然林草本层生物量分配比例的影响

    各指数曲线拟合的显著性均有差异，从曲线拟合的 R^2 看，R^2 均比较小。草本层总生物量百分比随年均温、等温性、温度季节变异系数、极端最高温、最热季均温的增加呈基本不变的趋势［图 4.15(a)、(b)、(c)、(d)、(f)］；随气温年较差的增加呈先缓慢增加后缓慢减少的趋势，当气温年较差为 23.2℃时达到最大值［图 4.15(e)］。草本层地上总生物量百分比随温度因子的变化也存在类似的规律(图 4.15)。草本层根系总生物量百分比随年均温、极端最高温、最热季均温的增加呈缓慢增加趋势［图 4.15(a)、(d)、(f)］；随等温性、温度季节变异系数的增加呈先缓慢增加后缓慢减少的趋势，当等温性为 50.9、温度季节变异系数为 36℃时分别达到最大值［图 4.15(b)、(c)］；随气温年较差的增加呈先增加后减少的趋势，当气温年较差为 23.2℃时达到最大值［图 4.15(e)］。

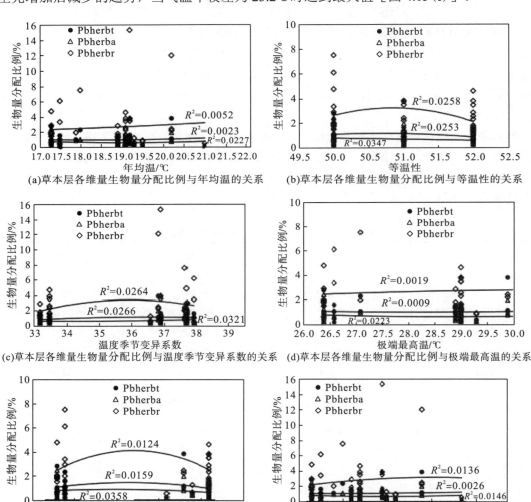

(a)草本层各维量生物量分配比例与年均温的关系　　(b)草本层各维量生物量分配比例与等温性的关系

(c)草本层各维量生物量分配比例与温度季节变异系数的关系　(d)草本层各维量生物量分配比例与极端最高温的关系

(e)草本层各维量生物量分配比例与气温年较差的关系　(f)草本层各维量生物量分配比例与最热季均温的关系

图 4.15　温度因子与草本层生物量分配比例的相关性分析

年均温、极端最高温、最热季均温对思茅松天然林草本层各维量生物量分配比例变化趋势的影响相似［图 4.15(a)、(d)、(f)］；等温性、温度季节变异系数、气温年较差对思茅松天然林草本层各维量生物量分配比例变化趋势的影响相似［图 4.15(b)、(c)、e］。

2. 降水因子对思茅松天然林草本层生物量分配比例的影响

各指数曲线拟合的显著性均有差异，从曲线拟合的 R^2 看，R^2 均比较小。草本层总生物量百分比随年降水、最湿月降水、最干月降水、最干季降水、最冷季降水的增加呈先缓慢增加后缓慢减少的趋势，当年降水为 1440mm、最湿月降水为 308mm、最干月降水为 13.7mm、最干季降水为 48mm、最冷季降水为 55mm 时分别达到最大值［图 4.16(a)、(b)、(c)、(f)、(h)］；随降水季节变异系数的增加呈缓慢增加的趋势［图 4.16(d)］；随最湿季降水的增加呈基本不变的趋势［图 4.16(e)］；随最热季降水的增加呈先缓慢减少后缓慢增加的趋势，当最热季降水为 750mm 时达到最小值［图 4.16(g)］。草本层地上总生物量百分比随年降水、最湿月降水、最干季降水、最冷季降水的增加呈先缓慢增加后缓慢减少的趋势，当年降水为 1440mm、最湿月降水为 307mm、最干季降水为 48.5mm、最冷季降水为 55mm 时分别达到最大值［图 4.16(a)、(b)、(f)、(h)］；随最干月降水、降水季节变异系数、最湿季降水、最热季降水的增加呈基本不变的趋势［图 4.16(c)、(d)、(e)、(g)］。草本层根系总生物量百分比随年降水、最湿月降水、最干月降水、降水季节变异系数、最干季降水、最冷季降水的增加呈先增加后减少的趋势，当年降水为 1440mm、最湿月降水为 313mm、最干月降水为 13.6mm、降水季节变异系数为 85.6、最干季降水为 45mm、最冷季降水为 54.3mm 时分别达到最大值［图 4.16(a)、(b)、(c)、(d)、(f)、(h)］；随最湿季降水的增加呈缓慢增加的趋势［图 4.16(e)］；随最热季降水的增加呈先减少后增加的趋势，当最热季降水为 750mm 时达到最小值［图 4.16(g)］。

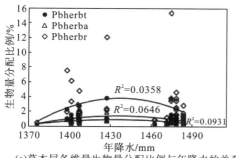

(a)草本层各维量生物量分配比例与年降水的关系

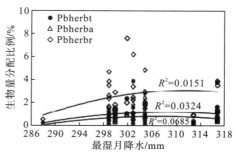

(b)草本层各维量生物量分配比例与最湿月降水的关系

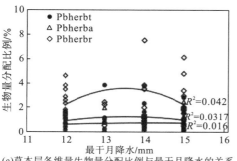

(c)草本层各维量生物量分配比例与最干月降水的关系

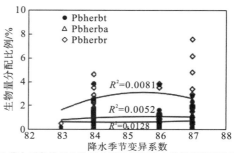

(d)草本层各维量生物量分配比例与降水季节变异系数的关系

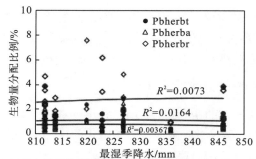
(e)草本层各维量生物量分配比例与最湿季降水的关系

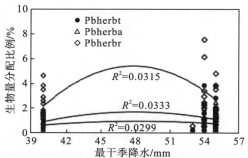
(f)草本层各维量生物量分配比例与最干季降水的关系

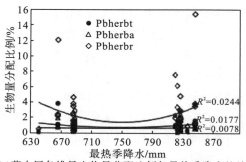
(g)草本层各维量生物量分配比例与最热季降水的关系

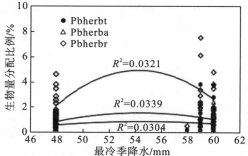
(h)草本层各维量生物量分配比例与最冷季降水的关系

图 4.16　降水因子与草本层生物量分配比例的相关性分析

年降水、最干月降水、降水季节变异系数、最干季降水、最冷季降水对思茅松天然林草本层各维量生物量分配比例变化趋势的影响相似［图 4.16(a)、(c)、(d)、(f)、(n)］。

4.2.4　气候因子与思茅松天然林枯落物层生物量分配比例的关系

思茅松天然林枯落物层生物量分配比例随气候因子的变化呈规律性。枯落物总生物量百分比(Pfallt)与年均温、温度季节变异系数、最热季均温、最干月降水、降水季节变异系数、最干季降水、最热季降水、最冷季降水均呈正相关性，其中与温度季节变异系数有最大正相关性，相关系数为 0.174；与等温性、极端最高温、气温年较差、年降水、最湿月降水、最湿季降水均呈负相关性，其中与年降水有最大负相关性，相关系数为-0.188。枯落物层地上总生物量百分比(Pfalla)与年均温、温度季节变异系数、最热季均温、最干月降水、降水季节变异系数、最干季降水、最热季降水、最冷季降水均呈正相关性，其中与温度季节变异系数有最大正相关性，相关系数为 0.165；与等温性、极端最高温、气温年较差、年降水、最湿季降水均呈负相关性，其中与年降水有最大负相关性，相关系数为-0.169；与最湿月降水没有相关性。

思茅松天然林枯落物层生物量分配比例与年均温、温度季节变异系数、最热季均温、最干月降水、降水季节变异系数、最干季降水、最热季降水、最冷季降水均呈正相关性，与等温性、极端最高温、气温年较差、年降水、最湿季降水均呈负相关性(表 4.9)。

表 4.9　气候因子与枯落物层生物量分配比例相关关系表

气候因子	Pfallt	Pfalla
Bio1	0.025	0.028
Bio3	−0.142*	−0.131*
Bio4	0.174*	0.165*
Bio5	−0.016	−0.011
Bio7	−0.102	−0.090
Bio10	0.079	0.079
Bio12	−0.188*	−0.169*
Bio13	−0.014	0.001
Bio14	0.120*	0.113*
Bio15	0.032	0.029
Bio16	−0.043	−0.029
Bio17	0.161*	0.155*
Bio18	0.022	0.023
Bio19	0.158*	0.152*

注：*为 0.05 水平上的相关性。

1. 温度因子对思茅松天然林枯落物层生物量分配比例的影响

各指数曲线拟合的显著性均有差异，从曲线拟合的 R^2 看，R^2 均比较小。枯落物层总生物量百分比随年均温、极端最高温、最热季均温的增加呈先减少后增加的趋势，当年均温为 18.6℃、极端最高温为 28.0℃、最热季均温为 22.6℃时分别达到最小值［图 4.17(a)、(d)、(f)］；随等温性、温度季节变异系数的增加呈先缓慢增加后缓慢减少的趋势，当等温性为 50.6、温度季节变异系数为 36.2℃时分别达到最大值［图 4.17(b)、(c)］；随气温年较差的增加呈先增加后减少的趋势，当气温年较差为 23.2℃时达到最大值［图 4.17(e)］。枯落物层地上总生物量百分比随温度因子的变化也存在类似的规律(图 4.17)。

年均温、极端最高温、最热季均温对思茅松天然林枯落物层各维量生物量分配比例变化趋势的影响相似［图 4.17(a)、(d)、(f)］；等温性、温度季节变异系数、气温年较差对思茅松天然林枯落物层各维量生物量分配比例变化趋势的影响相似［图 4.17(b)、(c)、(e)］。

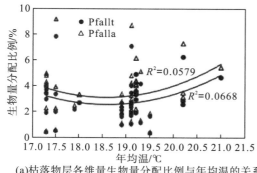

(a)枯落物层各维量生物量分配比例与年均温的关系

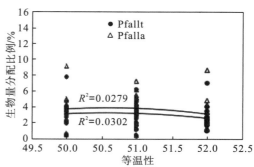

(b)枯落物层各维量生物量分配比例与等温性的关系

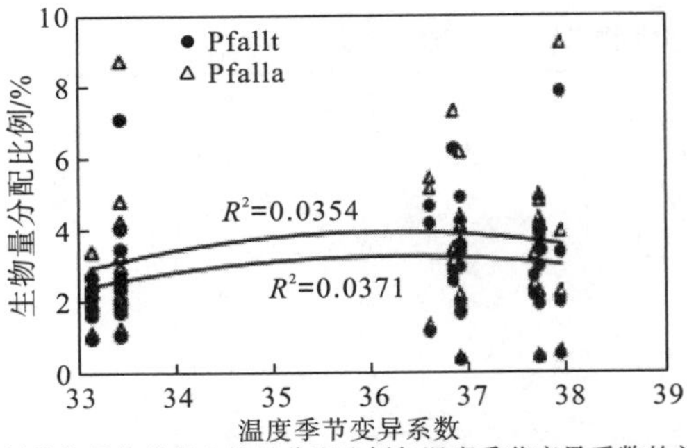

(c)枯落物层各维量生物量分配比例与温度季节变异系数的关系

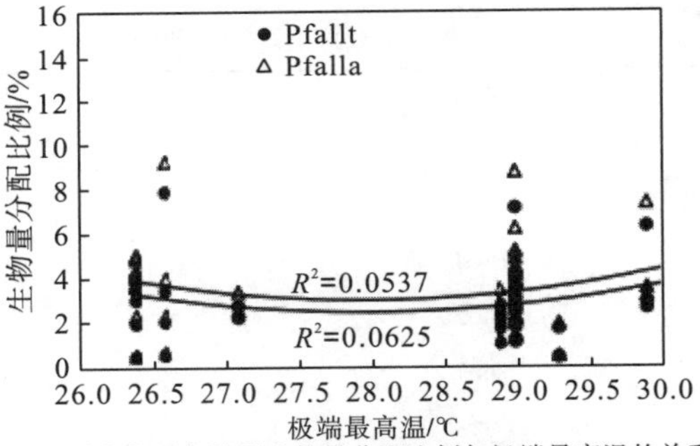

(d)枯落物层各维量生物量分配比例与极端最高温的关系

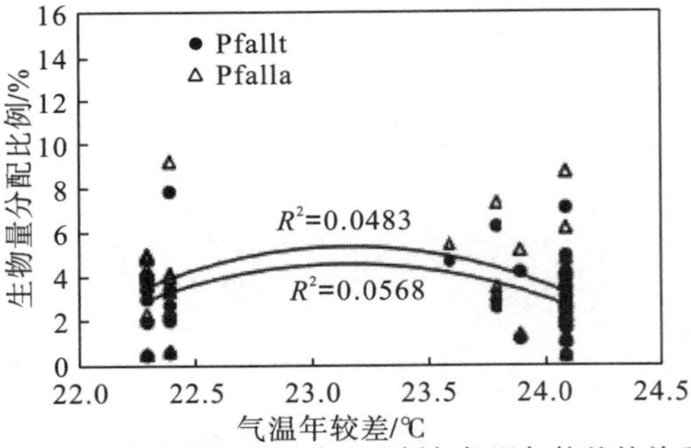

(e)枯落物层各维量生物量分配比例与气温年较差的关系

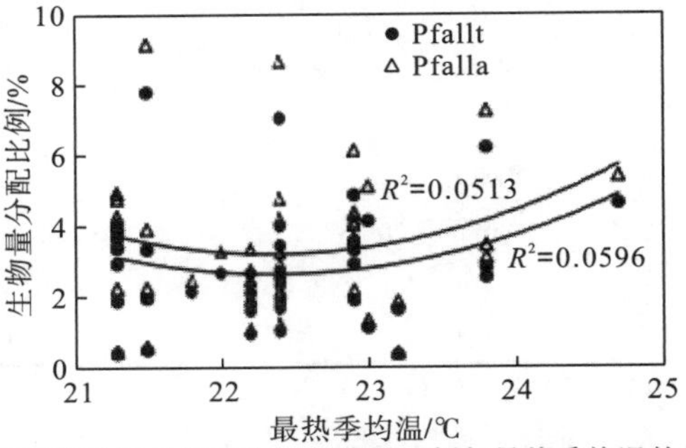

(f)枯落物层各维量生物量分配比例与最热季均温的关系

图 4.17 枯落物层生物量分配比例与温度因子的相关性分析

2. 降水因子对思茅松天然林枯落物层生物量分配比例的影响

各指数曲线拟合的显著性均有差异，从曲线拟合的 R^2 看，R^2 均比较小。枯落物总生物量百分比随年降水的减少呈不断减少的趋势［图 4.18(a)］；随最湿月降水、降水季节变异系数的增加呈先缓慢减少后缓慢增加的趋势，当最湿月降水为 307mm、降水季节变异系数为 85.3 时分别达到最小值［图 4.18(b)、(d)］；随最干月降水的增加呈缓慢增加的趋势［图 4.18(c)］；随最湿季降水的增加呈基本不变的趋势［图 4.18(e)］；随最干季降水、最冷季降水的增加呈先增加后减少的趋势，当最干季降水为 48mm、最冷季降水为 54.5mm 时分别达到最大值［图 4.18(f)、(h)］；随最热季降水的增加呈先减少后增加的趋势，当最热季降水为 760mm 时达到最小值［图 4.18(g)］。枯落物层地上总生物量百分比随降水因子的变化也存在类似的规律(图 4.18)。

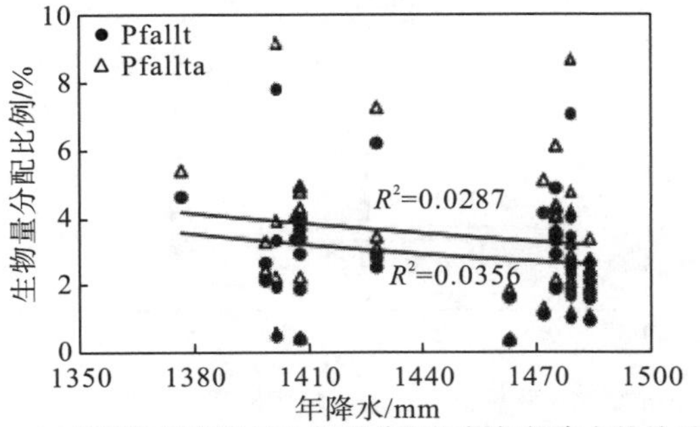

(a)枯落物层各维量生物量分配比例与年降水的关系

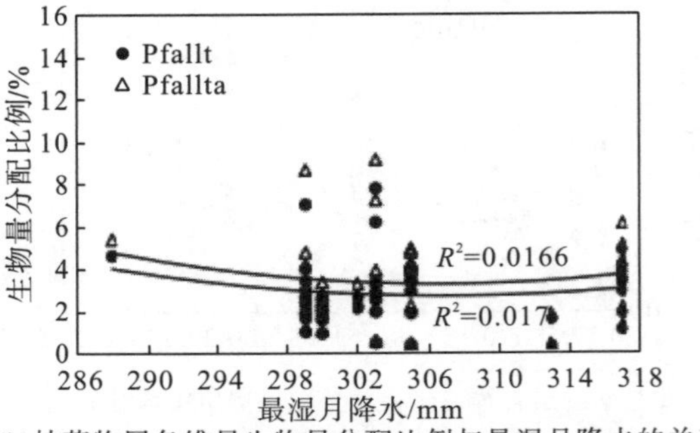

(b)枯落物层各维量生物量分配比例与最湿月降水的关系

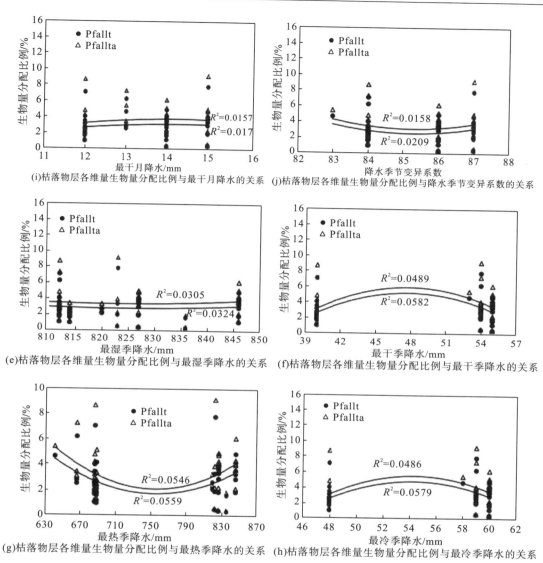

图 4.18 降水因子与枯落物层生物量分配比例的相关性分析

最湿月降水、降水季节变异系数对思茅松天然林枯落物层各维量生物量分配比例变化趋势的影响相似 [图 4.18(a)、(d)]；最干季降水、最冷季降水对思茅松天然林枯落物层各维量生物量分配比例变化趋势的影响相似 [图 4.18(f)、(h)]。

4.3 气候因子与乔木层各器官生物量的相关性分析

4.3.1 气候因子与思茅松天然林乔木层木材生物量分配的关系

思茅松天然林乔木层木材生物量分配随气候因子的变化呈规律性。乔木层总木材生物量(Btw)与年均温、等温性、极端最高温、气温年较差、最热季均温、年降水均呈正相关性，其中与等温性有最大正相关性，相关系数为 0.076；与温度季节变异系数、最湿月降水、最干月降水、降水季节变异系数、最湿季降水、最干季降水、最热季降水、最冷季降水均呈负相关性，其中与最湿季降水有最大负相关性，相关系数为-0.161。乔木层思茅松木材生物量(Bpw)与年均温、等温性、极端最高温、气温年较差、最热季均温、年降水均呈正相关性，其中与极端最高温有最大正相关性，相关系数为 0.065；与温度季节变异系数、最湿月降水、最干月降水、降水季节变异系数、最湿季降水、最干季降水、最热季降水、最冷季降水均呈负相关性，其中与最湿季降水有最大负相关性，相关系数为-0.106。乔木层其他树种木材生物量(Bow)只与等温性有正相关性，相关系数为 0.060；与年均温、温度季节变异系数、极端最高温、气温年较差、最热季均温、年降水、最湿月降水、最干月降水、降水季节变异系数、最湿季降水、最干季降水、最热季降水、最冷季降水均呈负相关性，其中与最湿月降水有最大负相关性，相关系数为-0.204。

乔木层木材生物量分配与等温性呈正相关性，与最湿月降水、最干月降水、降水季节变异系数、最湿季降水、最干季降水、最热季降水、最冷季降水均呈负相关性。乔木层总木材生物量和乔木层思茅松木材生物量与气候因子的相关性类似(表 4.10)。

表 4.10　气候因子与乔木层木材生物量分配相关关系表

气候因子	Btw	Bpw	Bow
Bio1	0.049	0.063	−0.017
Bio3	0.076	0.063	0.060
Bio4	−0.105*	−0.078	−0.109*
Bio5	0.055	0.065	−0.005
Bio7	0.032	0.042	−0.013
Bio10	0.034	0.055	−0.042
Bio12	0.001	0.014	−0.033
Bio13	−0.154*	−0.095	−0.204*
Bio14	−0.091	−0.074	−0.077
Bio15	−0.075	−0.055	−0.078
Bio16	−0.161*	−0.106*	−0.197*
Bio17	−0.110*	−0.073	−0.135*
Bio18	−0.119*	−0.105*	−0.080
Bio19	−0.113*	−0.074	−0.138*

注：*为 0.05 水平上的相关性。

1. 温度因子对思茅松天然林乔木层木材生物量分配的影响

各指数曲线拟合的显著性均有差异，从曲线拟合的 R^2 看，R^2 均比较小。乔木层总木材生物量随年均温、等温性、极端最高温、最热季均温的增加呈基本不变的趋势［图 4.19(a)、(b)、(d)、(f)］；随温度季节变异系数的增加呈先缓慢减少后缓慢增加的趋势，当温度季节变异系数为 36℃时达到最小值［图 4.19（c）］；随气温年较差的增加呈先缓慢增加后缓慢减少的趋势，当气温年较差为 23.2℃时达到最大值［图 4.19（e）］。乔木层思茅松木材生物量随温度因子的变化也存在类似的规律（图 4.19）。乔木层其他树种木材生物量随温度因子的变化呈基本不变的趋势（图 4.19）。

年均温、等温性、极端最高温、最热季均温对思茅松天然林乔木层各维量木材生物量分配变化趋势的影响相似［图 4.19（a）、（b）、（d）、（f）］。

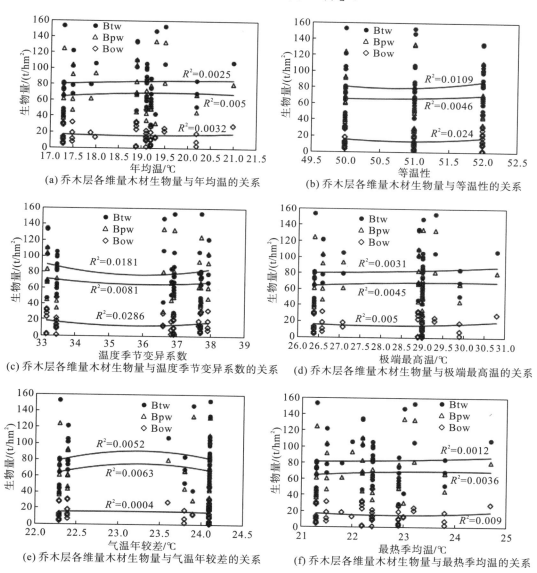

图 4.19　温度因子与乔木层木材生物量的相关性分析

2. 降水因子对思茅松天然林乔木层木材生物量分配的影响

各指数曲线拟合的显著性均有差异，从曲线拟合的 R^2 看，R^2 均比较小。乔木层总木材生物量随年降水、降水季节变异系数的增加呈先减少后增加的趋势，当年降水为1440mm、降水季节变异系数为85.8时分别达到最小值［图4.20(a)、(d)］；随最湿月降水、最干月降水、最湿季降水的增加呈不断减少的趋势［图4.20(b)、(c)、(e)］；随最干季降水、最热季降水、最冷季降水的增加呈先增加后减少的趋势，当最干季降水为47mm、最热季降水为745mm、最冷季降水为53.5mm时分别达到最大值［图4.20(f)、(g)、(h)］。乔木层思茅松木材生物量随年降水的增加呈先减少后增加的趋势，当年降水为1440mm时达到最小值［图4.20(a)］；随最湿月降水、最干月降水、最湿季降水的增加呈不断减少的趋势［图4.20(b)、(c)、(e)］；随降水季节变异系数的增加呈先缓慢减少后趋于水平的趋势，当降水季节变异系数为85.3时开始趋于水平［图4.20(d)］；随最干季降水、最热季降水、最冷季降水的增加呈先增加后减少的趋势，当最干季降水为47mm、最热季降水为745mm、最冷季降水为53.5mm时分别达到最大值［图4.20(f)、(g)、(h)］。乔木层其他树种木材生物量随年降水、最干月降水、降水季节变异系数的增加呈先减少后增加的趋势，当年降水为1440mm、最干月降水为13.5mm、降水季节变异系数为85.6时分别达到最小值［图4.20(a)、(c)、(d)］；随最湿月降水、最湿季降水的增加呈缓慢减少的趋势［图4.20(b)、(e)］；随最干季降水、最热季降水、最冷季降水的增加呈先增加后减少的趋势，当最干季降水为47mm、最热季降水为740mm、最冷季降水为53.5mm时分别达到最大值［图4.20(f)、(g)、(h)］。

　　最湿月降水、最湿季降水对思茅松天然林乔木层各维量木材生物量分配变化趋势的影响相似［图4.20(b)、(e)］；最干季降水、最热季降水、最冷季降水对思茅松天然林乔木层各维量木材生物量分配变化趋势的影响相似［图4.20(f)、(g)、(h)］。

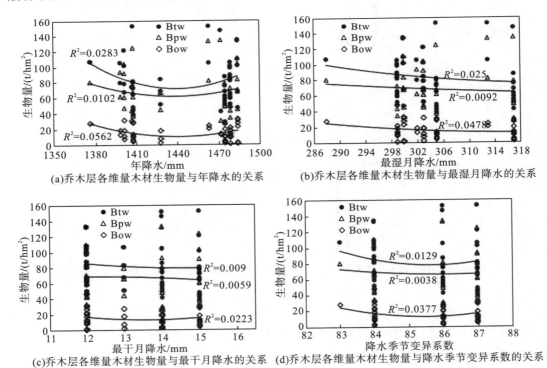

(a)乔木层各维量木材生物量与年降水的关系　　(b)乔木层各维量木材生物量与最湿月降水的关系

(c)乔木层各维量木材生物量与最干月降水的关系　(d)乔木层各维量木材生物量与降水季节变异系数的关系

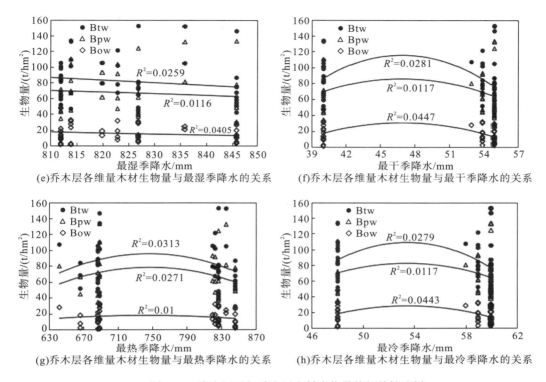

(e)乔木层各维量木材生物量与最湿季降水的关系　　(f)乔木层各维量木材生物量与最干季降水的关系

(g)乔木层各维量木材生物量与最热季降水的关系　　(h)乔木层各维量木材生物量与最冷季降水的关系

图4.20　降水因子与乔木层木材生物量的相关性分析

4.3.2　气候因子与思茅松天然林乔木层树皮生物量分配的关系

思茅松天然林乔木层树皮生物量分配随气候因子的变化呈规律性。乔木层总树皮生物量(Btb)与年均温、等温性、极端最高温、气温年较差、最热季均温、年降水均呈正相关性，其中与等温性有最大正相关性，相关系数为 0.281；与温度季节变异系数、最湿月降水、最干月降水、降水季节变异系数、最湿季降水、最干季降水、最热季降水、最冷季降水均呈负相关性，其中与温度季节变异系数、最热季降水有显著负相关性($P<0.05$)，相关系数分别为-0.311、-0.299。乔木层思茅松树皮生物量(Bbp)与年均温、等温性、极端最高温、气温年较差、最热季均温、年降水均呈正相关性，其中与等温性有最大正相关性，相关系数为 0.231；与温度季节变异系数、最湿月降水、最干月降水、降水季节变异系数、最湿季降水、最干季降水、最热季降水、最冷季降水均呈负相关性，其中与温度季节变异系数有最大负相关性，相关系数为-0.242。乔木层其他树种树皮生物量(Bob)与年均温、等温性、极端最高温均呈正相关性，其中与等温性有最大正相关性，相关系数为 0.065；与温度季节变异系数、气温年较差、最热季均温、年降水、最湿月降水、最干月降水、降水季节变异系数、最湿季降水、最干季降水、最热季降水、最冷季降水均呈负相关性，其中与最湿月降水有最大负相关性，相关系数为-0.195。

乔木层树皮生物量与年均温、等温性、极端最高温均呈正相关性，与最湿月降水、最干月降水、降水季节变异系数、最湿季降水、最干季降水、最热季降水、最冷季降水均呈负相关性。乔木层总树皮生物量和乔木层思茅松树皮生物量与气候因子的相关性类似(表4.11)。

表 4.11　气候因子与乔木层树皮生物量分配相关关系表

气候因子	Btb	Bpb	Bob
Bio1	0.135*	0.124*	0.003
Bio3	0.281*	0.231*	0.065
Bio4	−0.311**	−0.242*	−0.104
Bio5	0.170*	0.152*	0.012
Bio7	0.195*	0.182*	−0.002
Bio10	0.063	0.066	−0.019
Bio12	0.207*	0.204*	−0.028
Bio13	−0.170*	−0.071	−0.195*
Bio14	−0.282*	−0.226*	−0.079
Bio15	−0.274*	−0.218*	−0.080
Bio16	−0.182*	−0.084	−0.192*
Bio17	−0.285*	−0.207*	−0.128*
Bio18	−0.299**	−0.239*	−0.085
Bio19	−0.284*	−0.205*	−0.131*

注：*为 0.05 水平上的相关性，**为 0.01 水平上的相关性。

1. 温度因子对思茅松天然林乔木层树皮生物量分配的影响

各指数曲线拟合的显著性均有差异，从曲线拟合的 R^2 看，R^2 均比较小，但是温度季节变异系数的相关性检验显著。乔木层总树皮生物量随年均温、极端最高温、最热季均温的增加呈先缓慢增加后缓慢减少的趋势，当年均温为 19.4℃、极端最高温为 29.3℃、最热季均温为 23℃时分别达到最大值［图 4.21(a)、(d)、(f)］；随等温性、气温年较差的增加呈缓慢增加的趋势［图 4.21(b)、(e)］；随温度季节变异系数的增加呈缓慢减少的趋势［图 4.21(c)］。乔木层思茅松树皮生物量随温度因子的变化也存在类似的规律(图 4.21)。乔木层其他树种树皮生物量随温度因子的变化呈基本不变的趋势(图 4.21)。

年均温、极端最高温、最热季均温对思茅松天然林乔木层各维量树皮生物量分配变化趋势的影响相似［图 4.21(a)、(d)、(f)］。

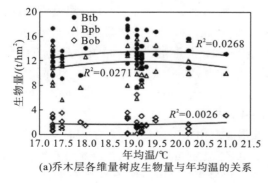

(a)乔木层各维量树皮生物量与年均温的关系

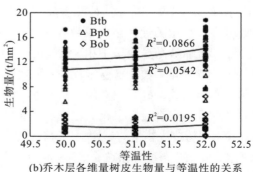

(b)乔木层各维量树皮生物量与等温性的关系

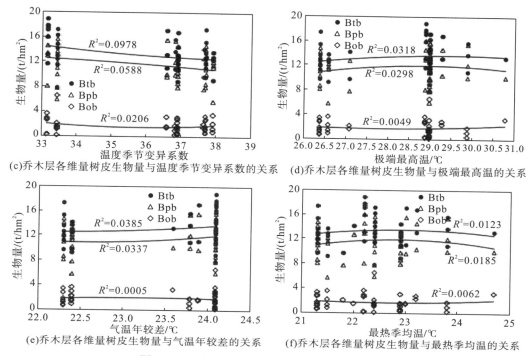

图4.21　温度因子与乔木层树皮生物量的相关性分析

2. 降水因子对思茅松天然林乔木层树皮生物量分配的影响

各指数曲线拟合的显著性均有差异，从曲线拟合的 R^2 看，R^2 均比较小，但是最热季降水的相关性检验显著。乔木层总树皮生物量随年降水、最干季降水、最冷季降水的增加呈先缓慢减少后缓慢增加的趋势，当年降水为 1420mm、最干季降水为 50mm、最冷季降水为 57mm 时达到最小值［图 4.22（a）、（f）、（h）］；随最湿月降水、最干月降水、降水季节变异系数、最湿季降水的增加呈不断减少的趋势［图 4.22（b）、（c）、（d）、（e）］；随最热季降水的增加呈先增加后减少的趋势，当最热季降水为 730mm 时达到最大值［图 4.22（g）］。乔木层思茅松树皮生物量随年降水的增加呈先增加后趋于水平的趋势，当年降水达到 1465mm 时开始趋于水平［图 4.22（a）］；随最湿月降水、降水季节变异系数、最热季降水的增加呈先缓慢增加后缓慢减少的趋势，当最湿月降水为 302mm、降水季节变异系数为 84.5、最热季降水为 730mm 时分别达到最大值［图 4.22（b）、（d）、（g）］；随最干月降水、最湿季降水的增加呈不断减少的趋势［图 4.22（c）、（e）］；随最干季降水、最冷季降水的增加呈先减少后增加的趋势，当最干季降水为 48.5mm、最冷季降水为 55mm 时分别达到最小值［图 4.22（f）、（h）］。乔木层其他树种树皮生物量随年降水、降水季节变异系数的增加呈先缓慢减少后缓慢增加的趋势，当年降水为1440mm、降水季节变异系数为85.6时分别达到最小值［图 4.22（a）、（d）］；随最湿月降水的增加呈先缓慢减少后趋于水平的趋势，当最湿月降水达到 311mm 时开始趋于水平［图 4.22（b）］；随最干月降水、最湿季降水、最热季降水的增加呈基本不变的趋势［图 4.22（c）、（e）、（g）］；随最干季降水、最冷季降水的增加呈先缓慢增加后缓慢减少的趋势，当最干季降水为 47mm、最冷季降水为 53.5mm 时分别达到最大值［图 4.22（f）、（h）］。

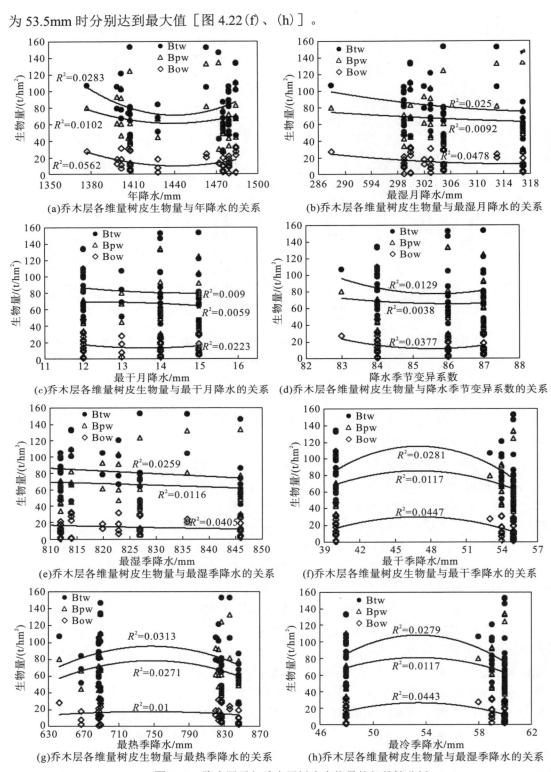

图 4.22　降水因子与乔木层树皮生物量的相关性分析

最湿月降水、降水季节变异系数对思茅松天然林乔木层各维量树皮生物量分配变化趋势的影响相似［图 4.22(b)、(d)］；最干季降水、最冷季降水对思茅松天然林乔木层各维量树皮生物量分配变化趋势的影响相似［图 4.22(f)、(h)］。

4.3.3　气候因子与思茅松天然林乔木层树枝生物量分配的关系

思茅松天然林乔木层树枝生物量分配随气候因子的变化呈规律性。乔木层总树枝生物量(Btbr)与年均温、等温性、极端最高温、气温年较差、年降水均呈正相关性，其中与等温性有最大正相关性，相关系数为 0.142；与温度季节变异系数、最热季均温、最湿月降水、最干月降水、降水季节变异系数、最湿季降水、最干季降水、最热季降水、最冷季降水均呈负相关性，其中与最冷季降水有最大负相关性，相关系数为-0.213。乔木层思茅松树枝生物量(Bpbr)与年均温、等温性、极端最高温、气温年较差、最热季均温、年降水均呈正相关性，其中与等温性有最大正相关性，相关系数为 0.183；与温度季节变异系数、最湿月降水、最干月降水、降水季节变异系数、最湿季降水、最干季降水、最热季降水、最冷季降水均呈负相关性，其中与最干月降水有最大负相关性，相关系数为-0.200。乔木层其他树种树枝生物量(Bobr)只与等温性呈正相关性，相关系数为 0.021；与年均温、温度季节变异系数、极端最高温、气温年较差、最热季均温、年降水、最湿月降水、最干月降水、降水季节变异系数、最湿季降水、最干季降水、最热季降水、最冷季降水均呈负相关性，其中与最湿月降水有最大负相关性，相关系数为-0.232。

乔木层树枝生物量分配只与等温性呈正相关性，与温度季节变异系数、最湿月降水、最干月降水、降水季节变异系数、最湿季降水、最干季降水、最热季降水、最冷季降水均呈负相关性(表 4.12)。

表 4.12　气候因子与乔木层树枝生物量分配相关关系表

气候因子	Btbr	Bpbr	Bobr
Bio1	0.032	0.092	-0.044
Bio3	0.142*	0.183*	0.021
Bio4	-0.194*	-0.198*	-0.077
Bio5	0.051	0.111	-0.035
Bio7	0.059	0.144*	-0.056
Bio10	-0.012	0.047	-0.061
Bio12	0.056	0.174*	-0.089
Bio13	-0.204*	-0.052	-0.232*
Bio14	-0.175*	-0.200*	-0.050
Bio15	-0.131*	-0.123	-0.062
Bio16	-0.196*	-0.047	-0.224*
Bio17	-0.211*	-0.185*	-0.113
Bio18	-0.154*	-0.158*	-0.061
Bio19	-0.213*	-0.184*	-0.118

注：*为 0.05 水平上的相关性。

1. 温度因子对思茅松天然林乔木层树枝生物量分配的影响

各指数曲线拟合的显著性均有差异，从曲线拟合的 R^2 看，R^2 均比较小。乔木层总树枝生物量随年均温、极端最高温、最热季均温的增加呈先缓慢增加后缓慢减少的趋势，当年均温为 18.8℃、极端最高温为 28.5℃、最热季均温为 22.5℃ 时分别达到最大值［图 4.23（a）、（d）、（f）］；随等温性、温度季节变异系数的增加呈先缓慢减少后缓慢增加的趋势，当等温性为 50.8、温度季节变异系数为 36℃ 时分别达到最小值［图 4.23（b）、（c）］；随气温年较差的增加呈先缓慢增加后趋于水平的规律，且当气温年较差达到 23.4℃ 时开始趋于水平［图 4.23（e）］。乔木层思茅松树枝生物量随年均温、极端最高温、最热季均温的增加呈先增加后减少的趋势，当年均温为 18.8℃、极端最高温为 28.3℃、最热季均温为 22.7℃ 时分别达到最大值［图 4.23（a）、（d）、（f）］；随等温性的增加呈缓慢增加的趋势［图 4.23（b）］；随温度季节变异系数的增加呈缓慢减少的趋势［图 4.23（c）］；随气温年较差的增加呈先缓慢减少后缓慢增加的趋势，当气温年较差为 22.9℃ 时达到最小值［图 4.23（e）］。乔木层其他树种树枝生物量随年均温、等温性、温度季节变异系数、极端最高温、最热季均温的增加呈先减小后增加的趋势，当年均温为 19.9℃、等温性为 51.0、温度季节变异系数为 35.7℃、极端最高温为 28.2℃、最热季均温为 22.8℃ 时分别达到最小值［图 4.23（a）、（b）、（c）、（d）、（f）］；随气温年较差的增加呈先增加后减少的趋势，当气温年较差为 23.1℃ 时达到最大值［图 4.23（e）］。

年均温、极端最高温、最热季均温对乔木层树枝生物量分配变化趋势的影响相似［图 4.23（a）、（d）、（f）］。

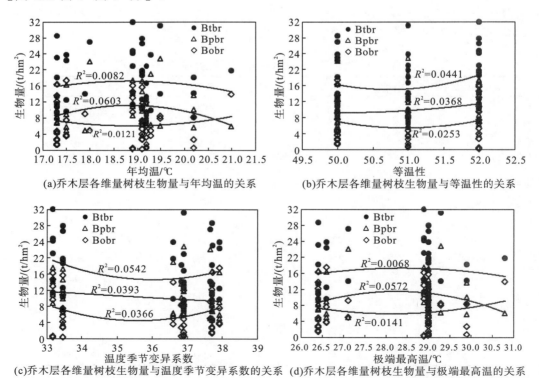

(a)乔木层各维量树枝生物量与年均温的关系   (b)乔木层各维量树枝生物量与等温性的关系

(c)乔木层各维量树枝生物量与温度季节变异系数的关系   (d)乔木层各维量树枝生物量与极端最高温的关系

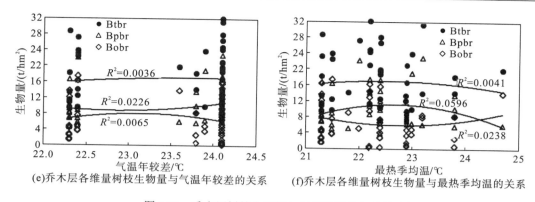

(e)乔木层各维量树枝生物量与气温年较差的关系　　(f)乔木层各维量树枝生物量与最热季均温的关系

图 4.23　乔木层树枝生物量与温度因子的相关性分析

2. 降水因子对思茅松天然林乔木层树枝生物量分配的影响

　　各指数曲线拟合的显著性均有差异，从曲线拟合的 R^2 看，R^2 均比较小。乔木层总树枝生物量随年降水、降水季节变异系数的增加呈先减少后增加的趋势，当年降水为 1440mm、降水季节变异系数为 86 时分别达到最小值［图 4.24(a)、(d)］；随最湿月降水、最湿季降水的增加呈不断减少的趋势［图 4.24(b)、(e)］；随最干月降水的增加呈先减少后趋于稳定的趋势，当最干季降水达到 14mm 时趋于水平［图 4.24(c)］；随最干季降水、最热季降水、最冷季降水的增加呈先增加后减少的趋势，当最干季降水为 47mm、最热季降水为 745mm、最冷季降水为 53.5mm 时分别达到最大值［图 4.24(f)、(g)、(h)］。乔木层思茅松树枝生物量随年降水的增加呈不断增加的趋势［图 4.24(g)］；随最湿月降水、降水季节变异系数的增加呈先缓慢增加后缓慢减少的趋势，当最湿月降水为 305mm、降水季节变异系数为 85 时分别达到最大值［图 4.24(b)、(d)］；随最干月降水、最湿季降水的增加呈缓慢减少的趋势［图 4.24(c)、(e)］；随最干季降水、最冷季降水的增加呈先缓慢减少后缓慢增加的趋势，当最干季降水为 50mm、最冷季降水为 56mm 时分别达到最小值［图 4.24(f)、(h)］；随最热季降水的增加呈先增加后减小的趋势，当最热季降水为 750mm 时达到最大值［图 4.24(g)］。乔木层其他树种树枝生物量随年降水、降水季节变异系数的增加呈先减少后增加的趋势，当年降水为 1445mm、降水季节变异系数为 85.5 时分别达到最小值［图 4.24(a)、(d)］；随最湿月降水的增加呈先减少后趋于水平的趋势，当最湿月降水达到 313mm 时开始趋于水平［图 4.24(b)］；随最干月降水的增加呈先缓慢减少后缓慢增加的趋势，当最干月降水为 13.5mm 时达到最小值［图 4.24(c)］；随最湿季降水的增加呈缓慢减少的趋势［图 4.24(k)］；随最干季降水、最冷季降水的增加呈先增加后减小的趋势，当最干季降水为 47mm、最冷季降水为 54mm 时分别达到最大值［图 4.24(f)、(h)］；随最热季降水的增加呈基本不变的趋势［图 4.24(g)］。

　　最干季降水、最冷季降水对思茅松天然林乔木层各维量树枝生物量分配变化趋势的影响相似［图 4.24(f)、(h)］。

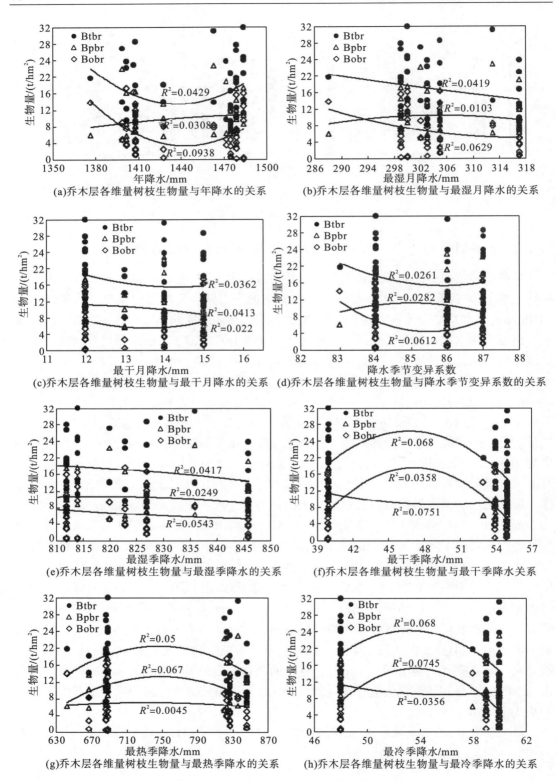

图 4.24　降水因子与乔木层树枝生物量的相关性分析

4.3.4　气候因子与思茅松天然林乔木层树叶生物量分配的关系

思茅松天然林乔木层树叶生物量分配随气候因子的变化呈规律性。乔木层总树叶生物量（Btl）与年均温、等温性、极端最高温、气温年较差、最热季均温、年降水均呈正相关性，其中与等温性有最大正相关性，相关系数为 0.262；与温度季节变异系数、最湿月降水、最干月降水、降水季节变异系数、最湿季降水、最干季降水、最热季降水、最冷季降水均呈负相关性，其中与温度季节变异系数有最大负相关性，相关系数为-0.279。乔木层思茅松树叶生物量（Bpl）与年均温、等温性、极端最高温、气温年较差、最热季均温、年降水、最湿月降水、最湿季降水均呈正相关性，其中与年降水有显著正相关性（$P < 0.05$），相关系数为 0.333；与温度季节变异系数、最干月降水、降水季节变异系数、最干季降水、最热季降水、最冷季降水均呈负相关性，其中与温度季节变异系数具有最大负相关性，相关系数为-0.232。乔木层其他树种树叶生物量（Bol）只与最热季均温呈正相关性，相关系数为 0.001；与年均温、等温性、温度季节变异系数、极端最高温、气温年较差、年降水、最湿月降水、最干月降水、降水季节变异系数、最湿季降水、最干季降水、最热季降水、最冷季降水均呈负相关性，其中与最湿季降水有最大负相关性，相关系数为-0.205。

乔木层树叶生物量分配只与最热季均温呈正相关性，与温度季节变异系数、最干月降水、降水季节变异系数、最干季降水、最热季降水、最冷季降水均呈负相关性（表 4.13）。

表 4.13　气候因子与乔木层树叶生物量分配相关关系表

气候因子	Btl	Bpl	Bol
Bio1	0.133*	0.131*	-0.002
Bio3	0.262*	0.255*	-0.001
Bio4	-0.279*	-0.232*	-0.037
Bio5	0.171*	0.169*	-0.003
Bio7	0.207*	0.254*	-0.049
Bio10	0.072	0.069	0.001
Bio12	0.225*	0.333**	-0.108
Bio13	-0.077	0.130*	-0.193*
Bio14	-0.232*	-0.207*	-0.017
Bio15	-0.251*	-0.179*	-0.061
Bio16	-0.097	0.124*	-0.205*
Bio17	-0.234*	-0.170*	-0.053
Bio18	-0.272*	-0.191*	-0.069
Bio19	-0.233*	-0.166*	-0.057

注：*为 0.05 水平上的相关性，**为 0.01 水平上的相关性。

1. 温度因子对思茅松天然林乔木层树叶生物量分配的影响

各指数曲线拟合的显著性均有差异，从曲线拟合的 R^2 看，R^2 均比较小。乔木层总树叶生物量随年均温、等温性、极端最高温、气温年较差、最热季均温的增加呈缓慢增加的趋势［图 4.25（a）、（b）、（d）、（e）、（f）］；随温度季节变异系数的增加呈缓慢减少的趋势［图 4.25(c)］。乔木层思茅松树叶生物量随年均温、温度季节变异系数、极端最高温、最热季均温的增加呈先增加后减少的趋势，当年均温为 19.0℃、温度季节变异系数为 34.7℃、极端最高温为 28.4℃、最热季均温为 22.8℃时分别达到最大值［图 4.25(a)、(c)、(d)、(f)］；随等温性的增加呈缓慢增加的趋势［图 4.25(b)］；随气温年较差的增加呈先缓慢减少后缓慢增加的趋势，当气温年较差为 22.9℃时达到最小值［图 4.25(e)］。乔木层其他树种树叶生物量随年均温、等温性、温度季节变异系数、极端最高温、最热季均温的增加呈先减少后增加的趋势，当年均温为 18.6℃、等温性为 51.0、温度季节变异系数为 35.6℃、极端最高温为 28.0℃、最热季均温为 22.6℃时分别达到最小值［图 4.25(a)、(b)、(c)、(d)、(f)］；随气温年较差的增加呈先增加后减少的趋势，当气温年较差为 23.2℃时达到最大值［图 4.25(e)］。

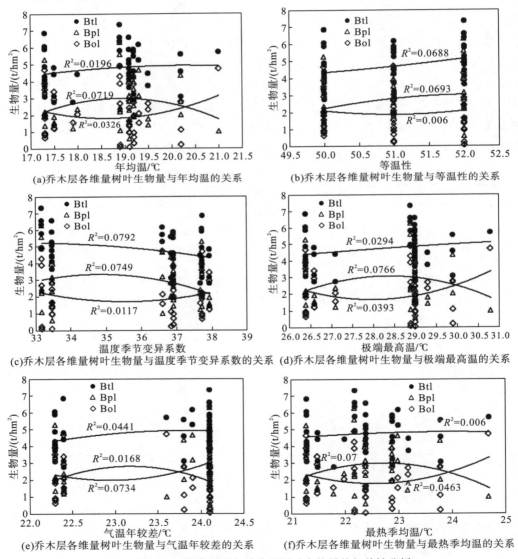

图 4.25　温度因子与乔木层树叶生物量的相关性分析

年均温、极端最高温、最热季均温对乔木层树叶生物量分配变化趋势的影响相似［图 4.25(a)、(d)、(f)］。

2. 降水因子对思茅松天然林乔木层树叶生物量分配的影响

各指数曲线拟合的显著性均有差异，从曲线拟合的 R^2 看，R^2 均比较小。乔木层总树叶生物量随年降水、最湿月降水、最干季降水、最冷季降水的增加呈先减少后增加的趋势，当年降水为 1430mm、最湿月降水为 310mm、最干季降水为 50mm、最冷季降水为 56.5mm 时分别达到最小值［图 4.26(a)、(b)、(f)、(h)］；随最干月降水、降水季节变异系数、最热季降水的增加呈不断减少的趋势［图 4.26(c)、(d)、(g)］；随最湿季降水的增加呈基本不变的趋势［图 4.26(e)］。乔木层思茅松树叶生物量随年降水、最热季降水的增加呈先增加后减少的趋势，当年降水为 1460mm、最热季降水为 710mm 时分别达到最大值［图 4.26(g)、m］；随最湿月降水、最湿季降水的增加呈不断增加的趋势［图 4.26(b)、(e)］；随最干月降水的增加呈不断减少的趋势［图 4.26(c)］；随降水季节变异系数、最干季降水、最冷季降水的增加呈先减少后增加的趋势，当降水季节变异系数为 85.5、最干季降水为 48mm、最冷季降水为 54mm 时分别达到最小值［图 4.26(d)、(f)、(h)］。乔木层其他树种树叶生物量随年降水、最湿月降水、最干月降水、最热季降水的增加呈先减少后增加的趋势，当年降水为 1445mm、最湿月降水为 311mm、最干月降水为 13.6mm、最热季降水为 770mm 时分别达到最小值［图 4.26(a)、(b)、(c)、(g)］；随降水季节变异系数、最干季降水、最冷季降水的增加呈先增加后减少的趋势，当降水季节变异系数为 85.5、最干季降水为 47.5mm、最冷季降水为 54mm 时分别达到最大值［图 4.26(d)、(f)、(h)］；随最湿季降水的增加呈不断减少的趋势［图 4.26(e)］。

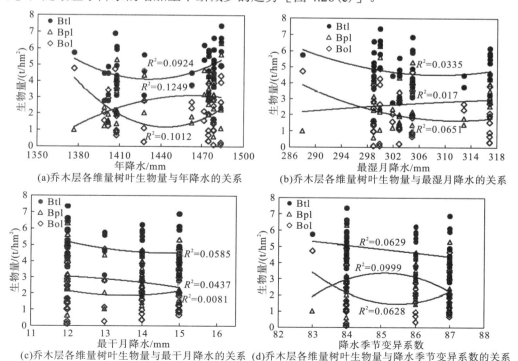

(a)乔木层各维量树叶生物量与年降水的关系 (b)乔木层各维量树叶生物量与最湿月降水的关系

(c)乔木层各维量树叶生物量与最干月降水的关系 (d)乔木层各维量树叶生物量与降水季节变异系数的关系

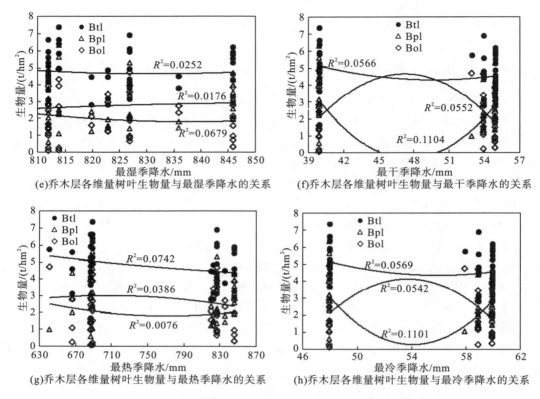

图4.26　降水因子与乔木层树叶生物量的相关性分析

　　最干季降水、最冷季降水对思茅松天然林乔木层各维量树叶生物量分配变化趋势的影响相似〔（图4.26（f）、（h）〕。

4.3.5　气候因子与思茅松天然林乔木层地上生物量分配的关系

　　思茅松天然林乔木层地上生物量分配随气候因子的变化呈规律性。乔木层总地上生物量（Bta）与年均温、等温性、极端最高温、气温年较差、最热季均温、年降水均呈正相关性，其中与等温性有最大正相关性，相关系数为0.114；与温度季节变异系数、最湿月降水、最干月降水、降水季节变异系数、最湿季降水、最干季降水、最热季降水、最冷季降水均呈负相关性，其中与最湿月降水有最大负相关性，相关系数为-0.174。乔木层思茅松地上生物量（Bpa）与年均温、等温性、极端最高温、气温年较差、最热季均温、年降水均呈正相关性，其中与等温性有最大正相关性，相关系数为0.112；与温度季节变异系数、最湿月降水、最干月降水、降水季节变异系数、最湿季降水、最干季降水、最热季降水、最冷季降水均呈负相关性，其中与最热季降水有最大负相关性，相关系数为-0.141。乔木层其他树种地上生物量（Boa）只与等温性呈正相关性，相关系数为0.046；与年均温、温度季节变异系数、极端最高温、气温年较差、最热季均温、年降水、最湿月降水、最干月降水、降水季节变异系数、最湿季降水、最干季降水、最热季降水、最冷季降水均呈负相关性，其中与最湿月降水有最大负相关性，相关系数为-0.213。

　　乔木层地上生物量只与等温性呈正相关性，与温度季节变异系数、最湿月降水、最干月降水、降水季节变异系数、最湿季降水、最干季降水、最热季降水、最冷季降水均呈负相关性。乔木层总地上生物量和乔木层思茅松地上生物量与气候因子的相关性类似（表 4.14）。

表 4.14　气候因子与乔木层地上生物量分配相关关系表

气候因子	Bta	Bpa	Boa
Bio1	0.058	0.083	−0.023
Bio3	0.114*	0.112*	0.046
Bio4	−0.150	−0.126*	−0.096
Bio5	0.070	0.092	−0.012
Bio7	0.056	0.084	−0.027
Bio10	0.031	0.062	−0.043
Bio12	0.032	0.070	−0.055
Bio13	−0.174*	−0.089	−0.213*
Bio14	−0.131*	−0.121*	−0.066
Bio15	−0.110*	−0.091	−0.073
Bio16	−0.180*	−0.099	−0.208*
Bio17	−0.154*	−0.115	−0.124*
Bio18	−0.152*	−0.141*	−0.075
Bio19	−0.156*	−0.115*	−0.128*

注：*为 0.05 水平上的相关性。

1. 温度因子对思茅松天然林乔木层地上生物量分配的影响

　　各指数曲线拟合的显著性均有差异，从曲线拟合的 R^2 看，R^2 均比较小。乔木层总地上生物量随年均温、极端最高温、最热季均温的增加呈缓慢增加的趋势［图 4.27（a）、（d）、（f）］；随等温性、温度季节变异系数的增加呈先缓慢减少后缓慢增加的趋势，当等温性为 50.6、温度季节变异系数为 36.1℃时分别达到最小值［图 4.27（b）、（c）］；随气温年较差的增加呈先缓慢增加后缓慢减少的趋势，当气温年较差为 23.3℃时达到最大值［图 4.27（e）］。乔木层思茅松地上生物量随年均温、极端最高温、气温年较差、最热季均温的增加呈先缓慢增加后缓慢减少的趋势，当年均温为 19.0℃、极端最高温为 29.0℃、气温年较差为 23.4℃、最热季均温为 23℃时分别达到最大值［图 4.27（a）、（d）、（e）、（f）］；随等温性的增加呈缓慢增加的趋势［图 4.27（b）］；随温度季节变异系数的增加呈缓慢减少的趋势［图 4.27（c）］。乔木层其他树种地上生物量随年均温、等温性、温度季节变异系数、极端最高温、最热季均温的增加呈先缓慢减少后缓慢增加的趋势，当年均温为 19.0℃、等温性为 51.0、温度季节变异系数为 35.6℃、极端最高温为 28.0℃、最热季均温为 22.8℃时分别达到最小值［图 4.27（a）、（b）、（c）、（d）、（f）］；随气温年较差的增加呈先缓慢增加后缓慢减少的趋势，当气温年较差为 23.1℃时达到最大值［图 4.27(e)］。

年均温、极端最高温、最热季均温对思茅松天然林乔木层各维量地上生物量分配变化趋势的影响相似［图 4.27(a)、(d)、(f)］。

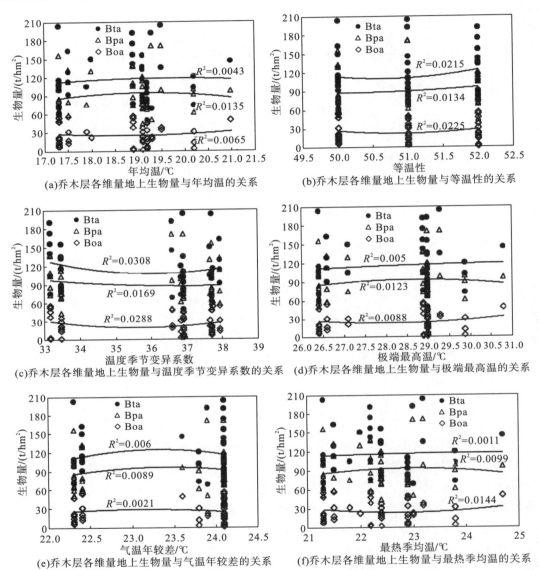

图 4.27　温度因子与乔木层地上生物量的相关性分析

2. 降水因子对思茅松天然林乔木层地上生物量分配的影响

各指数曲线拟合的显著性均有差异，从曲线拟合的 R^2 看，R^2 均比较小。乔木层总地上生物量随年降水、降水季节变异系数的增加呈先减少后增加的趋势，当年降水为 1440mm、降水季节变异系数为 85.9 时分别达到最小值［图 4.28(a)、(d)］；随最湿月降水、最干月降水、最湿季降水的增加呈不断减少的趋势［图 4.28(b)、(c)、(e)］；随最干季降水、最热季降水、最冷季降水的增加呈先增加后减少的趋势，当最干季降水为47mm、最热季降水为740mm、最冷季降水为53.5mm时分别达到最大值 [图4.28(f)、(g)、(h)]。乔木层思茅松地上生物量随年降水的增加呈先缓慢减少后缓慢增加的趋势，当年降水为1430mm时达到最小值 [图4.28(a)]；随最湿月降水、最干月降水、降水季节变异系数、最湿季降水的增加呈不断减少的趋势 [图4.28(b)、(c)、(d)、(e)]；随最干季降水、最热季降水、最冷季降水的增加呈先增加后减少的趋势，当最干季降水为47mm、最热季降水为750mm、最冷季降水为53mm时分别达到最大值 [图4.28(f)、(g)、(h)]。乔木层其他树种地上生物量随年降水、最干月降水、降水季节变异系数的增加呈先减少后增加的趋势，当年降水为1440mm、最干月降水为13.5mm、降水季节变异系数为85.6时分别达到最小值 [图 4.28(a)、(c)、(d)]；随最湿月降水、最湿季降水的增加呈不断减少的趋势 [图4.28(b)、(e)]；随最干季降水、最热季降水、最冷季降水的增加呈先增加后减少的趋势，当最干季降水为47mm、最热季降水为740mm、最冷季降水为54mm时分别达到最大值 [图4.28(f)、(g)、(h)]。

最湿月降水、最湿季降水对思茅松天然林乔木层各维量地上生物量分配变化趋势的影响相似 [图4.28(b)、(e)]；最干季降水、最热季降水、最冷季降水对思茅松天然林乔木层各维量地上生物量分配变化趋势的影响相似 [图4.28(f)、(g)、(h)]。

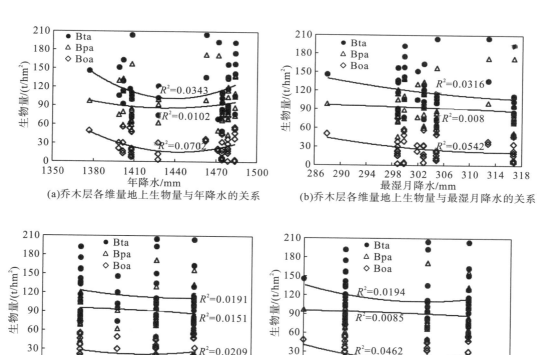

(a)乔木层各维量地上生物量与年降水的关系

(b)乔木层各维量地上生物量与最湿月降水的关系

(c)乔木层各维量地上生物量与最干月降水的关系

(d)乔木层各维量地上生物量与降水季节变异系数的关系

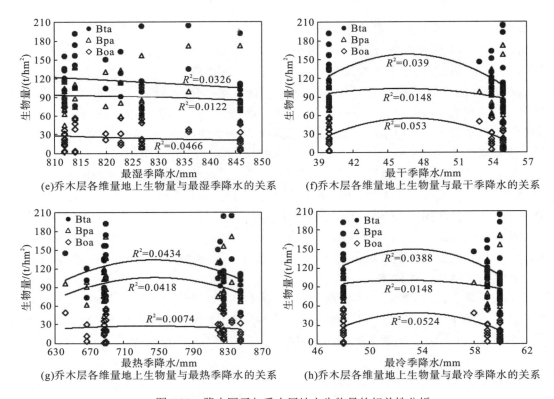

图 4.28　降水因子与乔木层地上生物量的相关性分析

4.3.6　气候因子与思茅松天然林乔木层根系生物量分配的关系

思茅松天然林乔木层根系生物量分配随气候因子的变化呈规律性。乔木层总根系生物量(Btr)与年均温、等温性、极端最高温、气温年较差、最热季均温、年降水均呈正相关性，其中与等温性有最大正相关性，相关系数为 0.238；与温度季节变异系数、最湿月降水、最干月降水、降水季节变异系数、最湿季降水、最干季降水、最热季降水、最冷季降水均呈负相关性，其中与温度季节变异系数有最大负相关性，相关系数为-0.275。乔木层思茅松根系生物量(Bpr)与年均温、等温性、极端最高温、气温年较差、最热季均温、年降水均呈正相关性，其中与年降水有最大正相关性，相关系数为 0.244；与温度季节变异系数、最湿月降水、最干月降水、降水季节变异系数、最湿季降水、最干季降水、最热季降水、最冷季降水均呈负相关性，其中与温度季节变异系数有最大负相关性，相关系数为-0.254。乔木层其他树种根系生物量(Bor)与年均温、等温性、极端最高温、最热季均温均呈正相关性，其中与等温性有最大正相关性，相关系数为 0.036；与温度季节变异系数、气温年较差、年降水、最湿月降水、最干月降水、降水季节变异系数、最湿季降水、最干季降水、最热季降水、最冷季降水均呈负相关性，其中与最湿季降水有最大负相关性，相关系数为-0.236。

乔木层根系生物量分配与年均温、等温性、极端最高温、最热季均温均呈正相关性，与温度季节变异系数、最湿月降水、最干月降水、降水季节变异系数、最湿季降水、最干季降水、最热季降水、最冷季降水均呈负相关性。乔木层总根系生物量和乔木层思茅松根系生物量与气候因子的相关性类似(表 4.15)。

表 4.15　气候因子与乔木层根系生物量分配相关关系表

气候因子	Btr	Bpr	Bor
Bio1	0.114*	0.120*	0.011
Bio3	0.238*	0.242*	0.036
Bio4	-0.275*	-0.254*	-0.076
Bio5	0.140*	0.148*	0.013
Bio7	0.159*	0.198*	-0.027
Bio10	0.054	0.059	0.002
Bio12	0.162*	0.244*	-0.084
Bio13	-0.179*	-0.036	-0.228*
Bio14	-0.257*	-0.247*	-0.057
Bio15	-0.211*	-0.175*	-0.086
Bio16	-0.182*	-0.034	-0.236*
Bio17	-0.268*	-0.228*	-0.102*
Bio18	-0.247*	-0.212*	-0.091
Bio19	-0.269*	-0.226*	-0.106*

注: *为 0.05 水平上的相关性。

1. 温度因子对思茅松天然林乔木层根系生物量分配的影响

各指数曲线拟合的显著性均有差异,从曲线拟合的 R^2 看,R^2 均比较小。乔木层总根系生物量随年均温、极端最高温、最热季均温的增加呈先增加后减少的趋势,当年均温为 19.0℃、极端最高温为 28.7℃、最热季均温为 23.9℃时分别达到最大值[图 4.29(a)、(d)、(f)];随等温性、气温年较差的增加呈不断增加的趋势[图 4.29(b)、(e)];随温度季节变异系数的增加呈不断减少的趋势[图 4.29(c)]。乔木层思茅松根系生物量随温度因子的变化也存在类似的规律(图 4.29)。乔木层其他树种根系生物量随年均温、等温性、温度季节变异系数、极端最高温、最热季均温的增加呈先缓慢减少后缓慢增加的趋势,当年均温为 18.6℃、等温性为 51.0、温度季节变异系为 35.8℃、极端最高温为 28℃、最热季均温为 22.6℃时分别达到最小值[图 4.29(a)、(b)、(c)、(d)、(f)];随气温年较差的增加呈先增加后减少的趋势,当气温年较差为 23.2℃时达到最大值[图 4.29(e)]。

年均温、极端最高温、最热季均温对思茅松天然林乔木层各维量根系生物量分配变化趋势的影响相似[图 4.29(a)、(d)、(f)]。

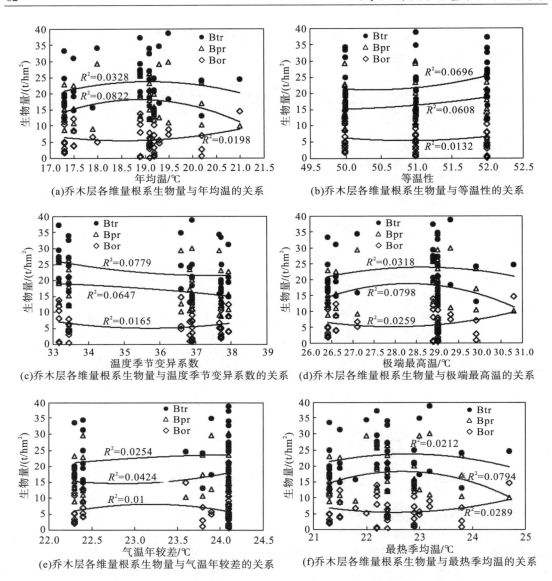

图 4.29　温度因子与乔木层根系生物量的相关性分析

2. 降水因子对思茅松天然林乔木层根系生物量分配的影响

各指数曲线拟合的显著性均有差异，从曲线拟合的 R^2 看，R^2 均比较小。乔木层总根系生物量随年降水的增加呈先减少后增加的趋势，当年降水为 1430mm 时达到最大值［图 4.30(g)］；随最湿月降水、最干月降水、降水季节变异系数、最湿季降水的增加呈不断减少的趋势［图 4.30(h)、(i)、(j)、(k)］；随最干季降水、最热季降水、最冷季降水的增加呈先增加后减少的趋势，当最干季降水为 46mm、最热季降水为 740mm、最冷季降水为 52.5mm 时分别达到最大值［图 4.30(l)、(m)、(n)］。乔木层思茅松根系生物量随年降水的增加呈不断增加的趋势［图 4.30(g)］；随最湿月降水、降水季节变异系数、最热季降水的增加呈先增加后减少的趋势，当最湿月降水为 305mm、降水季节变异系数

为 85、最热季降水为 740mm 时分别达到最大值［图 4.30（h）、（j）、（m）］；随最干月降
水、最湿季降水的增加呈不断减少的趋势［图 4.30（i）、（k）］；随最干季降水、最冷季降
水的增加呈先减少后增加的趋势，当最干季降水为 49mm、最冷季降水为 55mm 时分别达
到最大值［图 4.30（l）、（n）］。乔木层其他树种根系生物量随年降水、最干月降水、降水
季节变异系数的增加呈先减少后增加的趋势，当年降水为 1440mm、最干月降水为 13.7mm、
降水季节变异系数为 85.6 时分别达到最小值［图 4.30（g）、（i）、（j）］；随最湿月降水、
最湿季降水、最热季降水的增加呈不断减少的趋势［图 4.30（h）、（k）、（m）］；随最干季
降水、最冷季降水的增加呈先增加后减少的趋势，当最干季降水为 47mm、最冷季降水为
54mm 时分别达到最大值［图 4.30（l）、（n）］。

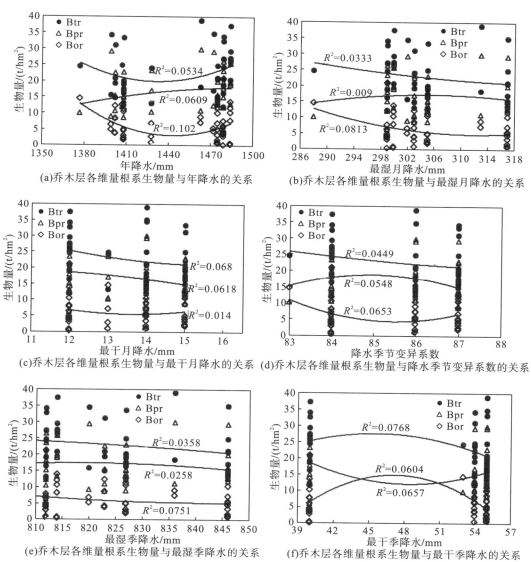

(a)乔木层各维量根系生物量与年降水的关系　　(b)乔木层各维量根系生物量与最湿月降水的关系

(c)乔木层各维量根系生物量与最干月降水的关系　(d)乔木层各维量根系生物量与降水季节变异系数的关系

(e)乔木层各维量根系生物量与最湿季降水的关系　(f)乔木层各维量根系生物量与最干季降水的关系

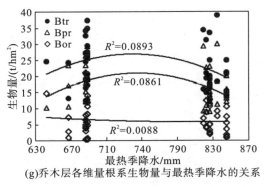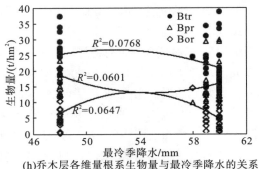

(g)乔木层各维量根系生物量与最热季降水的关系　　　(h)乔木层各维量根系生物量与最冷季降水的关系

图 4.30　降水因子与乔木层根系生物量的相关性分析

最湿月降水、降水季节变异系数对思茅松天然林乔木层各维量根系生物量分配变化趋势的影响相似〔图 4.30(h)、(j)〕；最干季降水、最冷季降水对思茅松天然林乔木层各维量根系生物量分配变化趋势的影响相似〔图 4.30(l)、(n)〕。

4.3.7　气候因子与思茅松天然林乔木层总生物量分配的关系

思茅松天然林乔木层总生物量分配随气候因子的变化呈规律性。乔木层总生物量（Btt）与年均温、等温性、极端最高温、气温年较差、最热季均温、年降水均呈正相关性，其中与等温性有最大正相关性，相关系数为 0.136；与温度季节变异系数、最湿月降水、最干月降水、降水季节变异系数、最湿季降水、最干季降水、最热季降水、最冷季降水均呈负相关性，其中与最湿季降水有最大负相关性，相关系数为-0.184。乔木层思茅松总生物量（Bpt）与年均温、等温性、极端最高温、气温年较差、最热季均温、年降水均呈正相关性，其中与等温性有最大正相关性，相关系数为 0.137；与温度季节变异系数、最湿月降水、最干月降水、降水季节变异系数、最湿季降水、最干季降水、最热季降水、最冷季降水均呈负相关性，其中与最热季降水有最大负相关性，相关系数为-0.157。乔木层其他树种总生物量（Bot）只与等温性呈正相关性，相关系数为 0.044；与年均温、温度季节变异系数、极端最高温、气温年较差、最热季均温、年降水、最湿月降水、最干月降水、降水季节变异系数、最湿季降水、最干季降水、最热季降水、最冷季降水均呈负相关性，其中与最湿月降水有最大负相关性，相关系数为-0.217。

乔木层总生物量分配只与等温性呈正相关性，与温度季节变异系数、最湿月降水、最干月降水、降水季节变异系数、最湿季降水、最干季降水、最热季降水、最冷季降水均呈负相关性。乔木层总生物量和乔木层思茅松总生物量与气候因子的相关性类似(表 4.16)。

表 4.16　气候因子与乔木层总生物量分配相关关系表

气候因子	Btt	Bpt	Bot
Bio1	0.068	0.092	-0.016
Bio3	0.136*	0.137*	0.044
Bio4	-0.172*	-0.152*	-0.092

续表

气候因子	Btt	Bpt	Bot
Bio5	0.083	0.104	−0.007
Bio7	0.073	0.105	−0.027
Bio10	0.035	0.064	−0.034
Bio12	0.053	0.101	−0.061
Bio13	−0.178*	−0.083	−0.217*
Bio14	−0.153*	−0.146*	−0.064
Bio15	−0.128*	−0.108*	−0.076
Bio16	−0.184*	−0.091	−0.214*
Bio17	−0.174*	−0.137*	−0.120*
Bio18	−0.170*	−0.157*	−0.079
Bio19	−0.176*	−0.138*	−0.124*

注：*为 0.05 水平上的相关性。

1. 温度因子对思茅松天然林乔木层总生物量分配的影响

各指数曲线拟合的显著性均有差异，从曲线拟合的 R^2 看，R^2 均比较小。乔木层总生物量随年均温、气温年较差的增加呈先缓慢增加后缓慢减少的趋势，当年均温为 19.2℃、气温年较差为 23.4℃时达到最大值 [图 4.31(a)、(e)]；随等温性、温度季节变异系数的增加呈先缓慢减少后缓慢增加的趋势，当等温性为 50.7、温度季节变异系数为 36.2℃时分别达到最小值 [图 4.31(b)、(c)]；随极端最高温、最热季均温的增加呈基本不变的趋势 [图 4.31(d)、(f)]。乔木层思茅松总生物量随年均温、极端最高温、最热季均温的增加呈先缓慢增加后缓慢减少的趋势，当年均温为 19.0℃、极端最高温为 28.5℃、最热季均温为 23℃时分别达到最大值 [图 4.31(a)、(d)、(f)]；随等温性、气温年较差的增加呈缓慢增加的趋势 [图 4.31(b)、(e)]；随温度季节变异系数的增加呈缓慢减少的趋势 [图 4.31(c)]。乔木层其他树种总生物量随年均温、等温性、温度季节变异系数、极端最高温、气温年较差的增加呈先缓慢减少后缓慢增加的趋势，当年均温为 18.7℃、等温性为 51.0、温度季节变异系数为 35.7℃、极端最高温为 28.0℃、最热季均温为 22.6℃时分别达到最小值 [图 4.31(a)、(b)、(c)、(d)、(f)]；随气温年较差的增加呈先缓慢增加后缓慢减少的趋势，当气温年较差为 23.2℃时达到最大值 [图 4.31(e)]。

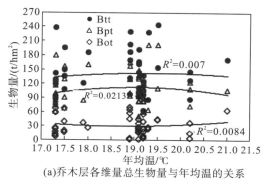

(a)乔木层各维量总生物量与年均温的关系

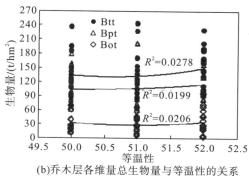

(b)乔木层各维量总生物量与等温性的关系

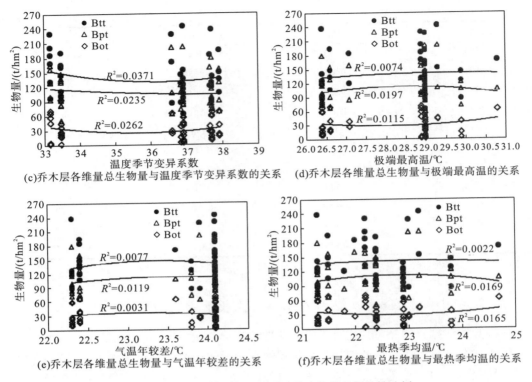

图 4.31　温度因子与乔木层总生物量的相关性分析

　　年均温、极端最高温、最热季均温对思茅松天然林乔木层各维量总生物量分配变化趋势的影响相似〔图 4.31(a)、(d)、(f)〕。

2. 温度因子对思茅松天然林乔木层总生物量分配的影响

　　各指数曲线拟合的显著性均有差异，从曲线拟合的 R^2 看，R^2 均比较小。乔木层总生物量随年降水、降水季节变异系数的增加呈先减少后增加的趋势，当年降水为 1440mm、降水季节变异系数为 86 时分别达到最小值〔图 4.32(a)、(d)〕；随最湿月降水、最干月降水、最湿季降水的增加呈不断减少的趋势〔图 4.32(b)、(c)、(e)〕；随最干季降水、最热季降水、最冷季降水的增加呈先增加后减少的趋势，当最干季降水为 47mm、最热季降水为 740mm、最冷季降水为 53.5mm 时分别达到最大值〔图 4.32(f)、(g)、(h)〕。乔木层思茅松总生物量随年降水的增加呈先缓慢减少后缓慢增加的趋势，当年降水为 1430mm 时达到最小值〔图 4.32(a)〕；随最湿月降水、最干月降水、降水季节变异系数、最湿季降水、最干季降水、最冷季降水的增加呈缓慢减少的趋势〔图 4.32(b)、(c)、(d)、(e)、(f)、(h)〕；随最热季降水的增加呈先增加后减少的趋势，当最热季降水为 745mm 时达到最大值〔图 4.32(g)〕。乔木层其他树种总生物量随年降水、最干月降水、降水季节变异系数的增加呈先减少后增加的趋势，当年降水为 1440mm、最干月降水为 13.7mm、降水季节变异系数为 85.5 时分别达到最小值〔图 4.32(a)、(c)、(d)〕；随最湿月降水、最湿季降水的增加呈不断减少的趋势〔图 4.32(b)、(e)〕；随最干季降水、最冷季降水的增加呈先增加后减少的趋势，当最干季降水为 47mm、最冷季降水为 54mm 时分别达到最大值［图 4.32（f）、（h）］；随最热季降水的增加呈基本不变的趋势［图 4.32（g）］。

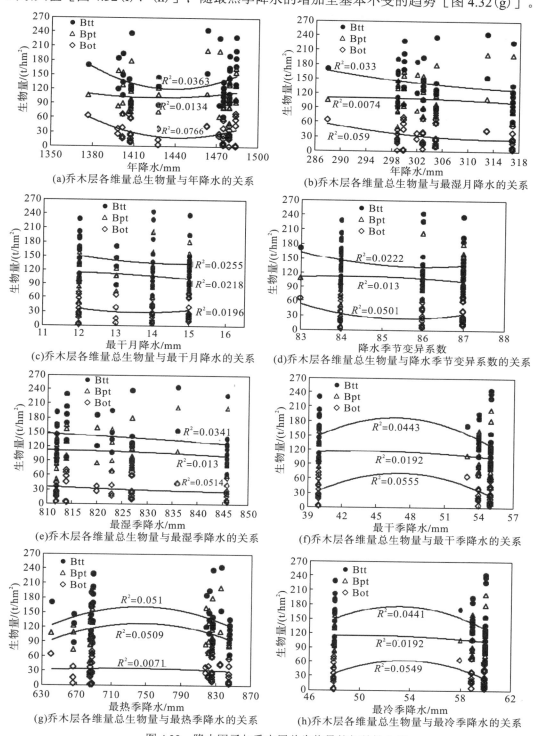

(a)乔木层各维量总生物量与年降水的关系

(b)乔木层各维量总生物量与最湿月降水的关系

(c)乔木层各维量总生物量与最干月降水的关系

(d)乔木层各维量总生物量与降水季节变异系数的关系

(e)乔木层各维量总生物量与最湿季降水的关系

(f)乔木层各维量总生物量与最干季降水的关系

(g)乔木层各维量总生物量与最热季降水的关系

(h)乔木层各维量总生物量与最冷季降水的关系

图 4.32　降水因子与乔木层总生物量的相关性分析

最湿月降水、最湿季降水对思茅松天然林乔木层各维量总生物量分配变化趋势的影响相似[图4.32(h)、(k)];最干季降水、最冷季降水对思茅松天然林乔木层各维量总生物量分配变化趋势的影响相似[图4.32(l)、(n)]。

4.4 乔木层各器官生物量分配比例与气候因子的相关性分析

4.4.1 气候因子与思茅松天然林乔木层木材生物量分配比例的关系

思茅松天然林乔木层木材生物量分配比例随气候因子的变化呈规律性。乔木层木材生物量占乔木层总生物量百分比(Pbtw1)与温度季节变异系数、最热季均温、最干月降水、降水季节变异系数、最干季降水、最热季降水、最冷季降水均呈正相关性,其中与温度季节变异系数有最大正相关性,相关系数为0.105;与年均温、等温性、极端最高温、气温年较差、年降水、最湿月降水、最湿季降水均呈负相关性,其中与年降水有最大负相关性,相关系数为-0.176。乔木层思茅松木材生物量占思茅松总生物量百分比(Pbpw1)与温度季节变异系数、最热季均温、最干月降水、降水季节变异系数、最干季降水、最热季降水、最冷季降水均呈正相关性,其中与温度季节变异系数有最大正相关性,相关系数为0.111;与年均温、等温性、极端最高温、气温年较差、年降水、最湿月降水、最湿季降水均呈负相关性,其中与年降水有最大负相关性,相关系数为-0.248。乔木层其他树种木材生物量占其他树种总生物量百分比(Pbow1)与年均温、等温性、极端最高温、气温年较差、最热季均温、年降水、最湿月降水、最湿季降水均呈正相关性,其中与年降水有最大正相关性,相关系数为0.239;与温度季节变异系数、最干月降水、降水季节变异系数、最干季降水、最热季降水、最冷季降水均呈负相关性,其中与温度季节变异系数有最大负相关性,相关系数为-0.192。

乔木层木材生物量分配比例与最热季均温呈正相关性。乔木层木材占生物量乔木层总生物量百分比和乔木层思茅松木材生物量占思茅松总生物量百分比与气候因子的相关性类似(表4.17)。

表4.17 气候因子与乔木层木材生物量分配比例相关关系表

气候因子	Pbtw1	Pbpw1	Pbow1
Bio1	−0.029	−0.033	0.068
Bio3	−0.114*	−0.134*	0.192*
Bio4	0.105*	0.111*	−0.192*
Bio5	−0.052	−0.060	0.099
Bio7	−0.114*	−0.151*	0.166*
Bio10	0.002	0.004	0.011
Bio12	−0.176*	−0.248*	0.239*
Bio13	−0.103*	−0.192*	0.048
Bio14	0.085	0.088	−0.175*
Bio15	0.074	0.055	−0.120*

续表

气候因子	Pbtw1	Pbpw1	Pbow1
Bio16	-0.107*	-0.203*	0.056
Bio17	0.073	0.067	-0.157*
Bio18	0.057	0.048	-0.130*
Bio19	0.070	0.062	-0.152*

注：*为 0.05 水平上的相关性。

1. 温度因子对思茅松天然林乔木层木材生物量分配比例的影响

各指数曲线拟合的显著性均有差异，从曲线拟合的 R^2 看，R^2 均比较小。乔木层木材生物量占乔木层总生物量百分比随年均温、温度季节变异系数、极端最高温、最热季均温的增加呈先减少后增加的趋势，当年均温为 18.7℃、温度季节变异系数为 35℃、极端最高温为 28.3℃、最热季均温为 22.6℃时分别达到最小值［图 4.33(a)、(c)、(d)、(f)］；随等温性的增加呈不断减少的趋势［图 4.33(b)］；随气温年较差的增加呈先增加后减少的趋势，当气温年较差为 23.1℃时达到最大值［图 4.33(e)］。乔木层思茅松木材生物量占思茅松总生物量百分比随温度因子的变化也存在类似的规律(图 4.33)。乔木层其他树种木材生物量占其他树种总生物量百分比随年均温、极端最高温、最热季均温的增加呈先增加后减少的趋势，当年均温为 18.7℃、极端最高温为 28.2℃、最热季均温为 22.7℃时分别达到最大值［图 4.33(a)、(d)、(f)］；随等温性的增加呈缓慢增加的趋势［图 4.33(b)］；随温度季节变异系数的增加呈缓慢减少的趋势［图 4.33(c)］；随气温年较差的增加呈先减少后增加的趋势，当气温年较差为 23.1℃时达到最小值［图 4.33(e)］。

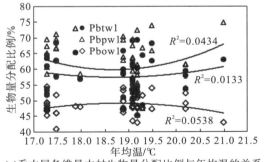
(a)乔木层各维量木材生物量分配比例与年均温的关系

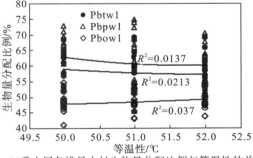
(b)乔木层各维量木材生物量分配比例与等温性的关系

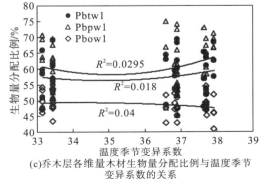
(c)乔木层各维量木材生物量分配比例与温度季节
变异系数的关系

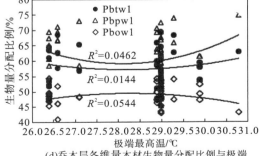
(d)乔木层各维量木材生物量分配比例与极端
最高温的关系

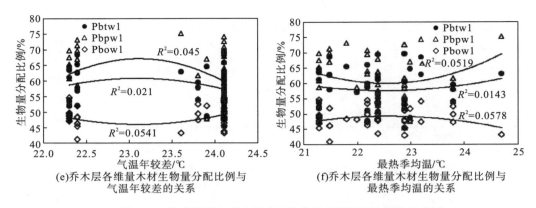

图 4.33   温度因子与乔木层木材生物量分配比例的相关性分析

年均温、极端最高温、最热季均温对思茅松天然林乔木层木材生物量分配比例变化趋势的影响相似［图 4.33(a)、(d)、(f)］。

2. 降水因子对思茅松天然林乔木层木材生物量分配比例的影响

各指数曲线拟合的显著性均有差异，从曲线拟合的 R^2 看，R^2 均比较小。乔木层木材生物量占乔木层总生物量百分比随年降水、最湿月降水、最湿季降水的增加呈缓慢减少的趋势［图 4.34(a)、(b)、(e)］；随最湿月降水的增加呈缓慢增加的趋势［图 4.34(c)］；随降水季节变异系数的增加呈先减少后增加的趋势，当降水季节变异系数为 85.1 时达到最小值［图 4.34(d)］；随最干季降水、最热季降水、最冷季降水的增加呈先增加后减少的趋势，当最干季降水为 47.8mm、最热季降水为 780mm、最冷季降水为 54mm 时分别达到最大值［图 4.34(f)、(g)、(h)］。乔木层思茅松木材生物量占思茅松总生物量百分比随年降水、降水季节变异系数、最热季降水的增加呈先减少后增加的趋势，当年降水为 1450mm、降水季节变异系数为 85.2、最热季降水为 730mm 时分别达到最小值［图 4.34(a)、(d)、(g)］；随最湿月降水、最湿季降水的增加呈不断减少的趋势［图 4.34(b)、(g)］；随最湿月降水的增加呈不断增加的趋势［图 4.34(c)］；随最干季降水、最冷季降水的增加呈先增加后减少的趋势，当最干季降水为 47.8mm、最冷季降水为 54mm 时分别达到最大值［图 4.34(f)、(h)］。乔木层其他树种木材生物量占其他树种总生物量百分比随年降水、最湿月降水、降水季节变异系数、最热季降水的增加呈先增加后减少的趋势，当年降水为 1450mm、最湿月降水为 307mm、降水季节变异系数为 85.2、最热季降水为 750mm 时分别达到最大值［图 4.34(a)、(b)、(d)、(g)］；随最湿月降水的增加呈不断减少的趋势［图 4.34(c)］；随最湿季降水的增加呈基本不变的趋势［图 4.34(e)］；随最干季降水、最冷季降水的增加呈先减少后增加的趋势，当最干季降水为 47.8mm、最冷季降水为 54mm 时分别达到最小值［图 4.34(f)、(h)］。

最干季降水、最冷季降水对思茅松天然林乔木层各维量木材生物量分配比例变化趋势的影响相似［图 4.34(f)、(h)］。

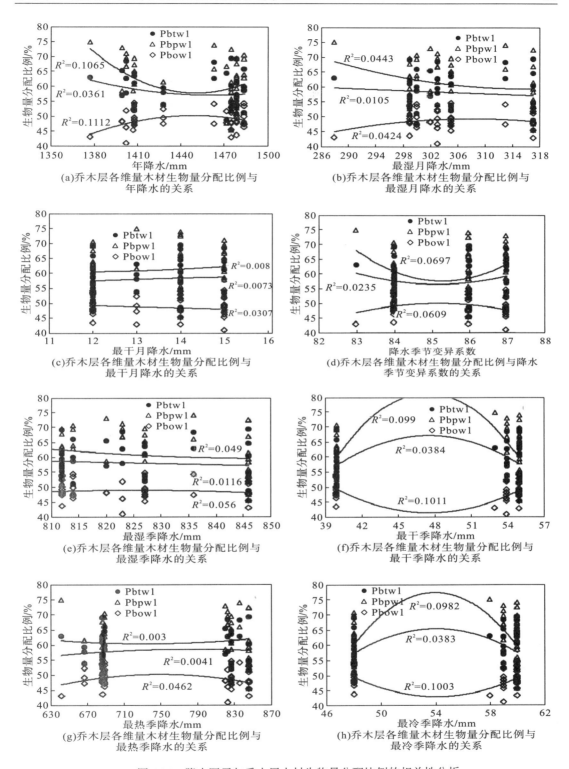

图 4.34 降水因子与乔木层木材生物量分配比例的相关性分析

4.4.2　气候因子与思茅松天然林乔木层树皮生物量分配比例的关系

思茅松天然林乔木层树皮生物量分配比例随气候因子的变化呈规律性。乔木层树皮生物量占乔木层总生物量百分比(Pbtb1)与年均温、等温性、温度季节变异系数、极端最高温、气温年较差、最热季均温、年降水、最湿月降水、最干月降水、最湿季降水、最干季降水、最热季降水、最冷季降水均呈正相关性,其中与最湿月降水有最大正相关性,相关系数为 0.153;只与降水季节变异系数呈负相关性,相关系数为-0.021。乔木层思茅松树皮生物量占思茅松总生物量百分比(Pbpb1)与温度季节变异系数、气温年较差、年降水、最湿月降水、最干月降水、最湿季降水、最干季降水、最热季降水、最冷季降水、季节降水系数均呈正相关性,其中与最湿季降水有最大正相关性,相关系数为 0.134;与年均温、等温性、极端最高温、最热季均温均呈负相关性,其中与最热季均温有最大负相关性,相关系数为-0.029。乔木层其他树种树皮生物量占其他树种总生物量百分比(Pbob1)与所有气候因子均呈正相关性,其中与最湿月降水有最大正相关性,相关系数为 0.209。

乔木层树皮生物量分配比例与温度季节变异系数、气温年较差、年降水、最湿月降水、最干月降水、最湿季降水、最干季降水、最热季降水、最冷季降水均呈正相关性(表 4.18)。

表 4.18　气候因子与乔木层树皮生物量分配比例相关关系表

气候因子	Pbtb1	Pbpb1	Pbob1
Bio1	0.022	−0.028	0.075
Bio3	0.031	−0.012	0.026
Bio4	0.001	0.031	0.029
Bio5	0.030	−0.023	0.075
Bio7	0.065	0.010	0.070
Bio10	0.015	−0.029	0.084
Bio12	0.106*	0.054	0.124*
Bio13	0.153*	0.133*	0.209*
Bio14	0.007	0.049	0.018
Bio15	−0.021	0.011	0.033
Bio16	0.146*	0.134*	0.194*
Bio17	0.038	0.056	0.073
Bio18	0.004	0.019	0.058
Bio19	0.042	0.060	0.078

注:*为 0.05 水平上的相关性。

1. 温度因子对思茅松天然林乔木层树皮生物量分配比例的影响

各指数曲线拟合的显著性均有差异,从曲线拟合的 R^2 看,R^2 均比较小。乔木层树皮生物量占乔木层总生物量百分比随年均温、极端最高温、最热季均温的增加呈基本不变的趋势 [图 4.35(a)、(d)、(f)];随等温性、温度季节变异系数的增加呈先缓慢增加后缓慢减少的趋势,当等温性为51.1、温度季节变异系数为35.5℃时分别达到最大值[图 4.35(b)、(c)];随气温年较差的增加呈先减少后增加的趋势,当气温年较差为 23.2℃时达到最小值 [图 4.35(e)]。乔木层思茅松树皮生物量占思茅松总生物量百分比随温度因子的变化也存在类似的规律(图 4.35)。乔木层其他树种树皮生物量占其他树种总生物量百分比随温度因子的变化均呈基本不变的规律(图 4.35)。

年均温、极端最高温、最热季均温对思茅松天然林乔木层各维量树皮生物量分配比例变化趋势的影响相似 [图 4.35(a)、(d)、(f)];等温性、温度季节变异系数对思茅松天然林乔木层维量各树皮生物量分配比例变化趋势的影响相似 [图 4.35(b)、(e)]。

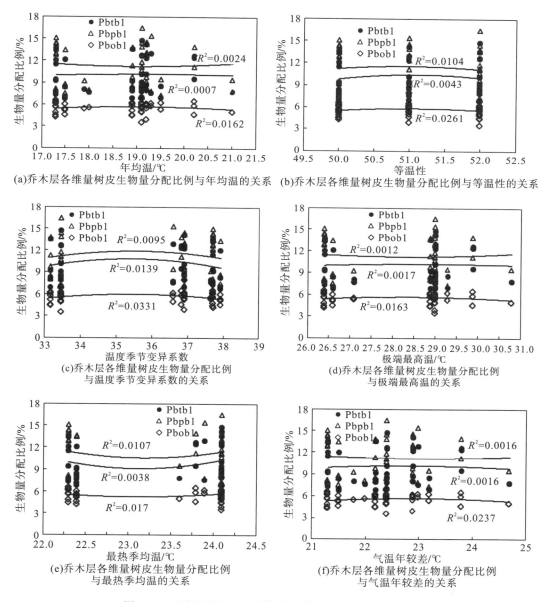

图 4.35　温度因子与乔木层树皮生物量分配比例的相关性分析

2. 降水因子对思茅松天然林乔木层树皮生物量分配比例的影响

各指数曲线拟合的显著性均有差异，从曲线拟合的 R^2 看，R^2 均比较小。乔木层树皮生物量占乔木层总生物量百分比随年降水、降水季节变异系数的增加呈先增加后减少的趋势，当年降水为 1445mm、降水季节变异系数为 85.3 时分别到达最大值［图 4.36（a）、（d）］；随最湿月降水、最湿季降水的增加呈不断增加的趋势［图 4.36（b）、（e）］；随最干月降水的增加呈基本不变的趋势［图 4.36（c）］；随最干季降水、最热季降水、最冷季降水的增加呈先减少后增加的趋势，当最干季降水为 47.8mm、最热季降水为 760mm、最冷季降水为 54mm 时分别达到最小值［图 4.36（f）、（g）、（h）］。乔木层思茅松树皮生物量占思茅松总生物量百分比随降水因子的变化也存在类似的规律（图 4.36）。乔木层其他树种树皮生物量占其他树种总生物量百分比随年降水、降水季节变异系数的增加呈先缓慢增加后缓慢减少的趋势，当年降水为 1445mm、降水季节变异系数为 85.5 时分别达到最大值［图 4.36（a）、（b）］；随最湿月降水、最湿季降水的增加呈缓慢增加的趋势［图 4.36（b）、（e）］；随最干月降水、最热季降水的增加呈基本不变的趋势［图 4.36（c）、（g）］；随最干季降水、最冷季降水的增加呈先缓慢减少后缓慢增加的趋势，当最干季降水为 47.8mm、最冷季降水为 54mm 时分别达到最小值［图 4.36（f）、（h）］。

年降水、降水季节变异系数对思茅松天然林乔木层各维量树皮生物量分配比例变化趋势的影响相似［图 4.36（a）、（d）］；最湿月降水、最湿季降水对思茅松天然林乔木层各维量树皮生物量分配比例变化趋势的影响相似［图 4.36（b）、（e）］；最干季降水、最冷季降水对思茅松天然林乔木层各维量树皮生物量分配比例变化趋势的影响相似［图 4.36（f）、（h）］。

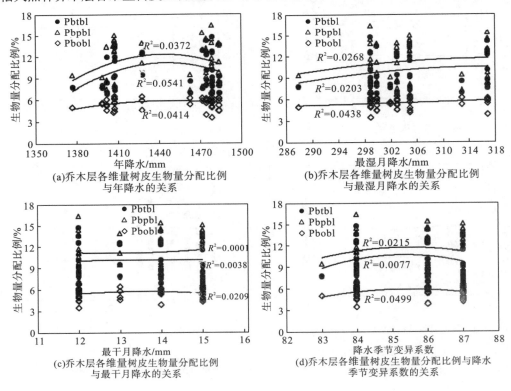

(a)乔木层各维量树皮生物量分配比例
与年降水的关系

(b)乔木层各维量树皮生物量分配比例
与最湿月降水的关系

(c)乔木层各维量树皮生物量分配比例
与最干月降水的关系

(d)乔木层各维量树皮生物量分配比例与降水
季节变异系数的关系

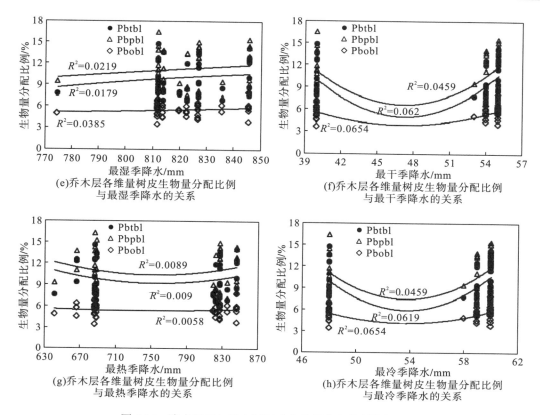

图 4.36 降水因子与乔木层树皮生物量分配比例的相关性分析

4.4.3 气候因子与思茅松天然林乔木层树枝生物量分配比例的关系

思茅松天然林乔木层树枝生物量分配比例随气候因子的变化呈规律性。乔木层树枝生物量占乔木层总生物量百分比(Pbtbr1)与等温性、年降水均呈正相关性，其中与等温性有最大正相关性，相关系数为 0.048；与年均温、温度季节变异系数、极端最高温、气温年较差、最热季均温、最湿月降水、最干月降水、降水季节变异系数、最湿季降水、最干季降水、最热季降水、最冷季降水均呈负相关性，其中与最冷季降水有最大负相关性，相关系数为-0.125。乔木层思茅松树枝生物量占思茅松总生物量百分比(Pbpbr1)与年均温、等温性、极端最高温、气温年较差、最热季均温、年降水、最湿月降水、最湿季降水均呈正相关性，其中与年降水有最大正相关性，相关系数为 0.263；与温度季节变异系数、最干月降水、降水季节变异系数、最干季降水、最热季降水、最冷季降水均呈负相关性，其中与温度季节变异系数有最大负相关性，相关系数为-0.197。乔木层其他树种树枝生物量占其他树种总生物量百分比(Pbobr1)只与最热季降水呈正相关性，相关系数为 0.002；与年均温、等温性、温度季节变异系数、极端最高温、气温年较差、最热季均温、年降水、最湿月降水、最干月降水、降水季节变异系数、最湿季降水、最干季降水、最冷季降水均呈负相关性，其中与最湿月降水有最大负相关性，相关系数为-0.221。

乔木层树枝生物量分配比例与最干月降水、降水季节变异系数、最干季降水、最冷季降水均呈负相关性(表 4.19)。

表 4.19 气候因子与乔木层树枝生物量分配比例相关关系表

气候因子	Pbtbr1	Pbpbr1	Pbobr1
Bio1	−0.053	0.065	−0.084
Bio3	0.048	0.199*	−0.017
Bio4	−0.095	−0.197*	−0.037
Bio5	−0.038	0.095	−0.081
Bio7	−0.012	0.180*	−0.094
Bio10	−0.082	0.010	−0.100
Bio12	0.014	0.263*	−0.113*
Bio13	−0.112	0.074	−0.221*
Bio14	−0.081	−0.191*	−0.036
Bio15	−0.037	−0.107*	−0.016
Bio16	−0.086	0.091	−0.195*
Bio17	−0.123	−0.174*	−0.100
Bio18	−0.033	−0.096	0.002
Bio19	−0.125	−0.170*	−0.105*

注:*为 0.05 水平上的相关性。

1. 温度因子对思茅松天然林乔木层树枝生物量分配比例的影响

各指数曲线拟合的显著性均有差异,从曲线拟合的 R^2 看,R^2 均比较小。乔木层树枝生物量占乔木层总生物量百分比随年均温、极端最高温、最热季均温的增加呈缓慢减少的趋势 [图 4.37(a)、(d)、(f)];随等温性、温度季节变异系数的增加呈先缓慢减少后缓慢增加的趋势,当等温性为 50.9、温度季节变异系数为 35.8℃时分别达到最小值 [图 4.37(b)、(c)];随气温年较差的增加呈基本不变的趋势 [图 4.37(e)]。乔木层思茅松树枝生物量占思茅松总生物量百分比随年均温、极端最高温、最热季均温的增加呈先缓慢增加后缓慢减少的趋势,当年均温为 18.8℃、极端最高温为 28.2℃、最热季均温为 22.6℃时分别达到最大值 [图 4.37(a)、(d)、(f)];随等温性的增加呈缓慢增加的趋势 [图 4.37(b)];随温度季节变异系数的增加呈缓慢减少的趋势 [图 4.37(c)];随气温年较差的增加呈先减少后增加的趋势,当气温年较差为 23.1℃时达到最小值 [图 4.37(e)]。乔木层其他树种树枝生物量占其他树种总生物量百分比随年均温、极端最高温、最热季均温、气温年较差的增加呈基本不变的趋势 [图 4.37(a)、(d)、(f)、(e)];随等温性、温度季节变异系数的增加呈先缓慢减少后缓慢增加的趋势,当等温性为 51、温度季节变异系数为 35.5℃时分别达到最小值 [图 4.37(b)、(c)]。

年均温、极端最高温、最热季均温对思茅松天然林乔木层树枝生物量分配比例变化趋

势的影响相似 [图4.37(a)、(d)、(f)]。

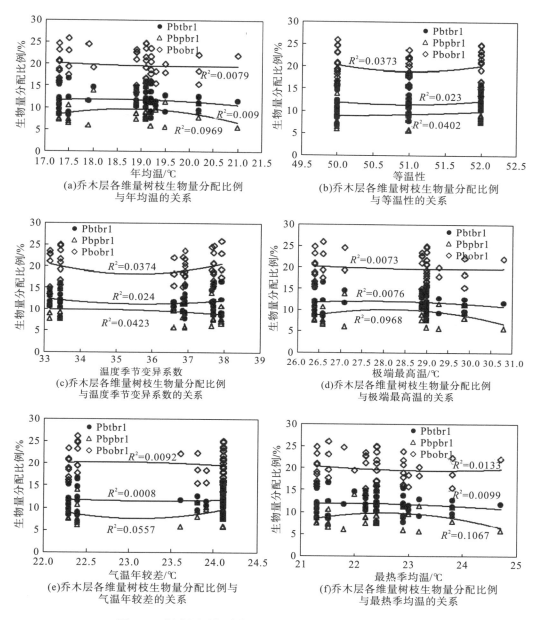

图 4.37 温度因子与乔木层树枝生物量分配比例的相关性分析

2. 降水因子对思茅松天然林乔木层树枝生物量分配比例的影响

各指数曲线拟合的显著性均有差异,从曲线拟合的 R^2 看,R^2 均比较小。乔木层树枝生物量占乔木层总生物量百分比随年降水、降水季节变异系数的增加呈先减少后增加的趋势,当年降水为1440mm、降水季节变异系数为85.6时分别达到最小值[图4.38(a)、(d)];随最湿月降水、最干月降水、最湿季降水的增加呈基本不变的趋势[图4.38(b)、(c)、(e)];

随最干季降水、最热季降水、最冷季降水的增加呈先增加后减少的趋势，当最干季降水为47mm、最热季降水为 750mm、最冷季降水为 53.5mm 时分别达到最大值［图 4.38(f)、(g)、(h)］。乔木层思茅松树枝生物量占思茅松总生物量百分比随年降水、降水季节变异系数、最热季降水的增加呈先增加后减少的趋势，当年降水为 1460mm、降水季节变异系数为85.2、最热季降水为 750mm 时分别达到最大值［图 4.38(a)、(d)、(g)］；随最湿月降水、最湿季降水的增加呈先增加后趋于水平的增加，当最湿月降水达到 305mm、最湿季降水达到 815mm 时开始趋于水平［图 4.38(b)、(e)］；随最干月降水的增加呈不断减少的趋势［图 4.38(c)］；随最干季降水、最冷季降水的增加呈先减少后增加的趋势，当最干季降水为 48mm、最冷季降水为 55mm 时分别达到最小值［图 4.38(f)、(h)］。乔木层其他树种树枝生物量占其他树种总生物量百分比随年降水、最干月降水、降水季节变异系数的增加呈先减少后增加的趋势，当年降水为 1445mm、最干月降水为 13.6mm、降水季节变异系数为 85.5 时分别达到最小值［图 4.38(a)、(c)、(d)］；随最湿月降水、最湿季降水的增加呈不断减少的趋势［图 4.38(b)、(e)］；随最干季降水、最热季降水、最冷季降水的增加呈先增加后减少的趋势，当最干季降水为 47.5mm、最热季降水为 760mm、最冷季降水为 54mm 时分别达到最大值［图 4.38(f)、(g)、(h)］。

　　年降水、降水季节变异系数对思茅松天然林乔木层各维量树枝生物量分配比例变化趋势的影响相似［图 4.38(a)、(d)］；最湿月降水、最湿季降水对思茅松天然林乔木层各维量树枝生物量分配比例变化趋势的影响相似［图 4.38(b)、(e)］；最干季降水、最冷季降水对思茅松天然林乔木层各维量树枝生物量分配比例变化趋势的影响相似［图 4.38(f)、(h)］。

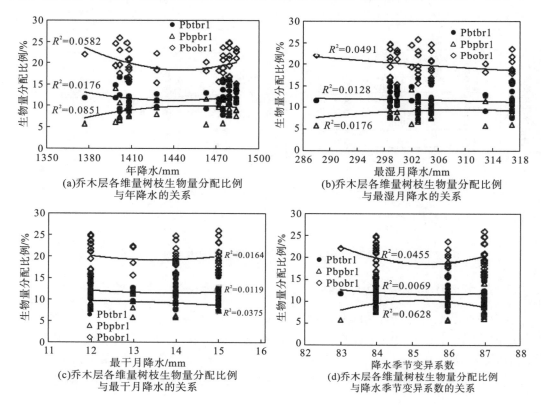

(a)乔木层各维量树枝生物量分配比例
与年降水的关系

(b)乔木层各维量树枝生物量分配比例
与最湿月降水的关系

(c)乔木层各维量树枝生物量分配比例
与最干月降水的关系

(d)乔木层各维量树枝生物量分配比例
与降水季节变异系数的关系

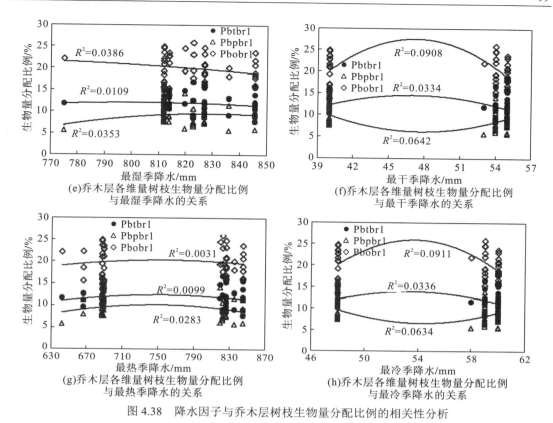

图 4.38　降水因子与乔木层树枝生物量分配比例的相关性分析

4.4.4　气候因子与思茅松天然林乔木层树叶生物量分配比例的关系

　　思茅松天然林乔木层树叶生物量分配比例随气候因子的变化呈规律性。乔木层树叶生物量占乔木层总生物量百分比(Pbtl1)与年均温、等温性、极端最高温、气温年较差、最热季均温、年降水、最湿月降水、最干月降水、最湿季降水、最干季降水、最冷季降水均呈正相关性，其中与最湿月降水有最大正相关性，相关系数为 0.203；与温度季节变异系数、降水季节变异系数、最热季降水均呈负相关性，其中与温度季节变异系数有最大负相关性，相关系数为-0.009。乔木层思茅松树叶生物量占思茅松总生物量百分比(Pbpl1)与年均温、等温性、极端最高温、气温年较差、最热季均温、年降水、最湿月降水、最干月降水、降水季节变异系数、最湿季降水、最干季降水、最冷季降水均呈正相关性，其中与最湿月降水有最大正相关性，相关系数为 0.257；与温度季节变异系数、最热季降水均呈负相关性，其中与温度季节变异系数有最大负相关性，相关系数为-0.026。乔木层其他树种树叶生物量占其他树种总生物量百分比(Pbol1)与温度季节变异系数、最热季均温、最湿月降水、最干月降水、降水季节变异系数、最湿季降水、最干季降水、最热季降水、最冷季降水均呈正相关性，其中与最冷季降水有最大正相关性，相关系数为 0.247；与年均温、等温性、极端最高温、气温年较差、年降水均呈负相关性，其中与等温性有最大负相关性，相关系数为-0.171。

　　乔木层树枝生物量分配比例与最热季均温、最湿月降水、最干月降水、最湿季降水、最干季降水、最冷季降水均呈正相关性（表 4.20）。

表 4.20　气候因子与乔木层树叶生物量分配比例相关关系表

气候因子	Pbtl1	Pbpl1	Pbol1
Bio1	0.031	0.031	−0.018
Bio3	0.043	0.066	−0.171*
Bio4	−0.009	−0.026	0.212*
Bio5	0.046	0.049	−0.045
Bio7	0.092	0.120*	−0.083
Bio10	0.029	0.019	0.047
Bio12	0.140*	0.199*	−0.106*
Bio13	0.203*	0.257*	0.187*
Bio14	0.021	0.002	0.201*
Bio15	−0.005	0.008	0.130*
Bio16	0.193*	0.256*	0.162*
Bio17	0.043	0.030	0.246*
Bio18	−0.004	−0.005	0.125*
Bio19	0.047	0.035	0.247*

注：*为 0.05 水平上的相关性。

1. 温度因子对思茅松天然林乔木层树叶生物量分配比例的影响

各指数曲线拟合的显著性均有差异，从曲线拟合的 R^2 看，R^2 均比较小。乔木层树叶生物量占乔木层总生物量百分比随年均温、极端最高温、最热季均温的增加呈基本不变的趋势［图 4.39(a)、(d)、(f)］；随等温性、温度季节变异系数的增加呈先缓慢增加后缓慢减少的趋势，当等温性为 51.0、温度季节变异系数为 35.5℃时分别达到最大值［图 4.39(b)、(c)］；随气温年较差的增加呈先缓慢减少后缓慢增加的趋势，当气温年较差为 23.0℃时达到最小值［图 4.39(e)］。乔木层思茅松树叶生物量占思茅松总生物量百分比随年均温、等温性、温度季节变异系数、极端最高温、最热季均温的增加呈先增加后减少的趋势，当年均温为 18.8℃、等温性为 51.2、温度季节变异系数为 35.3℃、极端最高温为 28.2℃、最热季均温为 22.7℃时分别达到最大值［图 4.39(a)、(b)、(c)、(d)、(f)］；随气温年较差的增加呈先缓慢减少后缓慢增加的趋势，当气温年较差为 23.2℃时达到最小值［图 4.39(e)］。乔木层其他树种树叶生物量占其他树种总生物量百分比随年均温、极端最高温、最热季均温的增加呈先缓慢减少后缓慢增加的趋势，当年均温为 18.9℃、极端最高温为 28.2℃、最热季均温为 22.4℃时分别达到最小值［图 4.39(a)、(d)、(f)］；随等温性、温度季节变异系数、气温年较差的增加呈先缓慢增加后缓慢减少的趋势，当等温性为 50.7、温度季节变异系数为 36.1℃、气温年较差为 23.1℃时分别达到最大值［图 4.39(b)、(c)、(e)］。

年均温、极端最高温、最热季均温对思茅松天然林乔木层各维量树叶生物量分配比例变化趋势的影响相似［图 4.39(a)、(d)、(f)］；等温性、温度季节变异系数对思茅松天然林乔木层各维量树叶生物量分配比例变化趋势的影响相似［图 4.39(b)、(c)］。

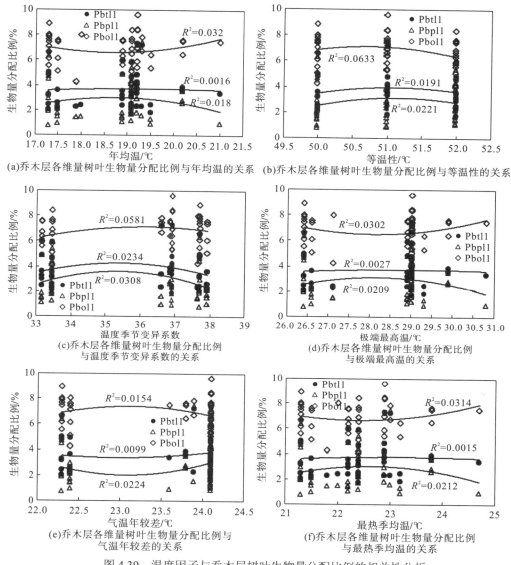

图 4.39　温度因子与乔木层树叶生物量分配比例的相关性分析

2. 降水因子对思茅松天然林乔木层树叶生物量分配比例的影响

各指数曲线拟合的显著性均有差异，从曲线拟合的 R^2 看，R^2 均比较小。乔木层树叶生物量占乔木层总生物量百分比随年降水、降水季节变异系数的增加呈先增加后减少的趋势，当年降水为 1460mm、降水季节变异系数为 85.5 时分别达到最大值［图 4.40（a）、（d）］；随最湿月降水、最湿季降水、最干季降水、最热季降水、最冷季降水的增加呈先减少后增加的趋势，当最湿月降水为 299mm、最湿季降水为 802mm、最干季降水为 47.5mm、最热季降水为 755mm、最冷季降水为 54mm 时分别达到最小值［图 4.40（b）、（e）、（f）、（g）、（h）］；随最干月降水的增加呈基本不变的趋势［图 4.40（c）］。乔木层思茅松树叶生物量占思茅松总生物量百分比随年降水、降水季节变异系数的增加呈先增加后减少的趋势，当年降水为 1455mm、降水季节变异系数为 85.5 时分别达到最大值［图 4.40（a）、（d）］；随最湿月降水、最湿季降水的增加呈不断增加的趋势［图 4.40（b）、（e）］；随最干月降水的增加呈基本不变的趋势［图 4.40（c）］；随最干季降水、最热季降水、最冷季降水的增加呈先减少后增加的趋势，当最干季降水为 47mm 时、最热季降水为 760mm、最冷季降水为 54mm 时分别达到最小值［图 4.40（f）、（g）、（h）］。乔木层其他树种树叶生物量占其他树种总生物量百分比随年降水、最干月降水的增加呈先缓慢增加后缓慢减少的趋势，当年降水为 1425mm、最干月降水为 14.2mm 时分别达到最大值［图 4.40（a）、（c）］；随最湿月降水、最湿季降水、最干季降水、最热季降水、最冷季降水的增加呈先减少后增加的趋势，当最湿月降水为 298mm、最湿季降水为 813mm、最干季降水为 46mm、最热季降水为 750mm、最冷季降水为 53mm 时分别达到最小值［图 4.40（b）、（e）、（f）、（g）、（h）］；随降水季节变异系数的增加呈不断增加的趋势［图 4.40（d）］。

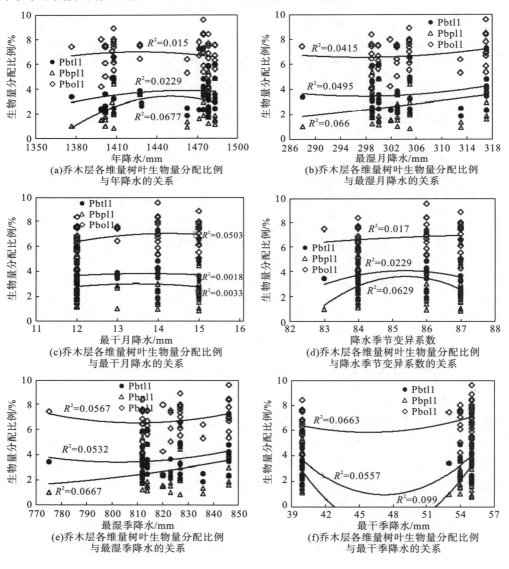

(a)乔木层各维量树叶生物量分配比例与年降水的关系
(b)乔木层各维量树叶生物量分配比例与最湿月降水的关系
(c)乔木层各维量树叶生物量分配比例与最干月降水的关系
(d)乔木层各维量树叶生物量分配比例与降水季节变异系数的关系
(e)乔木层各维量树叶生物量分配比例与最湿季降水的关系
(f)乔木层各维量树叶生物量分配比例与最干季降水的关系

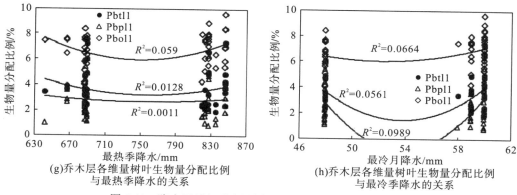

图 4.40 降水因子与乔木层树叶生物量分配比例的相关性分析

最湿月降水、最湿季降水对思茅松天然林乔木层各维量树叶生物量分配比例变化趋势的影响相似 [图 4.40（b）、（e）]；最干季降水、最热季降水、最冷季降水对思茅松天然林乔木层各维量树叶生物量分配比例变化趋势的影响相似 [图 4.40（f）、（g）、（h）]。

4.4.5 气候因子与思茅松天然林乔木层地上部分生物量分配比例的关系

思茅松天然林乔木层地上生物量分配比例随气候因子的变化呈规律性。乔木层地上生物量占乔木层总生物量百分比（Pbta1）与温度季节变异系数、最干月降水、降水季节变异系数、最干季降水、最热季降水、最冷季降水均呈正相关性，其中与温度季节变异系数有最大正相关性，相关系数为 0.168；与年均温、等温性、极端最高温、气温年较差、最热季均温、年降水、最湿月降水、最湿季降水均呈负相关性，其中与年降水有最大负相关性，相关系数为-0.237。乔木层思茅松地上生物量占思茅松总生物量百分比（Pbpa1）与温度季节变异系数、最热季均温、最干月降水、降水季节变异系数、最干季降水、最热季降水、最冷季降水均呈正相关性，其中与温度季节变异系数有最大正相关性，相关系数为 0.158；与年均温、等温性、极端最高温、气温年较差、年降水、最湿月降水、最湿季降水均呈负相关性，其中与年降水有最大负相关性，相关系数为-0.291。乔木层其他树种地上生物量占其他树种总生物量百分比（Pboa1）与等温性、极端最高温、气温年较差、年降水均呈正相关性，其中与年降水有最大正相关性，相关系数为 0.200；与年均温、温度季节变异系数、最热季均温、最湿月降水、最干月降水、降水季节变异系数、最湿季降水、最干季降水、最热季降水、最冷季降水均呈负相关性，其中与最干季降水有最大负相关性，相关系数为-0.247。

乔木层地上生物量分配比例与年均温、最湿月降水、最湿季降水均呈负相关性（表 4.21）。

表 4.21 气候因子与乔木层地上部分生物量分配比例相关关系表

气候因子	Pbta1	Pbpa1	Pboa1
Bio1	-0.081	-0.047	-0.008
Bio3	-0.181*	-0.177*	0.198*
Bio4	0.168*	0.158*	-0.241*
Bio5	-0.108*	-0.081	0.032

气候因子	Pbta1	Pbpa1	Pboa1
Bio7	−0.175*	−0.184*	0.114*
Bio10	−0.037	0.002	−0.088
Bio12	−0.237*	−0.291**	0.200*
Bio13	−0.089	−0.180*	−0.081
Bio14	0.153*	0.135*	−0.223*
Bio15	0.126*	0.079	−0.131*
Bio16	−0.090	−0.195*	−0.046
Bio17	0.131*	0.115*	−0.247*
Bio18	0.112*	0.068	−0.109*
Bio19	0.127*	0.110*	−0.244*

注：*为 0.05 水平上的相关性，**为 0.01 水平上的相关性。

1. 温度因子对思茅松天然林乔木层地上部分生物量分配比例的影响

各指数曲线拟合的显著性均有差异，从曲线拟合的 R^2 看，R^2 均比较小。乔木层地上生物量占乔木层总生物量百分比随年均温、温度季节变异系数、极端最高温、最热季均温的增加呈先减少后增加的趋势，当年均温为 18.7℃、温度季节变异系数为 35℃、极端最高温为 28.1℃、最热季均温为 22.6℃时分别达到最小值 ［图 4.41（a）、（c）、（d）、（f）］；随等温性的增加呈不断减少的趋势 ［图 4.41（b）］；随气温年较差的增加呈先增加后减少的趋势，当气温年较差为 23.1℃时达到最大值 ［图 4.41（e）］。乔木层思茅松地上生物量占思茅松总生物量百分比随温度因子的变化也存在类似的规律（图 4.41）。乔木层其他树种地上生物量占其他树种总生物量百分比随年均温、极端最高温、最热季均温的增加呈先增加后减少的趋势，当年均温为 18.5℃、极端最高温为 28℃、最热季均温为 22.4℃时分别达到最大值 ［图 4.41（a）、（d）、（f）］；随等温性、气温年较差的增加呈先减少后增加的趋势，当等温性为 50.7、气温年较差为 23.2℃时分别达到最小值 ［图 4.41（b）、（e）］；随温度季节变异系数的增加呈缓慢减少的趋势 ［图 4.41（c）］。

年均温、极端最高温、最热季均温对思茅松天然林乔木层地上部分生物量分配比例变化趋势的影响相似 ［图 4.41（a）、（d）、（f）］。

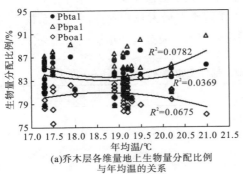

(a)乔木层各维量地上生物量分配比例
与年均温的关系

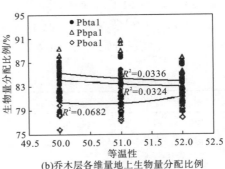

(b)乔木层各维量地上生物量分配比例
与等温性的关系

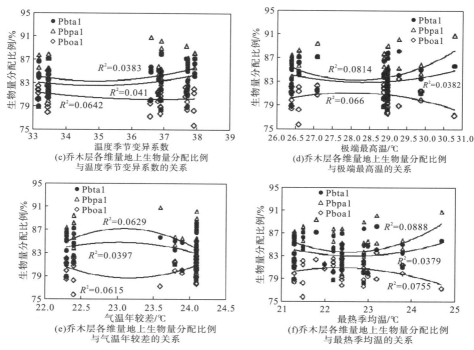

图 4.41　温度因子与乔木层地上生物量分配比例的相关性分析

2. 降水因子对思茅松天然林乔木层地上部分生物量分配比例的影响

各指数曲线拟合的显著性均有差异，从曲线拟合的 R^2 看，R^2 均比较小。乔木层地上生物量占乔木层总生物量百分比随年降水的增加呈不断减少的趋势［图 4.42（a）］；随最湿月降水、最湿季降水、最干季降水、最冷季降水的增加呈先减少后增加的趋势，当最湿月降水为 300mm、最湿季降水为 802mm、最干季降水为 47.5mm、最冷季降水为 54mm 时分别到达最小值［图 4.42（b）、（e）、（f）、（h）］；随最干月降水的增加呈基本不变的趋势［图 4.42（c）］；随降水季节变异系数的增加呈先增加后减少的趋势，当降水季节变异系数为 85.3 时达到最大值［图 4.42（d）］；随最热季降水的增加呈缓慢增加的趋势［图 4.42（g）］。乔木层思茅松地上生物量占思茅松总生物量百分比随年降水、最湿月降水、最湿季降水、最干季降水、最热季降水、最冷季降水的增加呈先减少后增加的趋势，当年降水为 1455mm、最湿月降水为 297mm、最湿季降水为 810mm、最干季降水为 46mm、最热季降水为 740mm、最冷季降水为 52.5mm 时分别达到最小值［图 4.42（a）、（b）、（e）、（f）、（g）、（h）］；随最干月降水的增加呈先缓慢增加后缓慢减少的趋势，当最干月降水为 14.2mm 时达到最大值［图 4.42（c）］；随降水季节变异系数的增加呈缓慢增加的趋势［图 4.42（d）］。乔木层其他树种地上生物量占其他树种总生物量百分比随年降水、最干月降水、降水季节变异系数、最热季降水的增加呈先增加后减少的趋势，当年降水为 1450mm、最干月降水为 13.5mm、降水季节变异系数为 85.4、最热季降水为 750mm 时分别达到最大值［图 4.42（a）、（c）、（d）、（g）］；随最湿月降水、最湿季降水的增加呈不断增加的趋势［图 4.42（b）、（e）］；随最干季降水、最冷季降水的增加呈先减少后增加的趋势，当最干季降水为 47mm、最冷季降水为 54mm 时分别达到最小值［图 4.42（f）、（h）］。

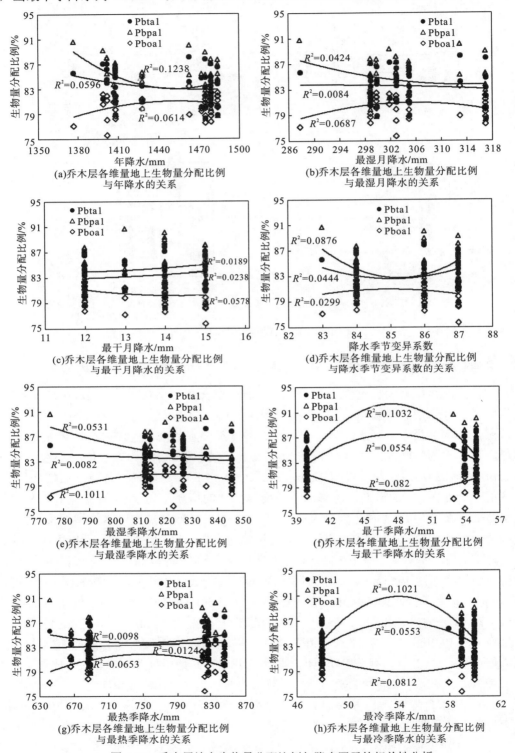

图 4.42　乔木层地上生物量分配比例与降水因子的相关性分析

最湿月降水、最湿季降水对思茅松天然林乔木层各维量地上部分生物量分配比例变化
趋势的影响相似［图 4.42(b)、(e)］。最干季降水、最冷季降水对思茅松天然林乔木层各
维量地上部分生物量分配比例变化趋势的影响相似［图 4.42(f)、(h)］。

4.4.6 气候因子与思茅松天然林乔木层根系生物量分配比例的关系

思茅松天然林乔木层根系生物量分配比例随气候因子的变化呈规律性。乔木层根系生
物量占乔木层总生物量百分比(Pbtr1)与年均温、等温性、极端最高温、气温年较差、最
热季均温、年降水、最湿月降水、最湿季降水均呈正相关性，其中与年降水有最大正相关
性，相关系数为 0.237；与温度季节变异系数、最干月降水、降水季节变异系数、最干季
降水、最热季降水、最冷季降水均呈负相关性，其中与温度季节变异系数有最大负相关性，
相关系数为-0.168。乔木层思茅松根系生物量占思茅松总生物量百分比(Pbpr1)与年均温、
等温性、极端最高温、气温年较差、年降水、最湿月降水、最湿季降水均呈正相关性，其
中与年降水有最大正相关性，相关系数为 0.291；与温度季节变异系数、最热季均温、最
干月降水、降水季节变异系数、最干季降水、最热季降水、最冷季降水均呈负相关性，其
中与温度季节变异系数有最大负相关性，相关系数为-0.158。乔木层其他树种根系生物量
占其他树种总生物量百分比(Pbor1)与年均温、温度季节变异系数、最热季均温、最湿月
降水、最干月降水、降水季节变异系数、最湿季降水、最干季降水、最热季降水、最冷季
降水均呈正相关性，其中与最干季降水有最大正相关性，相关系数为 0.247；与等温性、
极端最高温、气温年较差、年降水均呈负相关性，其中与年降水有最大负相关性，相关系
数为-0.200。

乔木层根系生物量分配比例与年均温、最湿月降水、最湿季降水均呈正相关性(表 4.22)。

表 4.22 气候因子与乔木层根系生物量分配比例相关关系表

气候因子	Pbtr1	Pbpr1	Pbor1
Bio1	0.081	0.047	0.008
Bio3	0.181*	0.177*	-0.198*
Bio4	-0.168*	-0.158*	0.241*
Bio5	0.108*	0.081	-0.032
Bio7	0.175*	0.184*	-0.114*
Bio10	0.037	-0.002	0.088
Bio12	0.237*	0.291**	-0.200*
Bio13	0.089	0.180*	0.081
Bio14	-0.153*	-0.135*	0.223*
Bio15	-0.126*	-0.079	0.131*
Bio16	0.090	0.195*	0.046
Bio17	-0.131*	-0.115*	0.247*
Bio18	-0.112*	-0.068	0.109*
Bio19	-0.127*	-0.110*	0.244*

注：*为 0.05 水平上的相关性，**为 0.01 水平上的相关性。

1. 温度因子对思茅松天然林乔木层根系生物量分配比例的影响

各指数曲线拟合的显著性均有差异，从曲线拟合的 R^2 看，R^2 均比较小。乔木层根系生物量占乔木层总生物量百分比随年均温、温度季节变异系数、极端最高温、最热季均温的增加呈先增加后减少的趋势，当年均温为 19.0℃、温度季节变异系数为 34.8℃、极端最高温为 28.4℃、最热季均温为 22.8℃ 时分别达到最大值［图 4.43（a）、（c）、（d）、（f）］；随等温性的增加呈不断增加的趋势［图 4.43（b）］；随气温年较差的增加呈先减少后增加的趋势，当气温年较差为 23℃ 时达到最小值［图 4.43（e）］。乔木层思茅松根系生物量占思茅松总生物量百分比随温度因子的变化也存在类似的规律（图 4.43）。乔木层其他树种根系生物量占其他树种总生物量百分比随年均温、极端最高温、最热季均温的增加呈先减少后增加的趋势，当年均温为 18.6℃、极端最高温为 28.1℃、最热季均温为 22.4℃ 时分别达到最小值［图 4.43（a）、（d）、（f）］；随等温性、气温年较差的增加呈先缓慢增加后缓慢减少的趋势，当等温性为 50.8、气温年较差为 23.2℃ 时分别达到最大值［图 4.43（b）、（e）］；随温度季节变异系数的增加呈不断增加的趋势［图 4.43（c）］。

年均温、极端最高温、最热季均温对乔木层根系生物量分配比例变化趋势的影响相似［图 4.43（a）、（d）、（f）］。

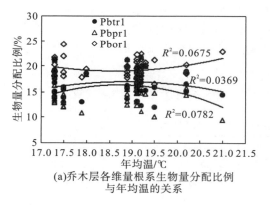

(a)乔木层各维量根系生物量分配比例
与年均温的关系

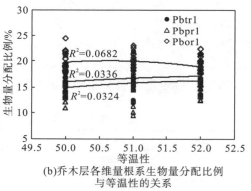

(b)乔木层各维量根系生物量分配比例
与等温性的关系

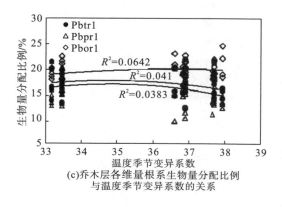

(c)乔木层各维量根系生物量分配比例
与温度季节变异系数的关系

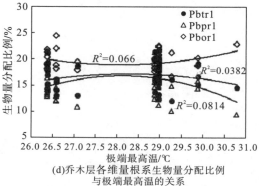

(d)乔木层各维量根系生物量分配比例
与极端最高温的关系

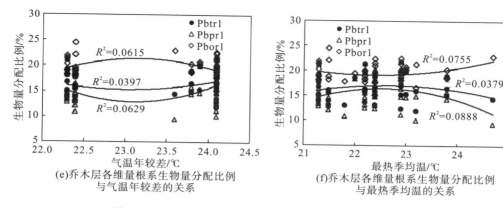

(e)乔木层各维量根系生物量分配比例
与气温年较差的关系

(f)乔木层各维量根系生物量分配比例
与最热季均温的关系

图 4.43　温度因子与乔木层根系生物量分配比例的相关性分析

2. 降水因子对思茅松天然林乔木层根系生物量分配比例的影响

各指数曲线拟合的显著性均有差异,从曲线拟合的 R^2 看,R^2 均比较小。乔木层根系生物量占乔木层总生物量百分比随年降水的增加呈先增加后趋于水平的趋势,当年降水达到 1455mm 时开始趋于水平〔图 4.44(a)〕;随最湿月降水、最湿季降水的增加呈缓慢增加的趋势〔图 4.44(b)、(e)〕;随最干月降水、最热季降水的增加呈缓慢减少的趋势〔图 4.44(c)、(g)〕;随降水季节变异系数的增加呈先增加后减少的趋势,当降水季节变异系数为 85 时达到最大值〔图 4.44(d)〕;随最干季降水、最冷季降水的增加呈先减少后增加的趋势,当最干季降水为 47.8mm、最冷季降水为 54mm 时达到最小值〔图 4.44(f)、(h)〕。乔木层思茅松根系生物量占思茅松总生物量百分比随年降水、降水季节变异系数、最热季降水的增加呈先增加后减少的趋势,当年降水为 1450mm、降水季节变异系数为 85.5、最热季降水为 750mm 时分别达到最大值〔图 4.44(a)、(d)、(g)〕;随最湿月降水、最湿季降水的增加呈先增加后趋于水平的趋势,当最湿月降水达到 310mm、最湿季降水达到 830mm 时分别开始趋于水平〔图 4.44(b)、(e)〕;随最干月降水的增加呈缓慢减少的趋势;随最干季降水、最冷季降水的增加呈先减少后增加的趋势,当最干季降水为 47.8mm、最冷季降水为 54mm 时分别达到最小值〔图 4.44(f)、(h)〕。乔木层其他树种根系生物量占其他树种总生物量百分比随年降水、最湿月降水、降水季节变异系数、最湿季降水、最热季降水的增加呈先减少后增加的趋势,当年降水为 1450mm、最湿月降水为 306mm、降水季节变异系数为 85、最湿季降水为 820mm、最热季降水为 750mm 时分别达到最小值〔图 4.44(a)、(b)、(d)、(e)、(g)〕;随最干月降水的增加呈缓慢增加的趋势〔图 4.44(c)〕;随最干季降水、最冷季降水的增加呈先增加后减少的趋势,当最干季降水为 48mm、最冷季降水为 55mm 时分别达到最大值〔图 4.44(f)、(h)〕。

最湿月降水、最湿季降水对思茅松天然林乔木层各维量根系生物量分配比例变化趋势的影响相似〔图 4.44(b)、(e)〕;最干季降、最冷季降水对思茅松天然林乔木层各维量根系生物量分配比例变化趋势的影响相似〔图 4.44(f)、(h)〕。

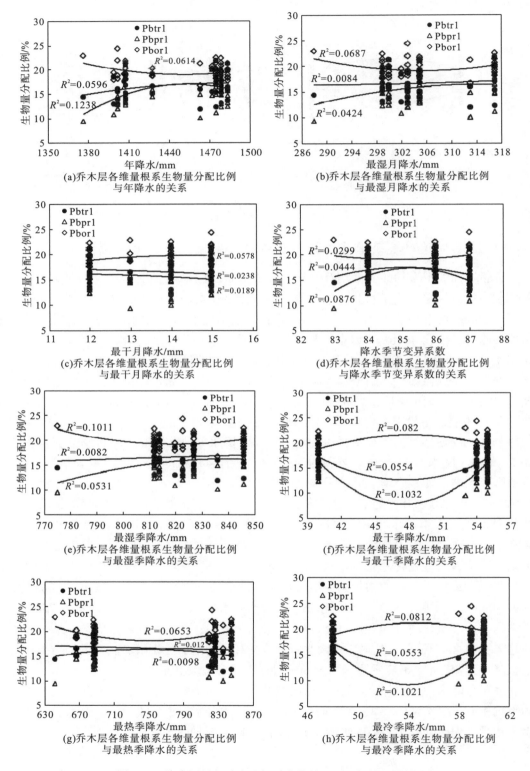

图 4.44　降水因子与乔木层根系生物量分配比例的相关性分析

4.4.7　气候因子与乔木层不同树种木材占总木材生物量百分比的关系

思茅松天然林乔木层不同树种木材生物量占总木材生物量百分比随气候因子(除温度季节变异系数外)变化的相关性呈正负相反,且相关性最大值和相关系数相同的规律。乔木层思茅松木材生物量占总木材生物量百分比(Pbpw2)与年均温、等温性、温度季节变异系数、极端最高温、气温年较差、最热季均温、年降水、最湿月降水、最湿季降水、最干季降水、最热季降水、最冷季降水均呈正相关性,其中与最湿月降水有最大正相关性,相关系数为 0.091;与最干月降水、降水季节变异系数均呈负相关性,其中与最干月降水有最大负相关性,相关系数为-0.030。乔木层其他树种木材生物量占总木材生物量百分比(Pbow2)除与温度季节变异系数无相关性外,与其他气候因子的相关性存在和以上相关性正负相反,最大值和相关系数相同的规律(表 4.23)。

表 4.23　气候因子与乔木层不同树种木材生物量占总木材生物量百分比相关关系表

气候因子	Pbpw2	Pbow2
Bio1	0.080	-0.080
Bio3	0.034	-0.034
Bio4	0.001	0.001
Bio5	0.079	-0.079
Bio7	0.077	-0.077
Bio10	0.084	-0.084
Bio12	0.073	-0.073
Bio13	0.091	-0.091
Bio14	-0.030	0.030
Bio15	-0.027	0.027
Bio16	0.073	-0.073
Bio17	0.029	-0.029
Bio18	0.002	-0.002
Bio19	0.030	-0.030

1. 温度因子对乔木层不同树种木材生物量占总木材生物量百分比的影响

各指数曲线拟合的显著性均有差异,从曲线拟合的 R^2 看,R^2 均比较小。乔木层思茅松木材生物量占总木材生物量百分比随年均温、等温性、温度季节变异系数、极端最高温、最热季均温的增加呈先缓慢增加后缓慢减少的趋势,当年均温为 19.2℃、等温性为51.1、温度季节变异系数为 35.4℃、极端最高温为 28.6℃、最热季均温为 23.1℃时分别达到最大值[图 4.45(a)、(b)、(c)、(d)、(f)];随气温年较差的增加呈先缓慢减少后缓慢增加的趋势,当气温年较差为 22.8℃时达到最小值[图 4.45(e)]。乔木层其他树种木材生物量占总木材生物量百分比随温度因子的变化趋势与之相反(图 4.45)。

年均温、等温性、温度季节变异系数、极端最高温、最热季均温对乔木层不同树种木材生物量占总木材生物量百分比变化趋势的影响相似［图 4.45（a）、（b）、（c）、（d）、（f）］。

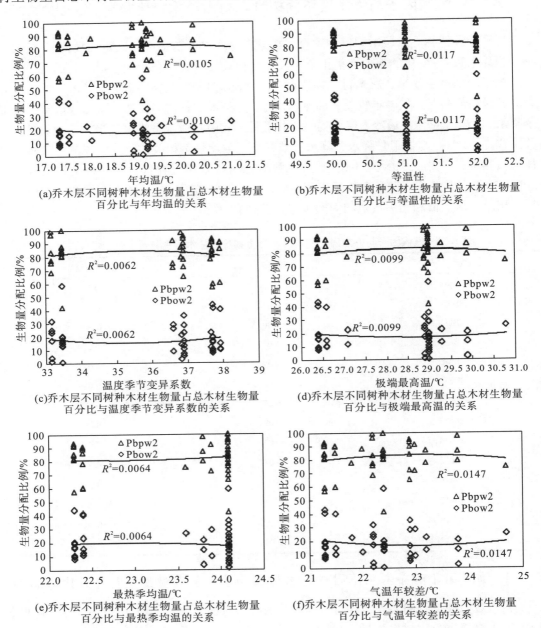

图 4.45　温度因子与乔木层不同树种木材生物量占总木材生物量百分比的相关性分析

2. 降水因子对乔木层不同树种木材生物量占总木材生物量百分比的影响

　　各指数曲线拟合的显著性均有差异，从曲线拟合的 R^2 看，R^2 均比较小。乔木层思茅松木材生物量占总木材生物量百分比随年降水、最干月降水、降水季节变异系数的增加呈先增加后减少的趋势，当年降水为 1445mm、最干月降水为 13.3mm、降水季节变异系数为 85.3 时分别达到最大值 [图 4.46(a)、(c)、(d)]；随最湿月降水、最湿季降水的增加呈缓慢增加的趋势 [图 4.46(b)、(e)]；随最干季降水、最热季降水、最冷季降水的增加呈先缓慢减少后缓慢增加的趋势，当最干季降水为 47.5mm、最热季降水为 760mm、最冷季降水为 54mm 时分别达到最小值 [图 4.46(f)、(g)、(h)]。乔木层其他树种木材生物量占总木材生物量百分比随降水因子的变化趋势与之相反(图 4.46)。

年降水、最干月降水、降水季节变异系数对乔木层不同树种木材生物量占总木材生物量百分比变化趋势的影响相似 [图 4.46(a)、(c)、(d)]；最湿月降水、最湿季降水对乔木层不同树种木材生物量占总木材生物量百分比变化趋势的影响相似 [图 4.46(b)、(e)]；最干季降水、最热季降水、最冷季降水对乔木层不同树种木材生物量占总木材生物量百分比变化趋势的影响相似 [图 4.46(f)、(g)、(h)]。

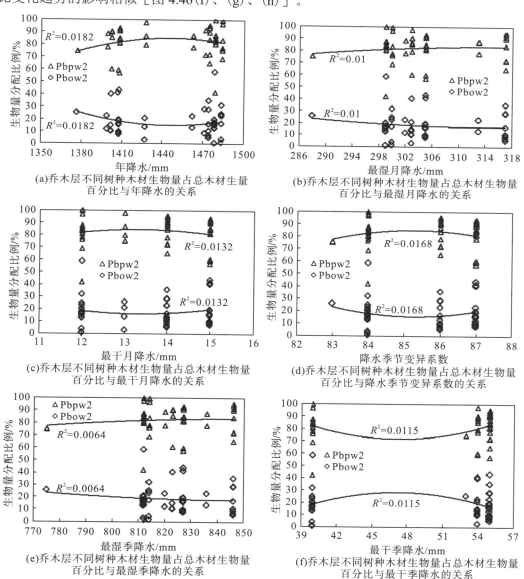

(a)乔木层不同树种木材生物量占总木材生量百分比与年降水的关系

(b)乔木层不同树种木材生物量占总木材生物量百分比与最湿月降水的关系

(c)乔木层不同树种木材生物量占总木材生物量百分比与最干月降水的关系

(d)乔木层不同树种木材生物量占总木材生物量百分比与降水季节变异系数的关系

(e)乔木层不同树种木材生物量占总木材生物量百分比与最湿季降水的关系

(f)乔木层不同树种木材生物量占总木材生物量百分比与最干季降水的关系

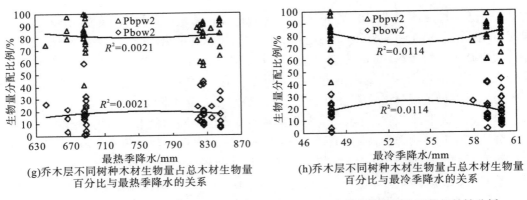

图 4.46   降水因子与乔木层不同树种木材生物量占总木材生物量百分比的相关性分析

4.4.8 气候因子与乔木层不同树种树皮生物量占总树皮生物量百分比的关系

思茅松天然林乔木层不同树种树皮生物量占总树皮生物量百分比随气候因子变化的相关性呈正负相反，且相关性最大值和相关系数相同的规律。乔木层思茅松树皮生物量占总树皮生物量百分比(Pbpb2)与年均温、等温性、温度季节变异系数、极端最高温、气温年较差、最热季均温、年降水、最湿月降水、最湿季降水、最干季降水、最热季降水、最冷季降水均呈正相关性，其中与最湿月降水有最大正相关性，相关系数为 0.155；与最干月降水、降水季节变异系数均呈负相关性，相关系数同为-0.005。乔木层其他树种树皮生物量占总树皮生物量百分比(Pbob2)与气候因子的相关性存在和以上相关性正负相反，最大值和相关系数相同的规律(表 4.24)。

表 4.24   气候因子与乔木层不同树种树皮生物量占总树皮生物量百分比相关关系表

气候因子	Pbpb2	Pbob2
Bio1	0.050	-0.050
Bio3	0.025	-0.025
Bio4	0.011	-0.011
Bio5	0.052	-0.052
Bio7	0.073	-0.073
Bio10	0.052	-0.052
Bio12	0.100	-0.100*
Bio13	0.155*	-0.155*
Bio14	-0.005	0.005
Bio15	-0.005	0.005
Bio16	0.145*	-0.145*
Bio17	0.047	-0.047
Bio18	0.008	-0.008
Bio19	0.050	-0.050

注：*为 0.05 水平上的相关性。

1. 温度因子对乔木层不同树种树皮生物量占总树皮生物量百分比的影响

各指数曲线拟合的显著性均有差异，从曲线拟合的 R^2 看，R^2 均比较小。乔木层思茅松树皮生物量占总树皮生物量百分比随年均温、等温性、温度季节变异系数、极端最高温、最热季均温的增加呈先缓慢增加后缓慢减少的趋势，当年均温为 19.2℃、等温性为 51.2、温度季节变异系数为 35.5℃、极端最高温为 28.4℃、最热季均温为 22.7℃时分别达到最大值［图 4.47(a)、(b)、(c)、(d)、(f)］；随气温年较差的增加呈先缓慢减少后缓慢增加的趋势，当气温年较差为 23.0℃时达到最小值［图 4.47(e)］。乔木层其他树种树皮生物量占总树皮生物量百分比随温度因子的变化趋势与之相反(图 4.47)。

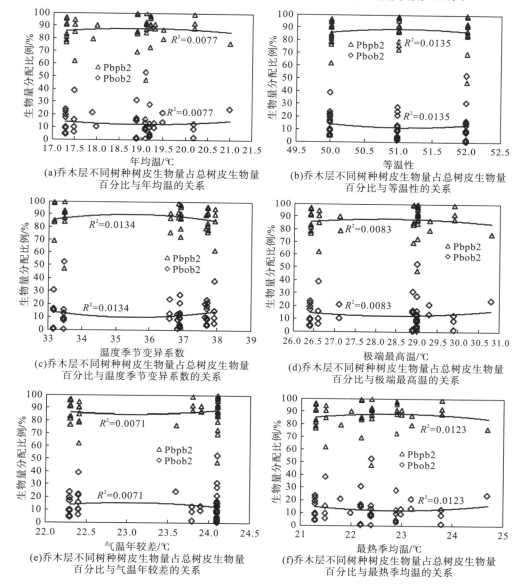

图 4.47 温度因子与乔木层不同树种树皮生物量占总树皮生物量百分比的相关性分析

年均温、等温性、温度季节变异系数、极端最高温、最热季均温对乔木层不同树种树皮生物量占总树皮生物量百分比变化趋势的影响相似［图4.47(a)、(b)、(c)、(d)、(f)］。

2. 降水因子对乔木层不同树种树皮生物量占总树皮生物量百分比的影响

各指数曲线拟合的显著性均有差异，从曲线拟合的 R^2 看，R^2 均比较小。乔木层思茅松树皮占总树皮生物量百分比随年降水、最干月降水、降水季节变异系数的增加呈先增加后减少的趋势，当年降水为1445mm、最干月降水为13.3mm、降水季节变异系数为85.4时分别达到最大值［图4.48(a)、(c)、(d)］；随最湿月降水、最湿季降水的增加呈缓慢增加的趋势［图4.48(b)、(e)］；随最干季降水、最热季降水、最冷季降水的增加呈先缓慢减少后缓慢增加的趋势，当最干季降水为47.5mm、最热季降水为755mm、最冷季降水为54mm时分别达到最小值［图4.48(f)、(g)、(h)］。乔木层其他树种树皮生物量占总树皮生物量百分比随降水因子的变化趋势与之相反(图4.48)。

年降水、最干月降水、降水季节变异系数对乔木层不同树种树皮生物量占总树皮生物量百分比变化趋势的影响相似［图4.48(a)、(c)、(d)］；最湿月降水、最湿季降水对乔木层不同树种树皮生物量占总树皮生物量百分比变化趋势的影响相似［图4.48(b)、(e)］；最干季降水、最热季降水、最冷季降水对乔木层不同树种树皮生物量占总树皮生物量百分比变化趋势的影响相似［图4.48(f)、(g)、(h)］。

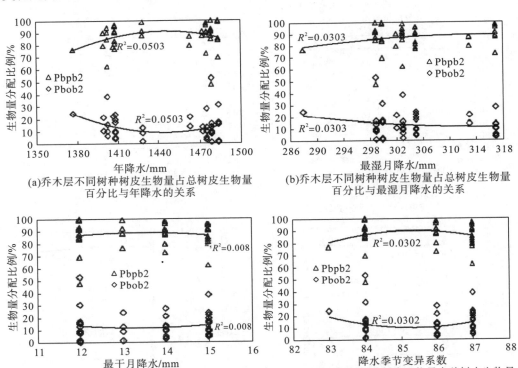

(a)乔木层不同树种树皮生物量占总树皮生物量
百分比与年降水的关系

(b)乔木层不同树种树皮生物量占总树皮生物量
百分比与最湿月降水的关系

(c)乔木层不同树种树皮生物量占总树皮生物量
百分比与最干月降水的关系

(d)乔木层不同树种树皮生物量占总树皮生物量
百分比与降水季节变异系数关系

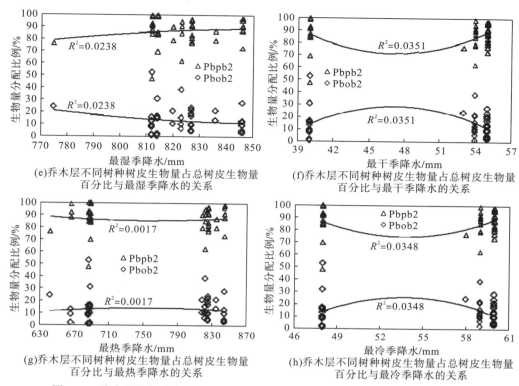

图 4.48　降水因子与乔木层不同树种树皮生物量占总树皮生物量百分比的相关性分析

4.4.9　气候因子与乔木层不同树种树枝生物量占总树枝生物量百分比的关系

乔木层不同树种树枝生物量占总树枝生物量百分比随气候因子变化的相关性呈正负相反,且相关性最大值和相关系数相同的规律。乔木层思茅松树枝生物量占总树枝生物量百分比(Pbpbr2)与年均温、等温性、极端最高温、气温年较差、最热季均温、年降水、最湿月降水、最湿季降水均呈正相关性,其中与年降水有最大正相关性,相关系数为 0.199;与温度季节变异系数、最干月降水、降水季节变异系数、最干季降水、最热季降水、最冷季降水均呈负相关性,其中与最干月降水有最大负相关性,相关系数为-0.082。乔木层其他树种树枝生物量占总树枝生物量百分比(Pbobr2)与气候因子的相关性存在和以上相关性正负相反,最大值和相关系数相同的规律(表 4.25)。

表 4.25　气候因子与乔木层不同树种树枝生物量占总树枝生物量百分比相关关系表

气候因子	Pbpbr2	Pbobr2
Bio1	0.073	−0.073
Bio3	0.113*	−0.113*
Bio4	−0.079	0.079
Bio5	0.087	−0.087
Bio7	0.142*	−0.142*

气候因子	Pbpbr2	Pbobr2
Bio10	0.049	−0.049
Bio12	0.199*	−0.199*
Bio13	0.153*	−0.153*
Bio14	−0.082	0.082
Bio15	−0.051	0.051
Bio16	0.153*	−0.153*
Bio17	−0.041	0.041
Bio18	−0.042	0.042
Bio19	−0.037	0.037

注: *为 0.05 水平上的相关性。

1. 温度因子对乔木层不同树种树枝生物量占总树枝生物量百分比的影响

各指数曲线拟合的显著性均有差异，从曲线拟合的 R^2 看，R^2 均比较小。乔木层思茅松树枝生物量占总树枝生物量百分比随年均温、等温性、温度季节变异系数、极端最高温、最热季均温的增加呈先增加后减少的趋势，当年均温为 18.8℃、等温性为 51.4、温度季节变异系数为 35.1℃、极端最高温为 28.3℃、最热季均温为 22.7℃时分别达到最大值 [图 4.49(a)、(b)、(c)、(d)、(f)]；随气温年较差的增加呈先减少后增加的趋势，当气温年较差为 23.1℃时达到最小值 [图 4.49(e)]。乔木层其他树种树枝生物量占总树枝生物量百分比随温度因子的变化趋势与之相反(图 4.49)。

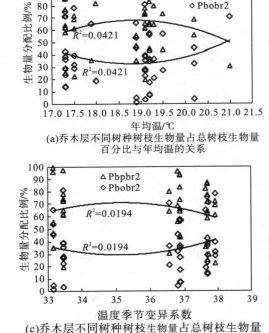

(a)乔木层不同树种树枝生物量占总树枝生物量
百分比与年均温的关系

(c)乔木层不同树种树枝生物量占总树枝生物量
百分比与温度季节变异系数的关系

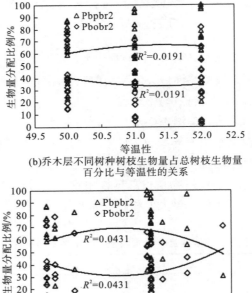

(b)乔木层不同树种树枝生物量占总树枝生物量
百分比与等温性的关系

(d)乔木层不同树种树枝生物量占总树枝生物量
百分比与极端最高温的关系

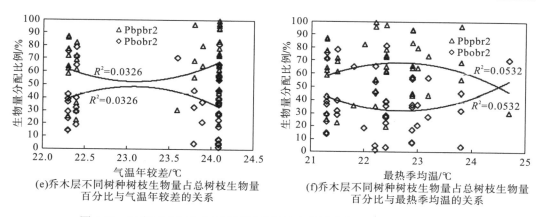

(e)乔木层不同树种树枝生物量占总树枝生物量
百分比与气温年较差的关系

(f)乔木层不同树种树枝生物量占总树枝生物量
百分比与最热季均温的关系

图 4.49　温度因子与乔木层不同树种树枝占总树枝生物量百分比的相关性分析

年均温、等温性、温度季节变异系数、极端最高温、最热季均温对乔木层不同树种树枝生物量占总树枝生物量百分比变化趋势的影响相似［图 4.49(a)、(b)、(c)、(d)、(f)］。

2. 降水因子对乔木层不同树种树枝生物量占总树枝生物量百分比的影响

各指数曲线拟合的显著性均有差异，从曲线拟合的 R^2 看，R^2 均比较小。乔木层思茅松树枝生物量占总树枝生物量百分比随年降水、最干月降水、降水季节变异系数、最干季降水、最热季降水、最冷季降水的增加呈先增加后减少的趋势，当年降水为 1450mm、最干月降水为 13mm、降水季节变异系数为 85.3、最干季降水为 47.5mm、最热季降水为 750mm、最冷季降水为 54mm 时分别达到最大值［图 4.50(a)、(c)、(d)、(f)、(g)、(h)］；随最湿月降水、最湿季降水的增加呈先增加后趋于水平的趋势，当最湿月降水达到 309mm、最湿季降水达到 828mm 时开始趋于水平［图 4.50(b)、(e)］。乔木层其他树种树枝生物量占总树枝生物量百分比随温度因子的变化趋势与之相反(图 4.50)。

年降水、最干月降水、降水季节变异系数、最干季降水、最热季降水、最冷季降水对乔木层不同树种树枝生物量占总树枝生物量百分比变化趋势的影响相似［图 4.50(a)、(c)、(d)、(f)、(g)、(h)］；最湿月降水、最湿季降水对乔木层不同树种树枝生物量占总树枝生物量百分比变化趋势的影响相似［图 4.50(b)、(e)］。

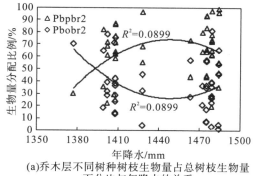

(a)乔木层不同树种树枝生物量占总树枝生物量
百分比与年降水的关系

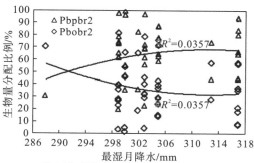

(b)乔木层不同树种树枝生物量占总树枝生物量
百分比与最湿月降水的关系

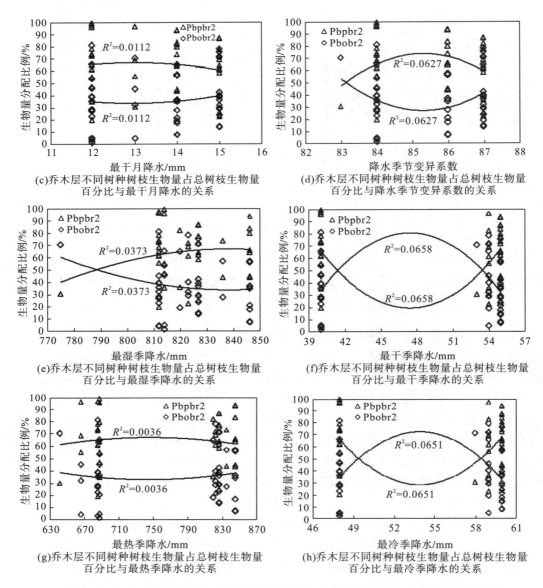

图4.50　降水因子与乔木层不同树种树枝生物量占总树枝生物量百分比的相关性分析

4.4.10 气候因子与乔木层不同树种树叶生物量占总树叶生物量百分比的关系

乔木层不同树种树叶生物量占总树叶生物量百分比随气候因子变化的相关性呈正负相反，且相关性最大值和相关系数相同的规律。乔木层思茅松树叶生物量占总树叶生物量百分比(Pbpl2)与年均温、等温性、极端最高温、气温年较差、最热季均温、年降水、最湿月降水、最湿季降水均呈正相关性，其中与年降水有最大正相关性，相关系数为0.240；与温度季节变异系数、最干月降水、降水季节变异系数、最干季降水、最热季降水、最冷季降水均呈负相关性，其中与最干月降水有最大负相关性，相关系数为-0.101。乔木层其他树种树叶生物量占总树叶生物量百分比(Pbol2)与气候因子的相关性存在和以上相关性正负相反，最大值和相关系数相同的规律(表 4.26)。

表 4.26　气候因子与乔木层不同树种树叶生物量占总树叶生物量百分比相关关系表

气候因子	Pbpl2	Pbol2
Bio1	0.086	−0.086
Bio3	0.140*	−0.140*
Bio4	−0.096	0.096
Bio5	0.104*	−0.104*
Bio7	0.174*	−0.174*
Bio10	0.053	−0.053
Bio12	0.240*	−0.240*
Bio13	0.184*	−0.184*
Bio14	−0.101*	0.101*
Bio15	−0.072	0.072
Bio16	0.184*	−0.184*
Bio17	−0.055	0.055
Bio18	−0.054	0.054
Bio19	−0.050	0.050

注：*为 0.05 水平上的相关性。

1. 温度因子对乔木层不同树种树叶生物量占总树叶生物量百分比的影响

各指数曲线拟合的显著性均有差异，从曲线拟合的 R^2 看，R^2 均比较小。乔木层思茅松树叶生物量占总树叶生物量百分比随温度因子的增加均呈先增加后减少的趋势，当年均温为 18.9℃、等温性为 51.4、温度季节变异系数为 35.1℃、极端最高温为 28.3℃、气温年较差为 23.1℃、最热季均温为 22.8℃时分别达到最大值(图 4.51)。乔木层其他树种树叶生物量占总树叶生物量百分比随温度因子的变化趋势与之相反(图 4.51)。

所有温度因子与思茅松天然林乔木层不同树种树叶生物量占总树叶生物量百分比变化趋势的影响相似(图 4.51)。

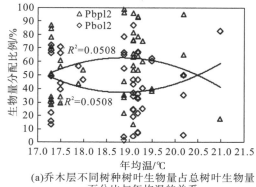
(a)乔木层不同树种树叶生物量占总树叶生物量
百分比与年均温的关系

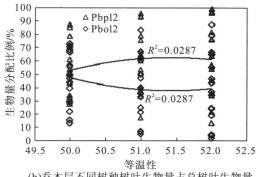
(b)乔木层不同树种树叶生物量占总树叶生物量
百分比与等温性的关系

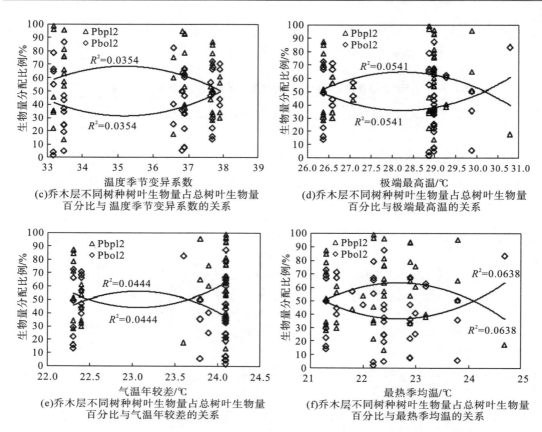

图 4.51 温度因子与乔木层不同树种树叶生物量占总树叶生物量百分比的相关性分析

2. 降水因子对乔木层不同树种树叶生物量占总树叶生物量百分比的影响

各指数曲线拟合的显著性均有差异，从曲线拟合的 R^2 看，R^2 均比较小。乔木层思茅松树叶生物量占总树叶生物量百分比随年降水、最干月降水、降水季节变异系数、最干季降水、最冷季降水的增加呈先增加后减少的趋势，当年降水为 1450mm、最干月降水为 12.9mm、降水季节变异系数为 85.3、最干季降水为 47.5mm、最冷季降水为54mm 时分别达到最大值 [图 4.52(a)、(c)、(d)、(f)、(h)]；随最湿月降水、最湿季降水的增加呈先增加后趋于水平的趋势，当最湿月降水达到 312mm、最湿季降水达到 838mm 后开始趋于水平 [图 4.52(b)、(e)]；随最热季降水的增加呈缓慢减少的趋势 [图 4.52(g)]。乔木层其他树种树叶生物量占总树叶生物量百分比随温度因子的变化趋势与之相反(图 4.52)。

年降水、最干月降水、降水季节变异系数、最干季降水、最冷季降水对乔木层不同树种树叶生物量占总树叶生物量百分比变化趋势的影响相似 [图 4.52(a)、(c)、(d)、(f)、(h)]；最湿月降水、最湿季降水对乔木层不同树种树叶生物量占总树叶生物量百分比变化趋势的影响相似 [图 4.52(b)、(e)]。

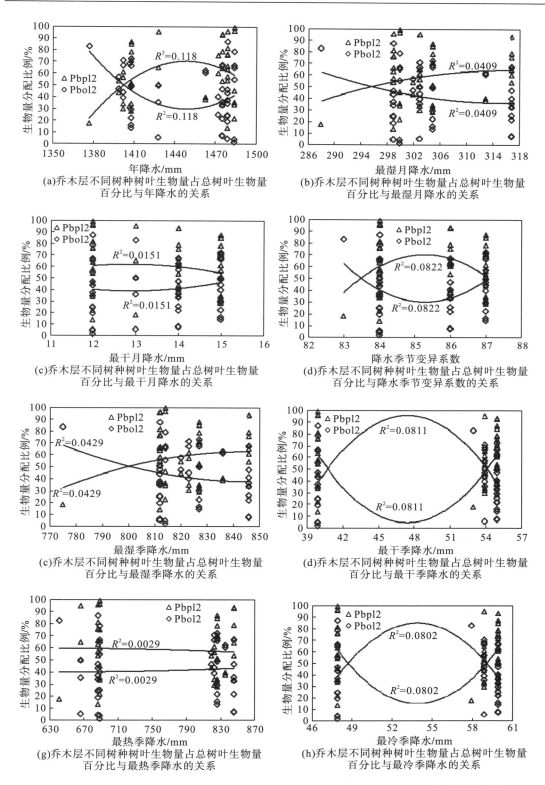

图 4.52　降水因子与乔木层不同树种树叶生物量占总树叶生物量百分比的相关性分析

4.4.11　气候因子与乔木层不同树种地上部分生物量占总地上部分生物量百分比的关系

乔木层不同树种地上部分生物量占总地上部分生物量百分比随气候因子变化的相关性呈正负相反，且相关性最大值和相关系数相同的规律。乔木层思茅松地上部分生物量占总地上部分生物量百分比（Pbpa2）与年均温、等温性、极端最高温、气温年较差、最热季均温、年降水、最湿月降水、最湿季降水、最干季降水、最冷季降水均呈正相关性，其中与最湿月降水有最大正相关性，相关系数为 0.123；与温度季节变异系数、最干月降水、降水季节变异系数、最热季降水均呈负相关性，其中与最干月降水有最大负相关性，相关系数为-0.038。乔木层其他树种地上部分生物量占总地上部分生物量百分比（Pboa2）与气候因子的相关性存在和以上相关性正负相反，最大值和相关系数相同的规律（表 4.27）。

表 4.27　气候因子与乔木层不同树种地上部分生物量占总地上部分生物量百分比相关关系表

气候因子	Pbpa2	Pboa2
Bio1	0.079	−0.079
Bio3	0.053	−0.053
Bio4	−0.015	0.015
Bio5	0.081	−0.081
Bio7	0.097	−0.097
Bio10	0.077	−0.077
Bio12	0.111*	−0.111*
Bio13	0.123*	−0.123*
Bio14	−0.038	0.038
Bio15	−0.027	0.027
Bio16	0.110	−0.110
Bio17	0.018	−0.018
Bio18	−0.007	0.007
Bio19	0.021	−0.021

注：*为 0.05 水平上的相关性。

1. 温度因子对乔木层不同树种地上部分生物量占总地上部分生物量百分比的影响

各指数曲线拟合的显著性均有差异，从曲线拟合的 R^2 看，R^2 均比较小。乔木层思茅松地上部分生物量占总地上部分生物量百分比随年均温、等温性、温度季节变异系数、极端最高温、最热季均温的增加呈先增加后减少的趋势，当年均温为 19.0℃、等温性为 51.2、温度季节变异系数为 35.4℃、极端最高温为 28.4℃、最热季均温为 22.9℃时分别达到最大值［图 4.53（a）、（b）、（c）、（d）、（f）］；随气温年较差的增加呈先减少后增加的趋势，当气温年较差为 23.0℃时达到最小值［图 4.53（e）］。乔木层其他树种地上部分生物量占总地上部分生物量百分比随温度因子的变化趋势与之相反（图 4.53）。

年均温、等温性、温度季节变异系数、极端最高温、最热季均温对乔木层不同树种地上部分生物量占总地上部分生物量百分比变化趋势的影响相似［图 4.53（a）、（b）、（c）、（d）、（f）］。

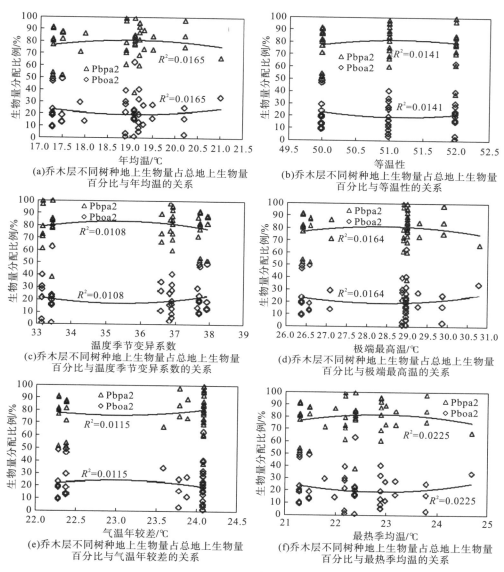

图 4.53　温度因子与乔木层不同树种地上部分生物量占总地上部分生物量百分比的相关性分析

2. 降水因子对乔木层不同树种地上部分生物量占总地上部分生物量百分比的影响

各指数曲线拟合的显著性均有差异，从曲线拟合的 R^2 看，R^2 均比较小。乔木层思茅松地上部分生物量占总地上部分生物量百分比随年降水、最干月降水、降水季节变异系数的增加呈先增加后减少的趋势，当年降水为 1448mm、最干月降水为 13.4mm、降水季节变异系数为 85.3 时分别达到最大值［图 4.54（a）、（c）、（d）］；随最湿月降水、最湿季降水的增加呈不断增加的趋势［图 4.54（b）、（e）］；随最干季降水、最热季降水、最冷季降水的增加呈先减少后增加的趋势，当最干季降水为 47.5mm、最热季降水为 760mm、最冷季降水为 54mm 时分别达到最小值［图 4.54（f）、（g）、（h）］。乔木层其他树种地上部分生物量占总地上部分生物量百分比随降水因子的变化趋势与之相反（图 4.54）。

年降水、最干月降水、降水季节变异系数对乔木层不同树种地上部分生物量占总地上部分生物量百分比变化趋势的影响相似［图 4.54（a）、（c）、（d）］；最湿月降水、最湿季降水对乔木层不同树种地上部分生物量占总地上部分生物量百分比变化趋势的影响相似［图 4.54（b）、（e）］；最干季降水的关系、最热季降水、最冷季降水对乔木层不同树种地上部分生物量占总地上部分生物量百分比变化趋势的影响相似［图 4.54（f）、（g）、（h）］。

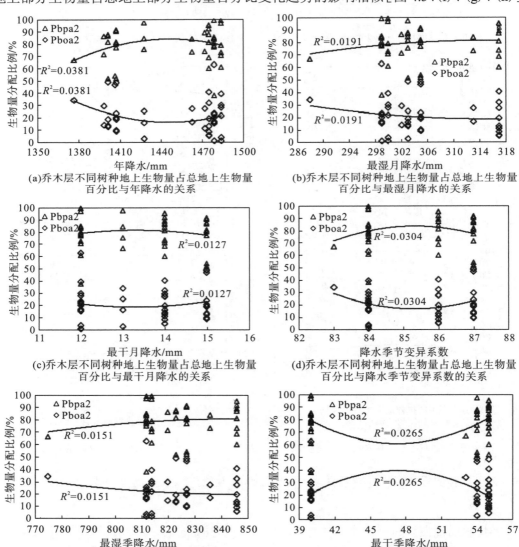

(a)乔木层不同树种地上生物量占总地上生物量百分比与年降水的关系

(b)乔木层不同树种地上生物量占总地上生物量百分比与最湿月降水的关系

(c)乔木层不同树种地上生物量占总地上生物量百分比与最干月降水的关系

(d)乔木层不同树种地上生物量占总地上生物量百分比与降水季节变异系数的关系

(e)乔木层不同树种地上生物量占总地上生物量百分比与最湿季降水的关系

(f)乔木层不同树种地上生物量占总地上生物量百分比与最干季降水的关系

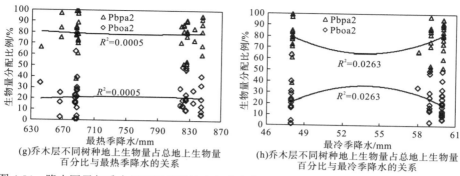

(g)乔木层不同树种地上生物量占总地上生物量
百分比与最热季降水的关系

(h)乔木层不同树种地上生物量占总地上生物量
百分比与最冷季降水的关系

图4.54 降水因子与乔木层不同树种地上部分生物量占总地上部分生物量百分比的相关性分析

4.4.12 气候因子与乔木层不同树种根系生物量占总根系生物量百分比的关系

乔木层不同树种根系生物量占总根系生物量百分比随气候因子变化的相关性呈正负相反，且相关性最大值和相关系数相同的规律。乔木层思茅松根系生物量占总根系生物量百分比(Pbpr2)与年均温、等温性、极端最高温、气温年较差、最热季均温、年降水、最湿月降水、最湿季降水均呈正相关性，其中与年降水有最大正相关性，相关系数为0.213；与温度季节变异系数、最干月降水、降水季节变异系数、最干季降水、最热季降水、最冷季降水均呈负相关性，其中与最干月降水有最大负相关性，相关系数为-0.085。乔木层其他树种根系生物量占总根系生物量百分比(Pbor2)与气候因子的相关性存在和以上相关性正负相反，最大值和相关系数相同的规律(表4.28)。

表4.28 气候因子与乔木层不同树种根系生物量占总根系生物量百分比相关关系表

气候因子	Pbpr2	Pbor2
Bio1	0.056	−0.056
Bio3	0.113*	−0.113*
Bio4	−0.081	0.081
Bio5	0.074	−0.074
Bio7	0.142*	−0.142*
Bio10	0.028	−0.028
Bio12	0.213*	−0.213*
Bio13	0.170*	−0.170*
Bio14	−0.085	0.085
Bio15	−0.041	0.041
Bio16	0.176*	−0.176*
Bio17	−0.045	0.045
Bio18	−0.024	0.024
Bio19	−0.040	0.040

注：*为0.05水平上的相关性。

1. 温度因子对乔木层不同树种根系生物量占总根系生物量百分比的影响

各指数曲线拟合的显著性均有差异，从曲线拟合的 R^2 看，R^2 均比较小。乔木层思茅松根系生物量占总根系生物量百分比随年均温、温度季节变异系数、极端最高温、最热季均温的增加呈先增加后减少的趋势，当年均温为 18.8℃、温度季节变异系数为 35.0℃、极端最高温为 28.2℃、最热季均温为 22.7℃时分别达到最大值［图 4.55（a）、（c）、（d）、（f）］；随等温性的增加呈先增加后趋于水平的趋势，当等温性达到 51.2 后开始趋于水平［图 4.55（b）］；随气温年较差的增加呈先减少后增加的趋势，当气温年较差为 23.1℃时达到最小值［图 4.55（e）］。乔木层其他树种根系生物量占总根系生物量百分比随温度因子的变化趋势与之相反（图 4.55）。

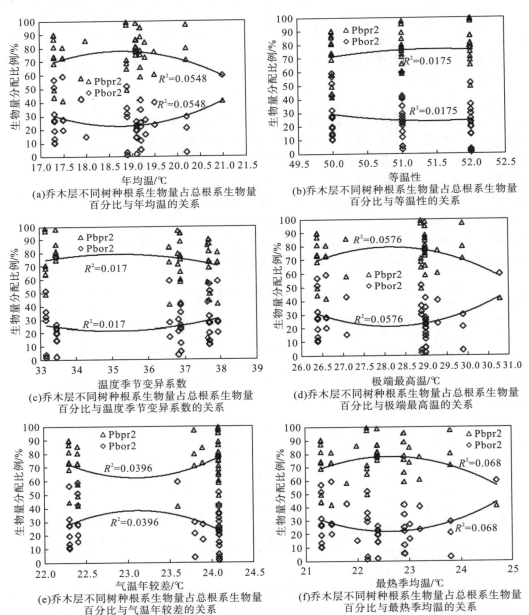

图 4.55　温度因子与乔木层不同树种根系生物量占总根系生物量百分比的相关性分析

年均温、温度季节变异系数、极端最高温、最热季均温对乔木层不同树种根系占总根系生物量百分比变化趋势的影响相似［图 4.55(a)、(c)、(d)、(f)］。

2. 降水因子对乔木层不同树种根系生物量占总根系生物量百分比的影响

各指数曲线拟合的显著性均有差异,从曲线拟合的 R^2 看,R^2 均比较小。乔木层思茅松根系生物量占总根系生物量百分比随年降水、最湿月降水、最干月降水、降水季节变异系数、最湿季降水、最热季降水的增加呈先增加后减少的趋势,当年降水为 1450mm、最湿月降水为 312mm、最干月降水为 13.9mm、降水季节变异系数为 85.4、最湿季降水为 835mm、最热季降水为 750mm 时分别达到最大值［图 4.56(a)、(b)、(c)、(d)、(e)、(g)］;随最干季降水、最冷季降水的增加呈先减少后增加的趋势,当最干季降水为 47.9mm、最冷季降水为 54mm 时分别达到最小值［图 4.56(f)、(h)］。乔木层其他树种根系生物量占总根系生物量百分比随降水因子的变化趋势与之相反(图 4.56)。

年降水、最湿月降水、最干月降水、降水季节变异系数、最湿季降水、最热季降水对乔木层不同树种根系生物量占总根系生物量百分比变化趋势的影响相似［图 4.56(a)、(b)、(c)、(d)、(e)、(g)］。最干季降水、最冷季降水对乔木层不同树种根系生物量占总根系生物量百分比变化趋势的影响相似［图 4.56(f)、(h)］。

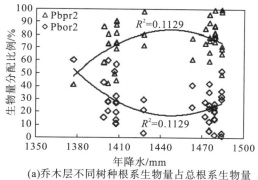

(a)乔木层不同树种根系生物量占总根系生物量
百分比与年降水的关系

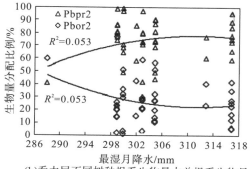

(b)乔木层不同树种根系生物量占总根系生物量
百分比与最湿月降水的关系

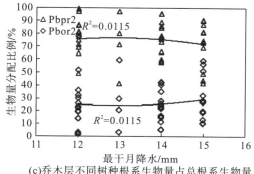

(c)乔木层不同树种根系生物量占总根系生物量
百分比与最干月降水的关系

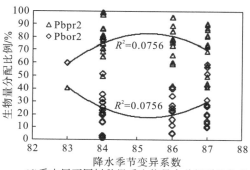

(d)乔木层不同树种根系生物量占总根系生物量
百分比与降水季节变异系数的关系

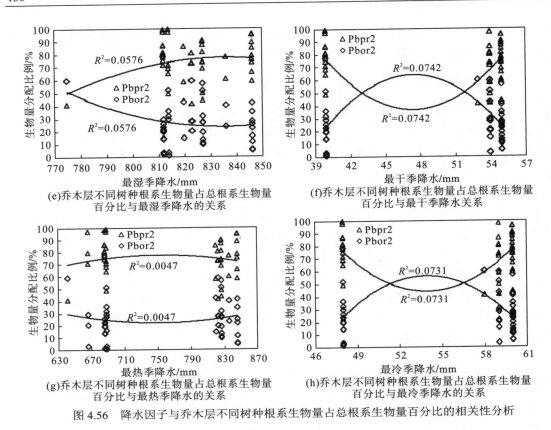

图 4.56　降水因子与乔木层不同树种根系生物量占总根系生物量百分比的相关性分析

4.4.13　气候因子与不同树种总生物量占乔木层总生物量百分比的关系

不同树种总生物量占乔木层总生物量百分比随气候因子变化的相关性呈正负相反，且相关性最大值和相关系数相同的规律。思茅松总生物量占乔木层总生物量百分比(Pbpt2)与年均温、等温性、极端最高温、气温年较差、最热季均温、年降水、最湿月降水、最湿季降水、最干季降水、最冷季降水均呈正相关性，其中与最湿月降水有最大正相关性，相关系数为 0.132；与温度季节变异系数、最干月降水、降水季节变异系数、最热季降水均呈负相关性，其中与最干月降水有最大负相关性，相关系数为-0.045。其他树种总生物量占乔木层总生物量百分比(Pboat2)与气候因子的相关性存在和以上相关性正负相反，最大值和相关系数相同的规律(表 4.29)。

表 4.29　气候因子与不同树种总生物量占乔木层总生物量百分比相关关系表

气候因子	Pbpt2	Pbot2
Bio1	0.075	−0.075
Bio3	0.062	−0.062
Bio4	−0.025	0.025
Bio5	0.080	−0.080
Bio7	0.104*	−0.104*
Bio10	0.069	−0.069

续表

气候因子	Pbpt2	Pbot2
Bio12	0.128*	−0.128*
Bio13	0.132*	−0.132*
Bio14	−0.045	0.045
Bio15	−0.028	0.028
Bio16	0.122*	−0.122*
Bio17	0.009	−0.009
Bio18	−0.009	0.009
Bio19	0.012	−0.012

注: *为 0.05 水平上的相关性。

1. 温度因子对不同树种总生物量占乔木层总生物量百分比的影响

各指数曲线拟合的显著性均有差异,从曲线拟合的 R^2 看,R^2 均比较小。思茅松总生物量占乔木层总生物量百分比随年均温、等温性、温度季节变异系数、极端最高温、最热季均温的增加呈先缓慢增加后缓慢减少的趋势,当年均温为 18.9℃、等温性为 51.2、温度季节变异系数为 35.4℃、极端最高温为 28.4℃、最热季均温为 22.9℃时分别达到最大值 [图 4.57(a)、(b)、(c)、(d)、(f)];随气温年较差的增加呈先缓慢减少后缓慢增加的趋势,当气温年较差为 23.0℃时达到最小值 [图 4.57(e)]。其他树种总生物量占乔木层总生物量百分比随温度因子的变化趋势与之相反(图 4.57)。

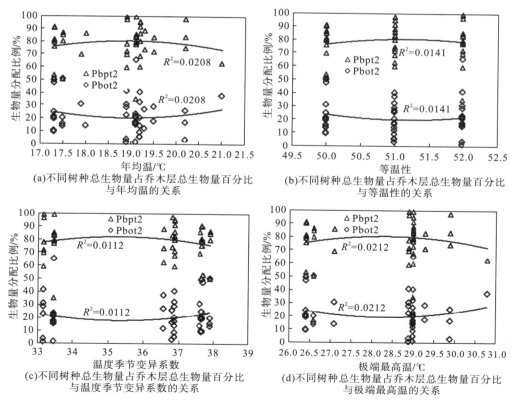

(a)不同树种总生物量占乔木层总生物量百分比
与年均温的关系

(b)不同树种总生物量占乔木层总生物量百分比
与等温性的关系

(c)不同树种总生物量占乔木层总生物量百分比
与温度季节变异系数的关系

(d)不同树种总生物量占乔木层总生物量百分比
与极端最高温的关系

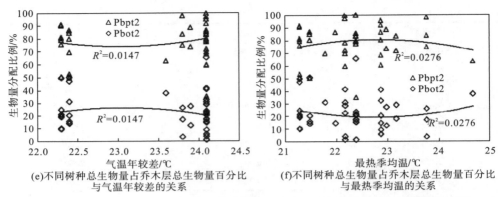

(e)不同树种总生物量占乔木层总生物量百分比　　　(f)不同树种总生物量占乔木层总生物量百分比
与气温年较差的关系　　　　　　　　　　　与最热季均温的关系

图4.57　温度因子与不同树种总生物量占乔木层总生物量百分比的相关性分析

年均温、等温性、温度季节变异系数、极端最高温、最热季均温对不同树种总生物量占乔木层总生物量百分比的变化趋势的影响相似〔图4.57(a)、(b)、(c)、(d)、(f)〕。

2. 降水因子对不同树种总生物量占乔木层总生物量百分比的影响

各指数曲线拟合的显著性均有差异，从曲线拟合的 R^2 看，R^2 均比较小。思茅松总生物量占乔木层总生物量百分比随年降水、最干月降水、降水季节变异系数的增加呈先增加后减少的趋势，当年降水为1450mm、最干月降水为13.2mm、降水季节变异系数为85.3时分别达到最大值〔图4.58(a)、(c)、(d)〕；随最湿月降水、最湿季降水的增加呈先增加后趋于水平的趋势，当最湿月降水达到310mm、最湿季降水达到830mm后开始趋于水平〔图4.58(b)、(e)〕；随最干季降水、最冷季降水的增加呈先减少后增加的趋势，当最干季降水为47.5mm、最冷季降水为54mm时分别达到最小值〔图4.58(f)、(h)〕；随最热季降水的增加呈基本不变的趋势〔图4.58(g)〕。其他树种总生物量占乔木层总生物量百分比随降水因子的变化趋势与之相反(图4.58)。

年降水、最干月降水、降水季节变异系数对不同树种总生物量占乔木层总生物量百分比变化趋势的影响相似〔图4.58(a)、(c)、(d)〕；最湿月降水、最湿季降水对不同树种总生物量占乔木层总生物量百分比变化趋势的影响相似〔图4.58(b)、(e)〕；最干季降水、最冷季降水对不同树种总生物量占乔木层总生物量百分比变化趋势的影响相似〔图4.58(f)、(h)〕。

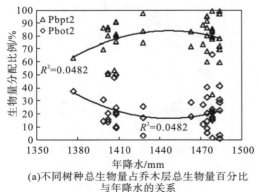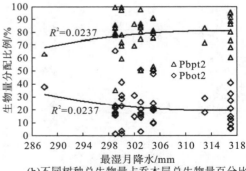

(a)不同树种总生物量占乔木层总生物量百分比　　　(b)不同树种总生物量占乔木层总生物量百分比
与年降水的关系　　　　　　　　　　　与最湿月降水的关系

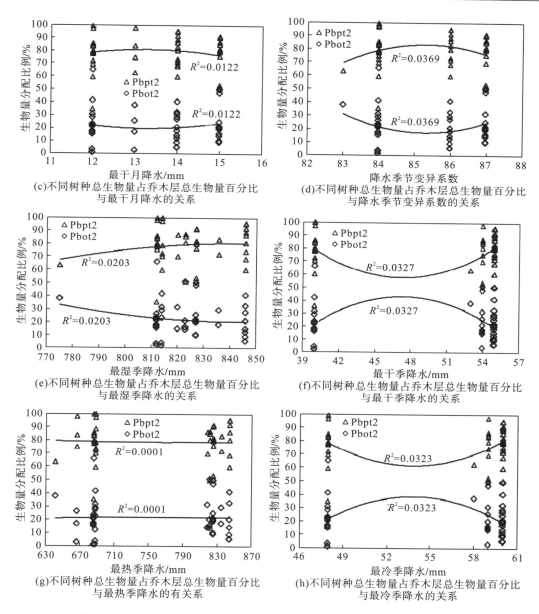

图 4.58　降水因子与不同树种总生物量占乔木层总生物量百分比的相关性分析

4.5　气候因子对思茅松天然林生物量分配的环境解释

4.5.1　气候因子与林层各总生物量及分配比例的 CCA 排序分析

从林层各生物量与气候因子的 CCA 排序结果（表 4.30）可以看出，四个轴的特征值分别为 0.026、0.011、0.003 和 0.002，总特征值为 0.146。四个轴分别表示了气候因子变量的 17.5%、24.7%、26.8% 和 27.9%。第一排序轴解释了思茅松天然林林层各生物量变化信息的 61.3%，前两轴累积解释其变化的 86.5%，可见排序的前两轴，尤其是第一轴较好地反映了样地林层各生物量随气候因子的变化。

从林层各生物量分配比例与气候因子的 CCA 排序结果（表 4.30）可以看出，四个轴的特征值分别为 0.020、0.012、0.003 和 0.002，总特征值为 0.159。四个轴分别表示了气候因子变量的 12.5%、19.9%、21.8%和 23.1%。第一排序轴解释了思茅松天然林生物量分配比例变化信息的 53.3%，第二轴累积解释其变化的 84.9%，可见排序的前两轴，尤其是第一轴较好地反映了样地林层各生物量分配比例随气候因子的变化。

表 4.30　气候因子与林层各生物量及分配比例的 CCA 排序结果

变量	指标	AX1	AX2	AX3	AX4	总特征值
生物量	EI	0.026	0.011	0.003	0.002	0.146
	SPEC	0.628	0.528	0.464	0.319	
	CPVSD	17.5	24.7	26.8	27.9	
	CPVSER	61.3	86.5	93.9	97.8	
生物量分配比例	EI	0.020	0.012	0.003	0.002	0.159
	SPEC	0.581	0.531	0.313	0.387	
	CPVSD	12.5	19.9	21.8	23.1	
	CPVSER	53.3	84.9	93.2	98.8	

从林层各生物量与气候因子 CCA 排序的相关性分析结果（表 4.31）可以看出，温度季节变异系数、最干季降水与排序轴第一轴的正相关性较大，相关系数分别为 0.1673、0.1545；最湿月降水、最湿季降水与第二轴的负相关性较大，相关系数分别为-0.1536、-0.1632。其他气候因子与第一、二排序轴的相关性较小。由此可以看出，影响思茅松天然林乔木层样地林层各生物量的气候因子有：温度季节变异系数、最湿月降水、最湿季降水、最干季降水。

从林层各生物量分配比例与气候因子 CCA 排序的相关性分析结果（表 4.31）可以看出，温度季节变异系数与第一轴有最大负相关性，相关系数为-0.1926；最干季降水与第一轴的负相关次之，相关系数为-0.1844；最冷季降水与第一轴也具有较大负相关性，相关系数为-0.1821。因此，影响思茅松天然林乔木层样地林层各生物量分配比例的气候因子有：温度季节变异系数、最干季降水、最冷季降水。

表 4.31　气候因子与林层各生物量及分配比例的 CCA 排序的相关性分析

气候因子	生物量				生物量比例			
	AX1	AX2	AX3	AX4	AX1	AX2	AX3	AX4
Bio1	0.0235	0.0230	−0.1934	0.0814	−0.0167	0.0124	−0.0153	0.1903
Bio2	−0.1059	−0.0316	−0.2404	0.0060	0.1099	−0.0243	−0.0739	0.1532
Bio3	−0.1381	−0.0057	−0.1936	−0.0340	0.1540	−0.0062	−0.0793	0.0793
Bio4	0.1673	0.0072	0.1384	0.0680	−0.1926	0.0120	0.0820	−0.0048
Bio5	−0.0169	0.0098	−0.2065	0.0614	0.0225	0.0007	−0.0303	0.1805
Bio6	0.0758	0.0660	−0.1049	0.1042	−0.0664	0.0383	0.0268	0.1533
Bio7	−0.0882	−0.0376	−0.2461	0.0144	0.0887	−0.0293	−0.0698	0.1679

续表

气候因子	生物量				生物量比例			
	AX1	AX2	AX3	AX4	AX1	AX2	AX3	AX4
Bio8	0.0767	0.0315	-0.1606	0.1166	-0.0765	0.0203	0.0146	0.2077
Bio9	-0.0001	0.0191	-0.1927	0.0769	0.0057	0.0057	-0.0172	0.1864
Bio10	0.0675	0.0324	-0.1677	0.1120	-0.0658	0.0209	0.0095	0.2061
Bio11	-0.0124	0.0212	-0.1954	0.0544	0.0226	0.0083	-0.0284	0.1652
Bio12	-0.1423	-0.0987	-0.2359	-0.0510	0.1446	-0.0744	-0.0987	0.1141
Bio13	0.0375	-0.1536	-0.0927	0.0259	-0.0684	-0.1095	-0.0013	0.1311
Bio14	0.0549	0.0064	0.1688	0.0418	-0.0914	0.0180	0.0858	-0.0457
Bio15	0.0440	-0.0549	0.1096	-0.0063	-0.0635	-0.0288	0.0230	-0.0601
Bio16	0.0200	-0.1632	-0.0696	-0.0054	-0.0484	-0.1140	-0.0149	0.0872
Bio17	0.1545	-0.0195	0.1078	0.0759	-0.1844	-0.0150	0.0867	0.0319
Bio18	0.0750	-0.0093	0.0468	-0.0352	-0.0882	0.0024	-0.0365	-0.0617
Bio19	0.1520	-0.0210	0.1065	0.0729	-0.1821	-0.0161	0.0854	0.0306

　　从林层各总生物量与气候因子的 CCA 排序图 [图 4.59(a)] 可以看出，沿着 CCA 第一轴从左至右，年降水、等温性、最热月均温和最冷月均温差、极端最高温、气温年较差、最冷季均温和最干季均温等气候因子逐渐减少，年均温、最湿季降水、最湿月降水、降水季节变异系数、最热季降水、最干月降水、最冷月最低温、最热季均温、温度季节变异系数、最干季降水和最冷季降水等气候因子逐渐增大。沿着 CCA 第二轴从下往上，最湿季降水、最湿月降水、年降水、降水季节变异系数、最热季降水、气温年较差、最热月均温和最冷月均温差、最冷季降水、最干季降水等气候因子逐渐减少，极端最高温、最冷季均温、最干季均温、年均温、最冷季降水、温度季节变异系数、最湿季均温、最热季均温和最冷月最低温等气候因子逐渐增大。最热月均温和最冷月均温差、等温性、气温年较差、年降水与乔木层总生物量(Bt)、乔木层根系总生物量(Btr)、乔木层地上总生物量(Bta)、天然林地上总生物量(Bsat)、天然林总生物量(Bstt)和天然林根系总生物量(Bsrt)相关密切，且乔木层总生物量(Bt)、乔木层根系总生物量(Btr)、乔木层地上总生物量(Bta)、天然林地上总生物量(Bsat)、天然林总生物量(Bstt)、天然林根系总生物量(Bsrt)聚集在一起，表明它们具有相似的变化规律，在相似的条件下取得最大值。

　　从林层各总生物量分配比例与气候因子的 CCA 排序图 [图 4.59(b)] 可以看出，沿着 CCA 第一轴从左至右，最冷季降水、最干季降水、温度季节变异系数、最干月降水、最湿季均温、最热季均温、最冷月最低温、最热季降水、最湿月降水、降水季节变异系数、最湿季降水和年均温等气候因子逐渐减少，最干季均温、极端最高温、最冷季均温、气温年较差、最热月均温和最冷月均温差、年降水和等温性等气候因子逐渐增大。沿着 CCA 第二轴从下往上，最湿季降水、最湿月降水、年降水、降水季节变异系数、最热季降水、气温年较差、最热月均温和最冷月均温差、最冷季降水、最干季降水和等温性等气候因子逐渐减少，极端最高温、最冷季均温、最干季均温、年均温、最冷季降水、温度季节变异系数、最湿季均温、最热季均温和最冷月最低温等气候因子逐渐增大。气温年较差、最湿月降水与乔木层总生物量分配比例(Pbt)、乔木层地上总生物量分配比例(Pbta)和乔木层根系总生物量分配比例(Pbtr)密切相关,且乔木层总生物量分配比例(Pbt)、乔木层地上总生物量分配比例(Pbta)、乔木层根系总生物量分配比例(Pbtr)聚集在一起,表明它们具有相似的变化规律,在相似的条件下取得最大值。

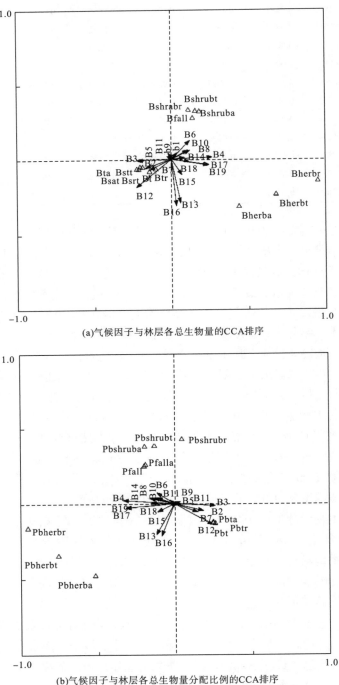

(a)气候因子与林层各总生物量的CCA排序

(b)气候因子与林层各总生物量分配比例的CCA排序

图 4.59　气候因子与林层各总生物量及分配比例的 CCA 排序图

4.5.2　气候因子与乔木层各器官生物量及分配比例的 CCA 排序分析

从乔木层各器官生物量与气候因子的 CCA 排序结果(表 4.32)可以看出,四个轴的特征值分别为 0.017、0.005、0.001 和 0.001,总特征值为 0.126。四个轴分别表示了气候因子变量的 13.6%、17.6%、18.6%和 19.1%。第一排序轴解释了思茅松天然林乔木层各器官生物量变化信息的 69.8%,前两轴累积解释其变化的 90.5%,可见排序的前两轴,尤其是第一轴较好地反映了样地林层各器官生物量随气候因子的变化。

从乔木层各器官生物量分配比例与气候因子的 CCA 排序结果(表 4.32)可以看出,四个轴的特征值分别为 0.005、0.002、0.001 和 0,总特征值为 0.034。四个轴分别表示了气候因子变量的 14.5%、19.3%、21.7%和 22.9%。第一排序轴解释了思茅松天然林乔木层各器官生物量分配比例变化信息的 60.3%,第二轴累积解释其变化的 80.6%,可见排序的前两轴,尤其是第一轴较好地反映了样地林层各器官生物量分配比例随气候因子的变化。

表 4.32　气候因子与乔木层各维量生物量及分配比例的 CCA 排序结果

变量	指标	AX1	AX2	AX3	AX4	总特征值
生物量	EI	0.017	0.005	0.001	0.001	0.126
	SPEC	0.432	0.505	0.443	0.459	
	CPVSD	13.6	17.6	18.6	19.1	
	CPVSER	69.8	90.5	95.5	98	
生物量分配比例	EI	0.005	0.002	0.001	0	0.034
	SPEC	0.546	0.452	0.437	0.579	
	CPVSD	14.5	19.3	21.7	22.9	
	CPVSER	60.3	80.6	90.3	95.6	

从样地乔木层各器官生物量与气候因子的 CCA 排序的相关性分析结果(表 4.33)可以看出,年降水、最湿月降水、最湿季降水与第一轴具有较大负相关性,相关系数分别为 -0.1587、-0.1842、-0.1789。因此,影响思茅松天然林乔木层样地林层各器官生物量的气候因子有:年降水、最湿月降水、最湿季降水。

从乔木层各器官生物量分配比例与气候因子的 CCA 排序的相关性分析结果(表 4.33)可以看出,最湿季降水与第一轴具有最大负相关性,相关系数为-0.2404,最湿月降水与年降水与第一轴也具有较大负相关性,相关系数分别为-0.2397 和-0.2395。其他气候因子与乔木层各器官生物量分配比例的相关性不强。因此,影响思茅松天然林乔木层样地林层各器官生物量分配比例的气候因子有:年降水、最湿月降水、最湿季降水。

表 4.33　气候因子与乔木层各器官生物量及分配比例的 CCA 排序的相关性分析

气候因子	生物量				生物量比例			
	AX1	AX2	AX3	AX4	AX1	AX2	AX3	AX4
Bio1	-0.0653	-0.0093	0.0137	-0.0411	-0.0583	-0.0644	-0.0151	-0.0041
Bio2	-0.0988	-0.0537	0.0902	0.1192	-0.1431	-0.0802	0.0685	0.1457

气候因子	生物量				生物量比例			
	AX1	AX2	AX3	AX4	AX1	AX2	AX3	AX4
Bio3	−0.0643	−0.0581	0.1263	0.1798	−0.1108	−0.0817	0.1122	0.2142
Bio4	0.0249	0.0507	−0.1578	−0.2162	0.0682	0.0720	−0.1537	−0.2533
Bio5	−0.0711	−0.0253	0.0330	−0.0020	−0.0793	−0.0673	0.0058	0.0347
Bio6	−0.0014	0.0189	−0.0236	−0.1229	0.0402	−0.0372	−0.0501	−0.0819
Bio7	−0.1123	−0.0553	0.0713	0.0944	−0.1564	−0.0782	0.0474	0.1174
Bio8	−0.0546	0.0112	−0.0382	−0.1344	−0.0324	−0.0410	−0.0676	−0.1087
Bio9	−0.0625	−0.0180	0.0210	−0.0397	−0.0624	−0.0619	−0.0065	−0.0035
Bio10	−0.0550	0.0091	−0.0284	−0.1198	−0.0345	−0.0455	−0.0579	−0.0923
Bio11	−0.0670	−0.0293	0.0447	0.0084	−0.0748	−0.0706	0.0170	0.0480
Bio12	−0.1587	−0.0779	0.1033	0.1807	−0.2395	−0.0846	0.0870	0.1916
Bio13	−0.1842	−0.0446	−0.0907	−0.0899	−0.2397	0.0119	−0.1026	−0.1278
Bio14	0.0418	0.0283	−0.1556	−0.1844	0.0504	0.1005	−0.1397	−0.2362
Bio15	0.0097	0.0717	−0.0942	−0.0964	0.0373	0.0537	−0.0766	−0.1510
Bio16	−0.1789	−0.0391	−0.0705	−0.0413	−0.2404	0.0106	−0.0780	−0.0883
Bio17	−0.0131	0.0311	−0.1711	−0.2468	0.0115	0.0716	−0.1728	−0.2830
Bio18	0.0203	0.0409	−0.0901	−0.0672	0.0324	0.0391	−0.0750	−0.1302
Bio19	−0.0171	0.0297	−0.1721	−0.2451	0.0058	0.0707	−0.1740	−0.2823

从乔木层各维量生物量与气候因子的 CCA 排序图［图 4.60（a）］可以看出，沿着 CCA 第一轴从左至右，最湿月降水、最湿季降水、年降水、气温年较差、最热月均温和最冷月均温差、等温性、极端最高温等气候因子逐渐减少，温度季节变异系数、最热季降水、最冷季降水等气候因子逐渐增大。沿着 CCA 第二轴从下往上，最湿月降水、最湿季降水、年降水、气温年较差、最热月均温和最冷月均温差、等温性、极端最高温等气候因子逐渐减少，温度季节变异系数、最热季降水、最冷季降水、最干季降水等气候因子逐渐增大。年降水、气温年较差与乔木层思茅松树皮总生物量(Bpb)和乔木层总树皮总生物量(Btb)具有密切相关性。

从乔木层各维量生物量分配比例与气候因子的 CCA 排序图［图 4.60（b）］可以看出，沿着 CCA 第一轴从左至右，最湿月降水、最湿季降水、年降水、气温年较差、最热月均温和最冷月均温差、等温性、极端最高温等气候因子逐渐减少，温度季节变异系数、降水季节变异系数、最冷季降水、最冷月最低温等气候因子逐渐增大。沿着 CCA 第二轴从下往上，最湿月降水、最冷季均温、年降水、气温年较差、最热月均温和最冷月均温差、等温性、极端最高温等气候因子逐渐减少，温度季节变异系数、最冷季降水、最干月降水、最干季降水等气候因子逐渐增大。等温性、极端最高温、最干季均温与乔木层思茅松根系生物量占总根系生物量百分比(Pbpr2)具有密切相关性；最冷月最低温与乔木层其他树种木材生物量占其他树种总生物量百分比(Pbow1)和乔木层思茅松枝生物量占总枝生物量百分比(Pbpbr2)具有密切相关性；最湿季降水、最湿月降水与乔木层思茅松根系生物量占思茅松总生物量百分比(Pbpr1)具有密切相关性。

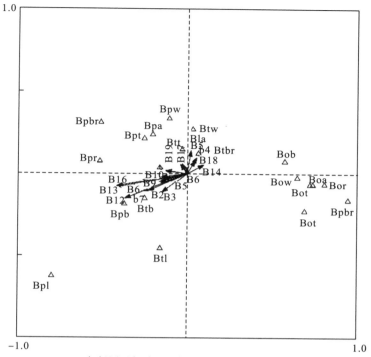

(a)气候因子与乔木层各维量生物量的CCA排序

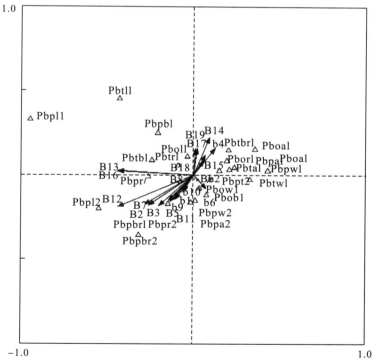

(b)气候因子与乔木层各维量生物量分配比例的CCA排序

图 4.60　气候因子与乔木层不同维量生物量及分配比例的 CCA 排序图

4.6 小   结

本章基于三个典型位点 45 块思茅松天然林样地和 128 珠样木的各维量生物量及分配比例数据，结合气候因子(温度因子和降水因子)，采用相关性分析和 CCA 排序方法，分析了思茅松天然林各维量生物量及分配比例与气候因子之间的关系，得出以下结论。

(1)对思茅松天然林的 34 个生物量和 43 个生物量分配比例维量与气候因子(温度因子和降水因子)的相关性研究发现，思茅松天然林各维量生物量及分配比例与气候因子的相关性均较弱，仅有两个气候因子与研究区的思茅松天然林生物量及分配比例具有显著相关性。

(2)通过思茅松天然林各维量生物量及分配比例与气候因子的 CCA 排序结果可知，前两轴的累积解释量均在 80.6%以上，说明排序轴的前两轴均能较好解释林分各维量生物量及分配比例与气候因子的变化规律。对思茅松天然林各维量生物量及分配比例与气候因子 CCA 排序的相关性分析，发现气候因子与任一排序轴相关性均较低。从 CCA 排序图可知，气候因子对思茅松天然林各维量生物量及百分比分配的影响较小。

可见，气候因子对思茅松天然林各维量生物量及分配比例没有显著影响。

第5章 地形因子对思茅松天然林
生物量分配的影响

5.1 地形因子与生物量分配的相关性分析

5.1.1 地形因子与思茅松天然林生物量的关系

1. 地形因子与思茅松天然林乔木层生物量的关系

思茅松天然林乔木层生物量随地形因子的变化呈规律性。思茅松天然林乔木层总生物量（Bt）与海拔、坡度均呈负相关性，其中与海拔有极显著负相关性（-0.557）；与坡向有最大正相关性（0.04）。乔木层地上总生物量（Bta）与海拔、坡度均呈负相关性，其中与海拔有极显著负相关性（-0.568）；仅与坡向有正相关性（0.084）。乔木层根系总生物量（Btr）与海拔、坡向均呈负相关性，其中与海拔有极显著负相关性（-0.426）；仅与坡度有正相关性（0.033）。

整体上看思茅松天然林乔木层各总生物量与海拔均呈极显著负相关性（表5.1）。

表 5.1 地形因子与乔木层生物量相关关系表

指标	Bt	Bta	Btr
Alt	-0.557**	-0.568**	-0.426**
SLO	-0.028	-0.039	0.033
ASPD	0.040	0.084	-0.207*

注：*为0.05水平上的相关性，**为0.01水平上的相关性。

各指数曲线拟合的显著性均有差异，从曲线拟合的 R^2 看，R^2 均比较小，其中乔木层各维量生物量与海拔的相关性检验极显著。思茅松天然林乔木层总生物量随海拔的增加呈不断减少的趋势 [图5.1（a）]；随坡度、坡向的增加呈先减少后增加的趋势，且当坡度为22°、坡向为180°时分别达到最小值 [图5.1（b）、（c）]。乔木层地上部分总生物量随地形因子的变化也有类似的规律（图5.1）。乔木层根系总生物量随海拔的增加呈缓慢减少的趋势 [图5.1（a）]；随坡度的增加呈基本不变的趋势 [图5.1（b）]；随坡向的增加呈先缓慢减少后趋于水平的趋势，当坡向达到180°后开始趋于水平 [图5.1（c）]。

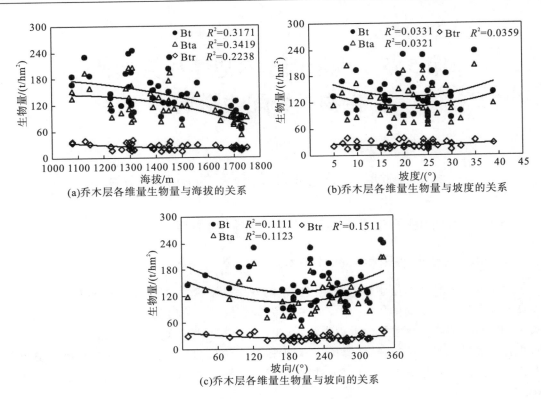

图 5.1 地形因子与乔木层生物量分配的相关性分析

2. 地形因子与思茅松天然林灌木层生物量的关系

思茅松天然林灌木层生物量随地形因子的变化呈规律性。思茅松天然林灌木层总生物量（Bshrubt）与地形因子均呈负相关性，其中与海拔有极显著负相关性（-0.625）。灌木层地上总生物量（Bshruba）与地形因子均呈负相关性，其中与海拔有极显著负相关性（-0.597）。灌木层根系总生物量（Bshrubr）与海拔、坡度均呈负相关性，其中与海拔有极显著负相关性（-0.522）；与坡向有正相关性（0.241）。

整体上看思茅松天然林灌木层各生物量与海拔、坡度均呈负相关性，其中与海拔的相关性极显著（表 5.2）。

表 5.2 地形因子与灌木层生物量相关关系表

指标	Bshrubt	Bshruba	Bshrubr
Alt	-0.625**	-0.597**	-0.522**
SLO	-0.253*	-0.267*	-0.155*
ASPD	-0.050	-0.178*	0.241*

注：*为 0.05 水平上的相关性，**为 0.01 水平上的相关性。

各指数曲线拟合的显著性均有差异，从曲线拟合的 R^2 看，R^2 均比较小，其中灌木层各维量生物量与海拔的相关性检验极显著。思茅松天然林灌木层总生物量随海拔、坡度的增加呈不断减少的趋势［图 5.2(a)、(b)］；随坡向的增加呈先减少后增加的趋势，当坡向为 205°时达到最小值［图 5.2(c)］。灌木层地上总生物量随海拔的增加呈先减少后趋于水平的趋势，当海拔达到 1600m 后开始趋于水平［图 5.2(a)］；随坡度的增加呈不断减少的趋势［图 5.2(b)］；随坡向的增加呈先减少后增加的趋势，当坡向为 230°时达到最小值［图 5.2(c)］。灌木层根系总生物量随海拔、坡度的增加呈缓慢减少的趋势［图 5.2(a)、(b)］；随坡向的增加呈先减少后增加的趋势，当坡向为 160°时达到最小值［图 5.2(c)］。

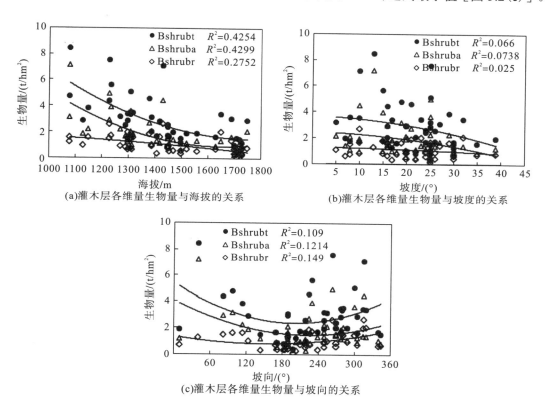

图 5.2 地形因子与灌木层生物量分配的相关性分析

3. 地形因子与思茅松天然林草本层生物量的关系

思茅松天然林草本层生物量随地形因子的变化呈规律性。思茅松天然林草本层总生物量(Bherbt)与海拔、坡向均呈负相关性，其中与海拔有极显著负相关性(-0.410)；与坡度有正相关性(0.032)。草本层地上总生物量(Bherba)与海拔、坡向均呈负相关性，其中与海拔有极显著负相关性(-0.339)；与坡度有正相关性(0.060)。草本层根系总生物量(Bherbr)与海拔、坡向均呈负相关性，其中与海拔有极显著负相关性(-0.387)；与坡度有正相关性(0.009)。

整体上看思茅松天然林草本层各维量生物量与海拔、坡向均呈负相关性，其中与海拔的相关性极显著或显著。草本层生物量与坡度均呈正相关性(表 5.3)。

表 5.3　地形因子与草本层生物量相关关系表

指标	Bherbt	Bherba	Bherbr
Alt	−0.410**	−0.339**	−0.387**
SLO	0.032	0.060	0.009
ASPD	−0.104	−0.056	−0.117*

注：*为 0.05 水平上的相关性，**为 0.01 水平上的相关性。

各指数曲线拟合的显著性均有差异，从曲线拟合的 R^2 看，R^2 均比较小，其中草本层各维量生物量与海拔的相关性检验极显著。思茅松天然林草本层总生物量随海拔、坡向的增加呈先减少后趋于水平的趋势，当海拔达到 1640m、坡向达到 240°后开始趋于水平［图 5.3（a）、（c）］；随坡度的增加呈先缓慢增加后缓慢减少的趋势，当坡度为 24°时达到最大值［图 5.3（b）］。草本层地上总生物量随海拔、坡向的增加呈先减少后趋于水平的趋势，当海拔达到 1580m、坡向达到 200°后开始趋于水平［图 5.3（a）、（c）］；随坡度的增加呈先缓慢增加后缓慢减少的趋势，当坡度为 25°时达到最大值［图 5.3（b）］。草本层根系总生物量随海拔的增加呈先减少后趋于水平的趋势，当海拔达到 1600m 后开始趋于水平［图 5.3（a）］；随坡度的增加呈先缓慢增加后缓慢减少的趋势，当坡度为 24°时达到最大值［图 5.3（b）］；随坡向的增加呈先缓慢增加后缓慢减少的趋势，当坡向为 180°时达到最大值［图 5.3（c）］。

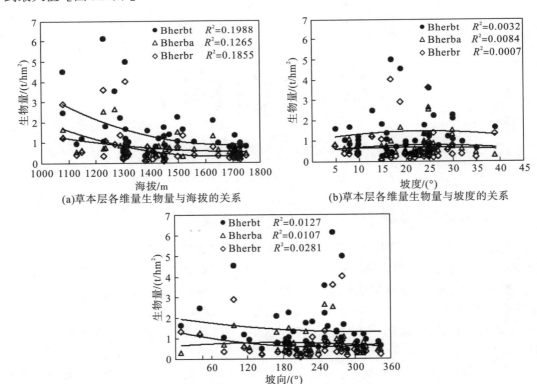

图 5.3　地形因子与草本层生物量分配的相关性分析

4. 地形因子与思茅松天然林枯落物层总生物量的关系

思茅松天然林枯落物层总生物量随地形因子的变化呈规律性。思茅松天然林枯落物层总生物量(Bfall)与地形因子均呈负相关性，其中与坡向有最大负相关性(-0.116)(表5.4)。

表5.4　地形因子与枯落物层生物量相关关系表

指标	Bfall	指标	Bfall
Alt	-0.113*	SLO	-0.085
ASPD	-0.116*		

注：*为 0.05 水平上的相关性。

各指数曲线拟合的显著性均有差异，从曲线拟合的 R^2 看，R^2 均比较小。思茅松天然林枯落物总生物量随海拔、坡度的增加呈先减少后增加的趋势，当海拔为 1560m、坡度为 28°时分别达到最小值［图 5.4(a)、(b)］；随坡向的增加呈先增加后减少的趋势，当坡向为 160°时达到最大值[图 5.4(c)]。

海拔与坡度对思茅松天然林枯落物层生物量变化趋势的影响相似［图 5.4(a)、(b)］。

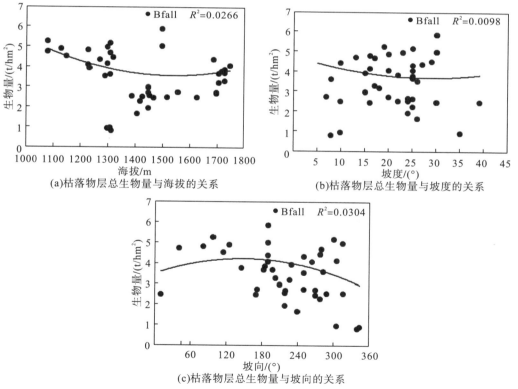

(a)枯落物层总生物量与海拔的关系　　　(b)枯落物层总生物量与坡度的关系

(c)枯落物层总生物量与坡向的关系

图 5.4　地形因子与枯落物层总生物量分配的相关性分析

5. 地形因子与思茅松天然林总生物量的关系

思茅松天然林总生物量随地形因子的变化呈规律性。思茅松天然林总生物量(Bstt)与海拔、坡度均呈负相关性，其中与海拔有极显著负相关性(-0.599)；与坡向有正相关性(0.03)。思茅松天然林地上总生物量(Bsat)与海拔、坡度均呈负相关性，其中与海拔有极显著负相关性(-0.603)；与坡向有正相关性(0.072)。思茅松天然林根系总生物量(Bsrt)与海拔、坡向均呈负相关性，其中与海拔有极显著负相关性(-0.505)；与坡度有正相关性(0.02)。

整体上看思茅松天然林各维量总生物量与海拔均呈极显著负相关性(表5.5)。

表 5.5　地形因子与总生物量相关关系表

指标	Bstt	Bsat	Bsrt
Alt	-0.599**	-0.603**	-0.505**
SLO	-0.041	-0.052	0.020
ASPD	0.030	0.072	-0.194*

注：*为 0.05 水平上的相关性，**为 0.01 水平上的相关性。

各指数曲线拟合的显著性均有差异，从曲线拟合的 R^2 看，R^2 均比较小，其中思茅松天然林各维量总生物量与海拔的相关性检验极显著。思茅松天然林总生物量随海拔的增加呈不断减少的趋势［图 5.5(a)］；随坡度、坡向的增加呈先减少后增加的趋势，当坡度为 22°、坡向为 190°时分别达到最小值［图 5.5(b)、(c)］。思茅松天然林地上总生物量随地形因子的变化也存在类似的规律。思茅松天然林根系总生物量随海拔的增加呈缓慢减少的趋势［图 5.5(a)］；随坡度增加呈基本不变的趋势［图 5.5(b)］；随坡向的增加呈先缓慢减少后缓慢增加的趋势，当坡向为 240°时达到最小值［图 5.5(c)］。

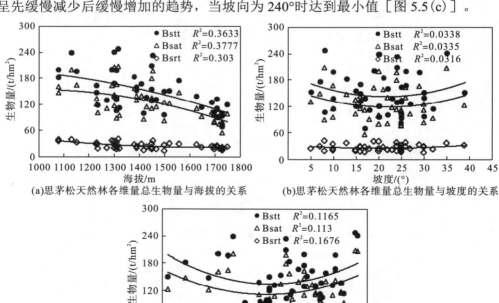

(a)思茅松天然林各维量总生物量与海拔的关系　　　(b)思茅松天然林各维量总生物量与坡度的关系

(c)思茅松天然林各维量总生物量与坡向的关系

图 5.5　地形因子与思茅松天然林各维量总生物量分配相关性分析

5.1.2 地形因子与思茅松天然林生物量分配比例的关系

1. 地形因子与思茅松天然林乔木层生物量分配比例的关系

思茅松天然林乔木层生物量分配比例随地形因子的变化呈规律性。思茅松天然林乔木层总生物量百分比(Pbt)与地形因子均呈正相关性,其中与海拔有最大正相关性(0.126)。乔木层地上总生物量百分比(Pbta)与海拔呈负相关性(-0.003);与坡度、坡向均呈正相关性,其中与坡度有最大正相关性(0.110)。乔木层根系总生物量百分比(Pbtr)与海拔、坡度均呈正相关性,其中与海拔有极显著正相关性(0.408);与坡向有负相关性(-0.226)。

整体上看思茅松天然林乔木层生物量分配比例与坡度呈正相关性(表 5.6)。

表 5.6 地形因子与乔木层生物量分配比例相关关系表

指标	Pbt	Pbta	Pbtr
Alt	0.126	-0.003	0.408**
SLO	0.124	0.110	0.127
ASPD	0.015	0.094	-0.226*

注:*为 0.05 水平上的相关性,**为 0.01 水平上的相关性。

各指数曲线拟合的显著性均有差异,从曲线拟合的 R^2 看,R^2 均比较小。思茅松天然林乔木层总生物量百分比随海拔的增加呈先增加后减少的趋势,当海拔为 1460m 时达到最大值〔图 5.6(a)〕;随坡度的增加呈缓慢增加的趋势〔图 5.6(b)〕;随坡向的增加呈先缓慢减少后缓慢增加的趋势,当坡向为 150°时达到最小值〔图 5.6(c)〕。乔木层地上总生物量百分比随地形因子的变化也存在类似的规律。乔木层根系总生物量百分比随海拔、坡度的增加呈不断增加的趋势〔图 5.6(a)、(b)〕;随坡向的增加呈先增加后减少的趋势,当坡向为 130°时达到最大值〔图 5.6(c)〕。

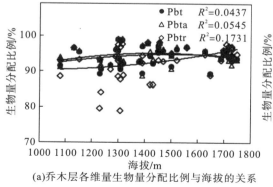

(a)乔木层各维量生物量分配比例与海拔的关系

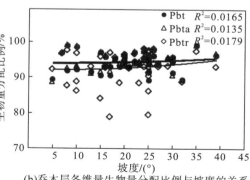

(b)乔木层各维量生物量分配比例与坡度的关系

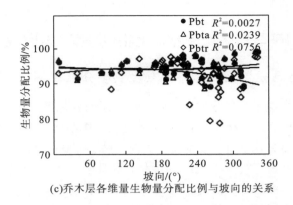

(c)乔木层各维量生物量分配比例与坡向的关系

图 5.6　地形因子与乔木层生物量分配比例的相关性分析

2. 地形因子与思茅松天然林灌木层生物量分配比例的关系

思茅松天然林灌木层生物量分配比例随地形因子的变化呈规律性。思茅松天然林灌木层总生物量百分比(Pbshrubt)与海拔、坡度均呈负相关性，其中与海拔有极显著负相关性(-0.410)；与坡度有正相关性(0.062)。灌木层地上总生物量百分比(Pbshruba)与地形因子均呈负相关性，其中与海拔有极显著负相关性(-0.418)。灌木层根系总生物量百分比(Pbshrubr)与海拔、坡度均呈负相关性，其中与海拔有极显著负相关性(-0.321)；与坡度有极显著正相关性(0.375)。

整体上看思茅松天然林灌木层生物量分配比例与海拔、坡度均呈负相关性，其中与海拔相关性极显著(表 5.7)。

表 5.7　地形因子与灌木层生物量分配比例相关关系表

指标	Pbshrubt	Pbshruba	Pbshrubr
Alt	-0.410**	-0.418**	-0.321**
SLO	-0.258*	-0.278*	-0.176
ASPD	0.062	-0.103	0.375**

注：*为 0.05 水平上的相关性，**为 0.01 水平上的相关性。

各指数曲线拟合的显著性均有差异，从曲线拟合的 R^2 看，R^2 均比较小，其中灌木层各维量生物量分配比例与海拔的相关性检验极显著。思茅松天然林灌木层总生物量百分比随海拔、坡度的增加呈不断减少的趋势［图 5.7(a)、(b)］；随坡向的增加呈先缓慢减少后缓慢增加的趋势，当坡向为 210°时达到最小值［图 5.7(c)］。灌木层地上总生物量百分比随地形因子的变化也存在类似的规律。灌木层根系总生物量百分比随海拔的增加呈先增加后减少的趋势，当海拔为 1300m 时达到最大值［图 5.7(a)］；随坡度的增加呈不断减少的趋势［图 5.7(b)］；随坡向的增加呈先减少后增加的趋势，当坡向为 90°时达到最小值［图 5.7(c)］。

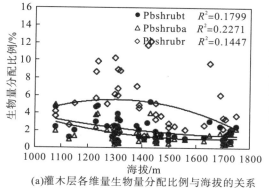
(a)灌木层各维量生物量分配比例与海拔的关系

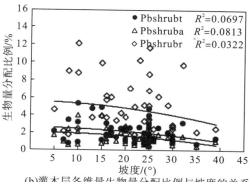
(b)灌木层各维量生物量分配比例与坡度的关系

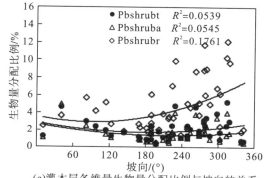
(c)灌木层各维量生物量分配比例与坡向的关系

图 5.7　地形因子与灌木层生物量分配比例的相关性分析

3. 地形因子与思茅松天然林草本层生物量分配比例的关系

思茅松天然林草本层生物量分配比例随地形因子的变化呈规律性。草本层总生物量百分比(Pbherbt)与海拔、坡向均呈负相关性，其中与海拔有最大负相关性(−0.258)；与坡度有正相关性(0.035)。草本层地上总生物量百分比(Pbherba)与海拔、坡向均呈负相关性，其中与海拔有最大负相关性(−0.120)；与坡度有正相关性(0.078)。草本层根系总生物量百分比(Pbherbr)与地形因子均呈负相关性，其中与海拔有极显著负相关性(−0.321)。

整体上看思茅松天然林草本层生物量分配比例与海拔、坡向均呈负相关性(表 5.8)。

表 5.8　地形因子与草本层生物量分配比例相关关系表

指标	Pbherbt	Pbherba	Pbherbr
Alt	−0.258*	−0.120	−0.321**
SLO	0.035	0.078	−0.020
ASPD	−0.051	−0.020	−0.032

注：*为 0.05 水平上的相关性，**为 0.01 水平上的相关性。

各指数曲线拟合的显著性均有差异，从曲线拟合的 R^2 看，R^2 均比较小。草本层总生物量百分比随地形因子的变化呈基本不变的趋势(图 5.8)。草本层地上总生物量百分比随地形因子的变化也呈基本不变的趋势(图 5.8)。草本层根系总生物量百分比随海拔的增加呈不断减少的趋势［图 5.8(a)］；随坡度的增加呈先缓慢增加后缓慢减少的趋势，当坡度为 15°时达到最大值［图 5.8(b)］；随坡向的增加呈先缓慢减少后缓慢增加的趋势，当坡向为 220°时达到最小值［图 5.8(c)］。

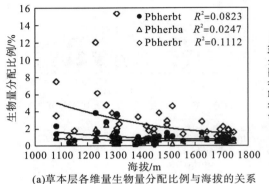
(a)草本层各维量生物量分配比例与海拔的关系

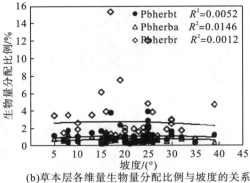
(b)草本层各维量生物量分配比例与坡度的关系

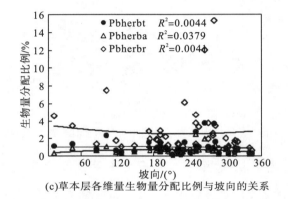
(c)草本层各维量生物量分配比例与坡向的关系

图 5.8　地形因子与草本层生物量分配比例的相关性分析

4. 地形因子与思茅松天然林枯落物层生物量分配比例的关系

思茅松天然林枯落物层生物量分配比例随地形因子的变化呈规律性。枯落物层总生物量百分比(Pfallt)与坡度、坡向均呈负相关性，其中与坡向有最大负相关性(-0.047)；与海拔有正相关性(0.239)。枯落物层地上总生物量百分比(Pfalla)与坡度、坡向均呈负相关性，其中与坡向有极显著负相关性(-0.064)；与海拔有正相关性(0.264)。

整体上看思茅松天然林枯落物层生物量分配比例与海拔呈正相关性，与坡度、坡向均呈负相关性(表 5.9)。

表 5.9　地形因子与枯落物层生物量分配比例相关关系表

指标	Pfallt	Pfalla
Alt	0.239*	0.264*
SLO	−0.023	−0.011
ASPD	−0.047	−0.064

注：*为 0.05 水平上的相关性。

各指数曲线拟合的显著性均有差异，从曲线拟合的 R^2 看，R^2 均比较小。思茅松天然林枯落物层总生物量百分比随海拔的增加呈先缓慢减少后增加的趋势，当海拔为 1250m 时达到最小值 [图 5.9(a)]；随坡度的增加呈基本不变的趋势 [图 5.9(b)]；随坡向的增加呈先增加后减少的趋势，当坡向为 180°时达到最大值 [图 5.9(c)]。枯落物层地上总生物量百分比随地形因子的变化也存在类似的规律(图 5.9)。

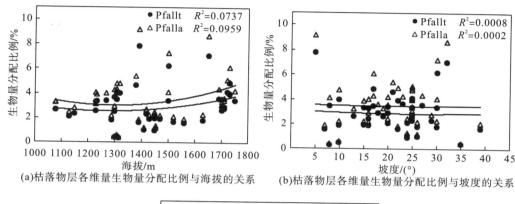

(a)枯落物层各维量生物量分配比例与海拔的关系　　(b)枯落物层各维量生物量分配比例与坡度的关系

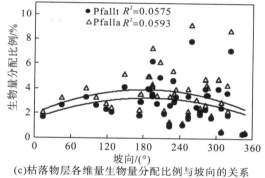

(c)枯落物层各维量生物量分配比例与坡向的关系

图 5.9　地形因子与枯落物层生物量分配比例的相关性分析

5.1.3　地形因子与思茅松天然林乔木层各器官生物量的关系

1. 地形因子与思茅松天然林乔木层木材生物量的关系

思茅松天然林乔木层木材生物量随地形因子的变化呈规律性。乔木层总木材生物量（Btw）与海拔、坡度均呈负相关性，其中与海拔有极显著负相关性(-0.564)；与坡向有正相关性(0.153)。乔木层思茅松木材生物量(Bpw)与海拔、坡度均呈负相关性，其中与海拔有极显著负相关性(-0.482)；与坡向有正相关性(0.252)。乔木层其他树种木材生物量（Bow）与海拔、坡向均呈负相关性，其中与海拔有极显著负相关性(-0.417)；与坡度有正相关性(0.081)。

整体上看乔木层各维量木材生物量与海拔的负相关性极显著(表 5.10)。

表 5.10   地形因子与乔木层各维量木材生物量相关关系表

指标	Btw	Bpw	Bow
Alt	−0.564**	−0.482**	−0.417**
SLO	−0.066	−0.108	0.081
ASPD	0.153*	0.252*	−0.193*

注：*为 0.05 水平上的相关性，**为 0.01 水平上的相关性。

　　各指数曲线拟合的显著性均有差异，从曲线拟合的 R^2 看，R^2 均比较小，其中海拔的相关性检验极显著。乔木层总木材生物量随海拔的增加呈先缓慢增加后减少的趋势，当海拔为 1200m 时达到最大值［图 5.10(a)］；随坡度、坡向的增加呈先减少后增加的趋势，当坡度为 23°、坡向为 170° 时分别达到最小值［图 5.10(b)、(c)］。乔木层思茅松木材生物量随海拔、坡度的增加呈不断减少的趋势［图 5.10(a)、(b)］；随坡向的增加呈先减少后增加的趋势，当坡向为 120° 时达到最小值［图 5.10(c)］。乔木层其他树种木材生物量随海拔的增加呈先缓慢增加后减少的趋势，当海拔为 1300m 时达到最大值［图 5.1(a)］；随坡度、坡向的增加呈先减少后增加的趋势，当坡度为 20°、坡向为 220° 时分别达到最小值［图 5.1(b)、(c)］。

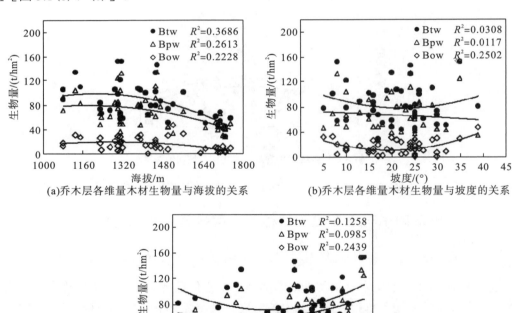

(a)乔木层各维量木材生物量与海拔的关系　　(b)乔木层各维量木材生物量与坡度的关系

(c)乔木层各维量木材生物量与坡向的关系

图 5.10   地形因子与乔木层木材生物量的相关性分析

2. 地形因子与思茅松天然林乔木层树皮生物量的关系

思茅松天然林乔木层树皮生物量随地形因子的变化呈规律性。乔木层总树皮生物量（Btb）与海拔、坡向均呈负相关性，其中与海拔有最大负相关性（-0.223）；与坡度有正相关性（0.273）。乔木层思茅松树皮生物量（Bpb）与海拔呈负相关性（-0.063）；与坡度、坡向均呈正相关性，其中与坡度有最大正相关性（0.205）。乔木层其他树种树皮生物量（Bob）与海拔、坡向均呈负相关性，其中与海拔有显著负相关性（-0.325）；与坡度有正相关性（0.107）。

整体上看乔木层树皮生物量与海拔呈负相关性（表 5.11）。

表 5.11　地形因子与乔木层树皮生物量相关关系表

指标	Btb	Bpb	Bob
Alt	-0.223*	-0.063	-0.325**
SLO	0.273*	0.205*	0.107
ASPD	-0.024	0.087	-0.249*

注：*为 0.05 水平上的相关性，**为 0.01 水平上的相关性。

各指数曲线拟合的显著性均有差异，从曲线拟合的 R^2 看，R^2 均比较小。乔木层总树皮生物量随海拔、坡向的增加呈先减少后缓慢增加的趋势，当海拔为 1550m、坡向为 220°时分别达到最小值 [图 5.11 (a)、(c)]；随坡度的增加呈不断增加的趋势 [图 5.11 (b)]。乔木层思茅松树皮生物量随海拔的增加呈先减少后增加的趋势，当海拔为 1500m 时达到最小值 [图 5.11 (a)]；随坡度、坡向的增加呈先增加后减少的趋势，当坡度为 24°、坡向为 220°时分别达到最大值 [图 5.11 (b)、(c)]。乔木层其他树种树皮生物量随海拔的增加呈先缓慢增加后缓慢减少的趋势，当海拔为 1320m 时达到最大值 [图 5.11 (a)]；随坡度、坡向的增加呈先减少后增加的趋势，当坡度为 20°、坡向为 210°时分别达到最小值 [图 5.11 (b)、(c)]。

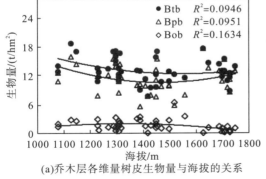

(a)乔木层各维量树皮生物量与海拔的关系

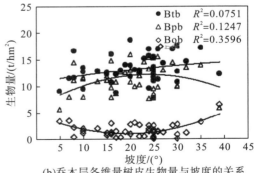

(b)乔木层各维量树皮生物量与坡度的关系

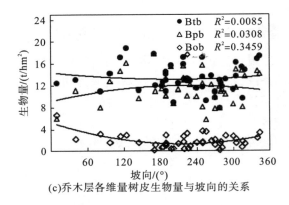

(c)乔木层各维量树皮生物量与坡向的关系

图 5.11   地形因子与乔木层树皮生物量的相关性分析

3. 地形因子与思茅松天然林乔木层树枝生物量的关系

思茅松天然林乔木层树枝生物量随地形因子的变化呈规律性。乔木层总树枝生物量（Btbr）与地形因子均呈负相关性，其中与海拔有极显著负相关性（-0.563）。乔木层思茅松树枝生物量（Bpbr）与地形因子均呈负相关性，其中与海拔有显著负相关性（-0.337）。乔木层其他树种树枝生物量（Bopr）与地形因子均呈负相关性，其中与海拔有极显著负相关性（-0.453）。

整体上看乔木层树枝生物量与地形因子均呈负相关性，其中与海拔的相关性极显著（表 5.12）。

表 5.12   地形因子与乔木层树枝生物量相关关系表

指标	Btbr	Bpbr	Bobr
Alt	-0.563**	-0.337**	-0.453**
SLO	-0.066	-0.087	-0.007
ASPD	-0.140*	-0.083	-0.114

注：*为 0.05 水平上的相关性，**为 0.01 水平上的相关性。

各指数曲线拟合的显著性均有差异，从曲线拟合的 R^2 看，R^2 均比较小，其中海拔的相关性检验极显著。乔木层总树枝生物量随海拔的增加呈不断减少的趋势［图 5.12（a）］；随坡度、坡向的增加呈先减少后增加的趋势，当坡度为 23°、坡向为 220°时分别达到最小值［图 5.12（b）、（c）］。乔木层思茅松树枝生物量随海拔、坡向的增加呈先减少后增加的趋势，当海拔为 1530m、坡向为 230°时分别达到最小值［图 5.12（a）、（c）］；随坡度的增加呈先趋于水平后缓慢减少的趋势，当坡度达到 19°后开始缓慢减少［图 5.12（b）］。乔木层其他树种树枝生物量随海拔的增加呈先缓慢增加后减少的趋势，当海拔为 2570m 时达到最大值［图 5.12（a）］；随坡度、坡向的增加呈先减少后增加的趋势，当坡度为 20°、坡向为 210°时分别达到最小值［图 5.12（b）、（c）］。

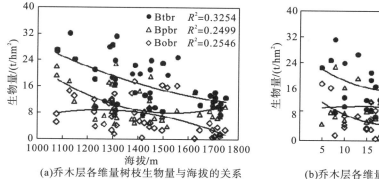
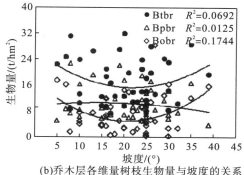

(a)乔木层各维量树枝生物量与海拔的关系　　(b)乔木层各维量树枝生物量与坡度的关系

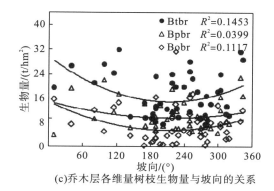

(c)乔木层各维量树枝生物量与坡向的关系

图 5.12　地形因子与乔木层树枝生物量的相关性分析

4. 地形因子与思茅松天然林乔木层树叶生物量的关系

思茅松天然林乔木层树叶生物量随地形因子的变化呈规律性。乔木层总树叶生物量 (Btl) 与坡向有显著负相关性 (-0.323)；与海拔、坡度均呈正相关性，其中与坡度有最大正相关性 (0.230)。乔木层思茅松树叶生物量 (Bpl) 与海拔、坡度均呈正相关性，其中与海拔有极显著正相关性 (0.568)；与坡向有负相关性 (-0.147)。乔木层其他树种树叶生物量 (Bol) 与海拔、坡向均呈负相关性，其中与海拔有极显著负相关性 (-0.516)；与坡度有正相关性 (0.021)(表 5.13)。

表 5.13　地形因子与乔木层树叶生物量相关关系表

指标	Btl	Bpl	Bol
Alt	0.021	0.568**	-0.516**
SLO	0.230*	0.201*	0.021
ASPD	-0.323**	-0.147*	-0.157*

注：*为 0.05 水平上的相关性，**为 0.01 水平上的相关性。

各指数曲线拟合的显著性均有差异，从曲线拟合的 R^2 看，R^2 均比较小。乔木层总树叶生物量随海拔的增加呈先减少后增加的趋势，当海拔为 1420m 时达到最小值[图 5.13(a)]；随坡度的增加呈不断增加的趋势 [图 5.13(b)]；随坡向的增加呈不断减少的趋势。乔木层思茅松树叶生物量随海拔的增加呈先减少后增加的趋势，当海拔为1320m时达到最小值［图5.13（a）］；随坡度、坡向的增加呈先增加后减少的趋势，当坡度为23°、坡向为180°时分别达到最大值［图5.13（b）、（c）］。乔木层其他树种树叶生物量随海拔的增加呈不断减少的趋势［图5.13（a）］；随坡度、坡向的增加呈先减少后增加的趋势，当坡度为20°、坡向为220°时分别达到最小值［图5.13（b）、（c）］。

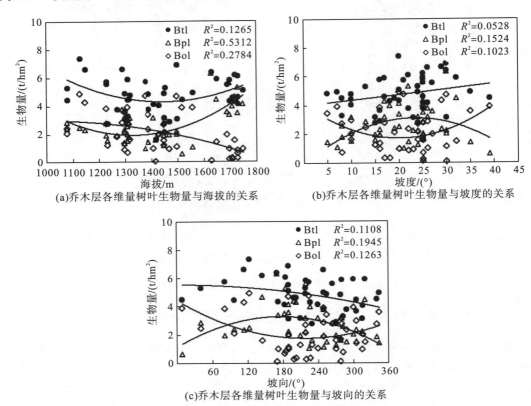

图5.13　地形因子与乔木层树叶生物量的相关性分析

5. 地形因子与思茅松天然林乔木层地上生物量的关系

思茅松天然林乔木层地上生物量随地形因子的变化呈规律性。乔木层总地上生物量（Bta）与海拔、坡度均呈负相关性，其中与海拔有极显著负相关性(-0.568)；与坡向有正相关性(0.084)。乔木层思茅松地上生物量（Bpa）与海拔、坡度均呈负相关性，其中与海拔有极显著负相关性(-0.440)；与坡向有正相关性(0.201)。乔木层其他树种地上生物量（Boa）与海拔、坡向均呈负相关性，其中与海拔有极显著负相关性(-0.435)；与坡度有正相关性(0.055)。

整体上看乔木层地上生物量与海拔的负相关性极显著(表5.14)。

表 5.14　地形因子与乔木层地上生物量相关关系表

指标	Bta	Bpa	Boa
Alt	−0.568**	−0.440**	−0.435**
SLO	−0.039	−0.078	0.055
ASPD	0.084	0.201*	−0.175*

注: *为 0.05 水平上的相关性, **为 0.01 水平上的相关性。

各指数曲线拟合的显著性均有差异, 从曲线拟合的 R^2 看, R^2 均比较小, 其中海拔的相关性检验极显著。乔木层总地上生物量随海拔的增加呈不断减少的趋势 [图 5.14(a)]; 随坡度、坡向的增加呈先减少后增加的趋势, 当坡度为 22°、坡向为 180°时分别达到最小值 [图 5.14(b)、(c)]。乔木层思茅松地上生物量随海拔的增加呈不断减少的趋势 [图 5.14(a)]; 随坡度的增加呈先趋于水平后缓慢减少的趋势, 当坡度达到 22°后开始缓慢减少 [图 5.14(b)]; 随坡向的增加呈先减少后增加的趋势, 当坡向为 130°时达到最小值 [图 5.14(c)]。乔木层其他树种地上生物量随海拔的增加呈先趋于水平后减少的趋势, 当海拔达到 1400m 后开始减少 [图 5.14(a)]; 随坡度、坡向的增加呈先减少后增加的趋势, 当坡度为 20°、坡向为 210°时分别达到最小值 [图 5.14(b)、(c)]。

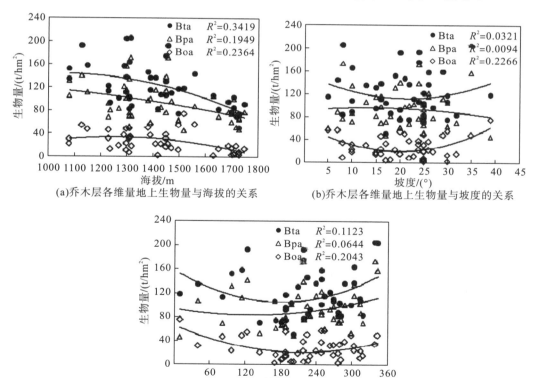

(a)乔木层各维量地上生物量与海拔的关系

(b)乔木层各维量地上生物量与坡度的关系

(c)乔木层各维量地上生物量与坡向的关系

图 5.14　地形因子与乔木层地上生物量的相关性分析

6. 地形因子与思茅松天然林乔木层根系生物量的关系

思茅松天然林乔木层根系生物量随地形因子的变化呈规律性。乔木层总根系生物量 (Btr) 与海拔、坡向均呈负相关性，其中与海拔有极显著负相关性 (-0.426)；与坡度有正相关性 (0.033)。乔木层思茅松根系生物量 (Bpr) 与地形因子均呈负相关性，其中与海拔有最大负相关性 (-0.203)。乔木层其他树种根系生物量 (Bor) 与海拔、坡向均呈负相关性，其中与海拔有显著负相关性 (-0.379)；与坡度有正相关性 (0.072)。

整体上看乔木层根系生物量与海拔、坡向均呈负相关性（表 5.15）。

表 5.15　地形因子与乔木层根系生物量相关关系表

指标	Btr	Bpr	Bor
Alt	-0.426**	-0.203*	-0.379**
SLO	0.033	-0.015	0.072
ASPD	-0.207*	-0.084	-0.204*

注：*为 0.05 水平上的相关性，**为 0.01 水平上的相关性。

各指数曲线拟合的显著性均有差异，从曲线拟合的 R^2 看，R^2 较小。乔木层总根系生物量随海拔的增加呈不断减少的趋势；随坡度、坡向的增加呈先减少后增加的趋势，当坡度为 21°、坡向 230°时分别达到最小值 [图 5.15(b)、(c)]。乔木层思茅松根系生物量随海拔的增加呈先减少后增加的趋势，当海拔为 1500m 时达到最小值 [图 5.15(a)]；随坡度的增加呈先增加后减少的趋势，当坡度为 20°时达到最大值 [图 5.15(b)]；随坡向的增加呈缓慢减少的趋势 [图 5.15(c)]。乔木层其他树种根系生物量随海拔的增加呈先缓慢增加后减少的趋势，当海拔为 1300m 时达到最大值；随坡度、坡向的增加呈先减少后增加的趋势，当坡度为 20°、坡向为 220°时分别达到最小值 [图 5.15(b)、(c)]。

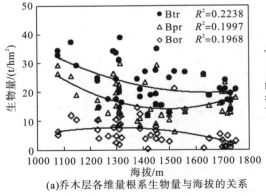
(a)乔木层各维量根系生物量与海拔的关系

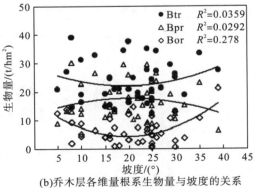
(b)乔木层各维量根系生物量与坡度的关系

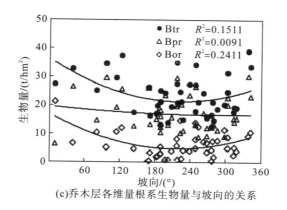

(c)乔木层各维量根系生物量与坡向的关系

图 5.15　地形因子与乔木层根系生物量的相关性分析

7. 地形因子与思茅松天然林乔木层总生物量的关系

思茅松天然林乔木层总生物量随地形因子的变化呈规律性。乔木层总生物量(Btt)与海拔、坡度均呈负相关性，其中与海拔有极显著负相关性(-0.557)；与坡向有正相关性(0.040)。乔木层思茅松总生物量(Bpt)与海拔、坡度均呈负相关性，其中与海拔有极显著负相关性(-0.413)；与坡向有正相关性(0.159)。乔木层其他树种总生物量(Bot)与海拔、坡向均呈负相关性，其中与海拔有极显著负相关性(-0.425)；与坡度有正相关性(0.058)。

整体上看乔木层总生物量与海拔的负相关性极显著(表 5.16)。

表 5.16　地形因子与乔木层总生物量相关关系表

指标	Btt	Bpt	Bot
Alt	$-0.557**$	$-0.413**$	$-0.425**$
SLO	-0.028	-0.070	0.058
ASPD	0.040	$0.159*$	$-0.181*$

注：*为 0.05 水平上的相关性，**为 0.01 水平上的相关性。

各指数曲线拟合的显著性均有差异，从曲线拟合的 R^2 看，R^2 均比较小，其中海拔的相关性检验极显著。乔木层总生物量随海拔的增加呈不断减少的趋势［图 5.16(a)］；随坡度、坡向的增加呈先减少后增加的趋势，当坡度为 22°、坡向为 190°时分别达到最小值［图 5.16(b)、(c)］。乔木层思茅松总生物量随海拔的增加呈不断减少的趋势［图 5.16(a)］；随坡度的增加呈先缓慢增加后缓慢减少的趋势，当坡度为 16°时达到最大值［图 5.16(b)］；随坡向的增加呈先缓慢减少后缓慢增加的趋势，当坡向为 140°时达到最小值［图 5.16(c)］。乔木层其他树种总生物量随海拔的增加呈先缓慢增加后缓慢减少的趋势，当海拔为 1300m 时达到最大值［图 5.16(a)］；随坡度、坡向的增加呈先减少后增加的趋势，当坡度为 20°、坡向为 210°时分别达到最小值［图 5.16(b)、(c)］。

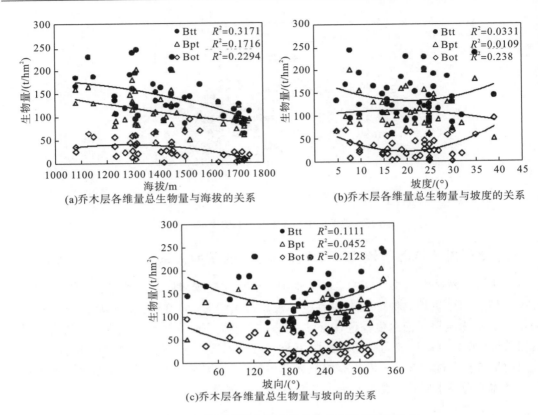

图 5.16　地形因子与乔木层总生物量的相关性分析

5.1.4　地形因子与思茅松天然林乔木层各器官生物量分配比例的关系

1. 地形因子与思茅松天然林乔木层木材生物量分配比例的关系

思茅松天然林乔木层木材生物量分配比例随地形因子的变化呈规律性。乔木层木材生物量占乔木层总生物量百分比（Pbtw1）与海拔、坡度均呈负相关性，其中与海拔有极显著负相关性（-0.475）；与坡向有极显著正相关性（0.406）。乔木层思茅松木材生物量占思茅松总生物量百分比（Pbpw1）与海拔、坡度均呈负相关性，其中与海拔有极显著负相关性（-0.507）；与坡度有显著正相关性（0.319）。乔木层其他树种木材生物量占其他树种总生物量百分比（Pbow1）与海拔、坡度均呈正相关性，其中与海拔有显著正相关性（0.348）；与坡向有负相关性（-0.119）（表 5.17）。

表 5.17　地形因子与乔木层木材生物量分配比例相关关系表

指标	Pbtw1	Pbpw1	Pbow1
Alt	-0.475**	-0.507**	0.348**
SLO	-0.175*	-0.164*	0.178*
ASPD	0.406**	0.319**	-0.119

注：*为 0.05 水平上的相关性，**为 0.01 水平上的相关性。

各指数曲线拟合的显著性均有差异，从曲线拟合的 R^2 看，R^2 均比较小，其中海拔的相关性检验极显著。乔木层木材生物量占乔木层总生物量百分比随海拔的增加呈先增加后减少的趋势，当海拔为 1380m 时达到最大值［图 5.17(a)］；随坡度的增加呈不断减少的趋势［图 5.17(b)］；随坡向的增加呈不断增加的趋势［图 5.17(c)］。乔木层思茅松木材生物量占思茅松总生物量百分比随海拔的增加呈先增加后减少的趋势，当海拔为 1380m 时达到最大值［图 5.17(a)］；随坡度的增加呈先减少后增加的趋势，当坡度为 24° 时达到最小值［图 5.17(b)］；随坡向的增加呈先减少后增加的趋势，当坡向为 130° 时达到最小值［图 5.17(c)］。乔木层其他树种木材生物量占其他树种总生物量百分比随海拔、坡度的增加呈缓慢增加的趋势［图 5.17(a)、(b)］；随坡向的增加呈缓慢减少的趋势［图 5.17(c)］。

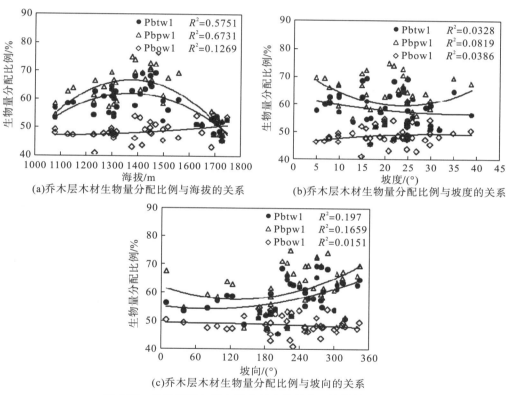

图 5.17　地形因子与乔木层木材生物量分配比例的相关性分析

2. 地形因子与思茅松天然林乔木层树皮生物量分配比例的关系

思茅松天然林乔木层树皮生物量分配比例随地形因子的变化呈规律性。乔木层树皮生物量占乔木层总生物量百分比(Pbtb1)与海拔、坡度均呈正相关性，其中与海拔有极显著正相关性(0.611)；与坡向有负相关性(-0.059)。乔木层思茅松树皮生物量占思茅松总生物量百分比(Pbpb1)与海拔呈极显著正相关性(0.522)，与坡度呈显著正相关性(0.317)；与坡向有负相关性(-0.111)。乔木层其他树种树皮生物量占其他树种总生物量百分比(Pbob1)与海拔、坡度均呈正相关性，其中与海拔有极显著正相关性(0.609)；与坡向有负相关性(-0.197)。

整体上看乔木层树皮生物量分配比例与海拔、坡度均呈正相关性，其中与海拔的相关性极显著。乔木层树皮生物量分配比例与坡向均呈负相关性(表 5.18)。

表 5.18   地形因子与乔木层树皮生物量分配比例相关关系表

指标	Pbtb1	Pbpb1	Pbob1
Alt	0.611**	0.522**	0.609**
SLO	0.235*	0.317**	0.095
ASPD	−0.059	−0.111	−0.197*

注：*为 0.05 水平上的相关性，**为 0.01 水平上的相关性。

各指数曲线拟合的显著性均有差异，从曲线拟合的 R^2 看，R^2 均比较小，其中海拔的相关性检验极显著。乔木层树皮生物量占乔木层总生物量百分比随海拔的增加呈先减少后增加的趋势，当海拔为 1280m 时达到最小值［图 5.18(a)］；随坡度、坡向的增加呈先增加后减少的趋势，当坡度为 25°、坡向为 190°时分别达到最大值［图 5.18(b)、(c)］。乔木层思茅松树皮生物量占思茅松总生物量百分比随海拔的增加呈先减少后增加的趋势，当海拔为 1270m 时达到最小值［图 5.18(a)］；随坡度、坡向的增加呈先增加后减少的趋势，当坡度为 32°、坡向为 170°时分别达到最大值［图 5.18(b)、(c)］。乔木层其他树种树皮生物量占其他树种总生物量百分比随海拔、坡度的增加呈缓慢增加的趋势［图 5.18(a)、(b)］；随坡向的增加呈缓慢减少的趋势［图 5.18(c)］。

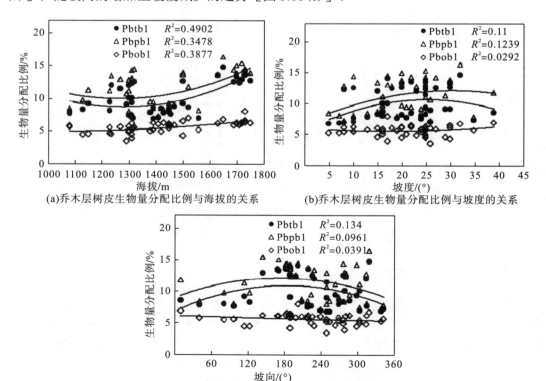

(a)乔木层树皮生物量分配比例与海拔的关系   (b)乔木层树皮生物量分配比例与坡度的关系

(c)乔木层树皮生物量分配比例与坡向的关系

图 5.18   地形因子与乔木层树皮生物量分配比例的相关性分析

3. 地形因子与思茅松天然林乔木层树枝生物量分配比例的关系

思茅松天然林乔木层树枝生物量分配比例随地形因子的变化呈规律性。乔木层树枝生物量占乔木层总生物量百分比(Pbtbr1)与地形因子均呈负相关性，其中与坡向有极显著负相关性(-0.355)。乔木层思茅松树枝生物量占思茅松总生物量百分比(Pbpbr1)与海拔有正相关性(0.039)；与坡度、坡向均呈负相关性，其中与坡向有极显著负相关性(-0.391)。乔木层其他树种树枝生物量占其他树种总生物量百分比(Pbobr1)与海拔、坡度均呈负相关性，其中与海拔有极显著负相关性(-0.622)；与坡向有正相关性(0.200)。

整体上看乔木层树枝生物量分配比例与坡度呈负相关性(表 5.19)。

表 5.19　地形因子与乔木层树枝生物量分配比例相关关系表

指标	Pbtbr1	Pbpbr1	Pbobr1
Alt	-0.263*	0.039	-0.622**
SLO	-0.074	-0.052	-0.181*
ASPD	-0.355**	-0.391**	0.200*

注：*为 0.05 水平上的相关性，**为 0.01 水平上的相关性。

各指数曲线拟合的显著性均有差异，从曲线拟合的 R^2 看，R^2 均比较小。乔木层树枝生物量占乔木层总生物量百分比随海拔、坡度的增加呈先减少后增加的趋势，当海拔为 1540m、坡度为 20°时分别达到最小值 [图 5.19(a)、(b)]；随坡向的增加呈先减少后趋于水平的趋势，当坡向达到 220°后开始趋于水平 [图 5.19(c)]。乔木层思茅松树枝生物量占思茅松总生物量百分比随海拔的增加呈先减少后增加的趋势，当海拔为 1450m 时达到最小值 [图 5.19(a)]；随坡度的增加呈先缓慢增加后缓慢减少的趋势，当坡度为 18°时达到最大值 [图 5.19(b)]；随坡向的增加呈不断减少的趋势 [图 5.19(c)]。乔木层其他树种树枝生物量占其他树种总生物量百分比随海拔的增加呈先缓慢增加后减少的趋势，当海拔为 1240m 时达到最大值 [图 5.19(a)]；随坡度的增加呈不断减少的趋势 [图 5.19(b)]；随坡向的增加呈缓慢增加的趋势 [图 5.19(c)]。

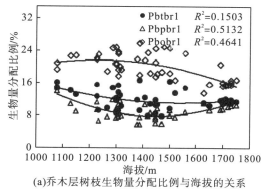

(a)乔木层树枝生物量分配比例与海拔的关系

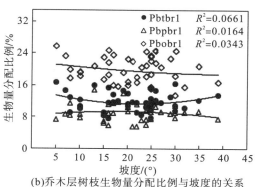

(b)乔木层树枝生物量分配比例与坡度的关系

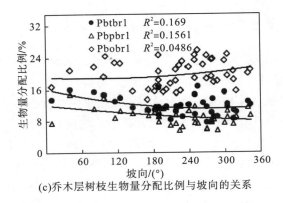

(c)乔木层树枝生物量分配比例与坡向的关系

图 5.19   地形因子与乔木层树枝生物量分配比例的相关性分析

4. 地形因子与思茅松天然林乔木层树叶生物量分配比例的关系

思茅松天然林乔木层树叶生物量分配比例随地形因子的变化呈规律性。乔木层树叶生物量占乔木层总生物量百分比(Pbtl1)与海拔、坡度均呈正相关性,其中与海拔有极显著正相关性(0.580);与坡向有负相关性(−0.230)。乔木层思茅松树叶生物量占思茅松总生物量百分比(Pbpl1)与海拔、坡度均呈正相关性,其中与海拔有极显著正相关性(0.681);与坡向有负相关性(−0.148)。乔木层其他树种树叶生物量占其他树种总生物量百分比(Pbol1)与地形因子均呈负相关性,其中与坡度有最大负相关性(−0.050)。

整体上看乔木层树叶生物量分配比例与坡向呈负相关性(表 5.20)。

表 5.20   地形因子与乔木层树叶生物量分配比例相关关系表

指标	Pbtl1	Pbpl1	Pbol1
Alt	0.580**	0.681**	−0.024
SLO	0.171*	0.154*	−0.050
ASPD	−0.230*	−0.148*	−0.002

注:*为 0.05 水平上的相关性,**为 0.01 水平上的相关性。

各指数曲线拟合的显著性均有差异,从曲线拟合的 R^2 看,R^2 均比较小。乔木层树叶生物量占乔木层总生物量百分比随海拔的增加呈先减少后增加的趋势,当海拔为 1310m 时达到最小值 [图 5.20(a)];随坡度、坡向的增加呈先增加后减少的趋势,当坡度为 27°、坡向为 160°时分别达到最大值 [图 5.20(b)、(c)]。乔木层思茅松树叶生物量占思茅松总生物量百分比随海拔的增加呈先减少后增加的趋势,当海拔为 1300m 时达到最小值 [图 5.20(a)];随坡度、坡向的增加呈先增加后减少的趋势,当坡度为 24°、坡向为 180°时分别达到最大值 [图 5.20(b)、(c)]。乔木层其他树种树叶生物量占其他树种总生物量百分比随海拔的增加呈先减少后增加的趋势,当海拔为 1440m 时达到最小值 [图 5.20(a)];随坡度、坡向的增加呈先增加后减少的趋势,当坡度为 20°、坡向为 190°时分别达到最大值 [图 5.20(b)、(c)]。

坡度与坡向对思茅松天然林乔木层各树叶生物量分配比例变化趋势的影响相似 [图 5.20(b)、(c)]。

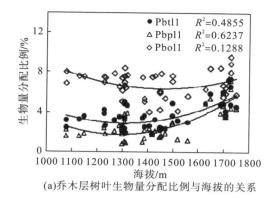

(a)乔木层树叶生物量分配比例与海拔的关系

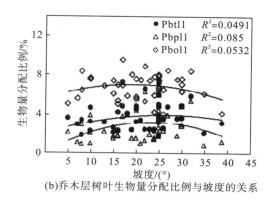

(b)乔木层树叶生物量分配比例与坡度的关系

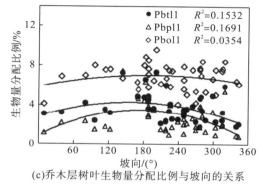

(c)乔木层树叶生物量分配比例与坡向的关系

图 5.20　地形因子与乔木层树叶生物量分配比例的相关性分析

5. 地形因子与思茅松天然林乔木层地上生物量分配比例的关系

思茅松天然林乔木层地上生物量分配比例随地形因子的变化呈规律性。乔木层地上生物量占乔木层总生物量百分比(Pbta1)与海拔、坡度均呈负相关性，其中与海拔有极显著负相关性(-0.476)；与坡向有极显著正相关性(0.488)。乔木层思茅松地上生物量占思茅松总生物量百分比(Pbpa1)与海拔、坡度均呈负相关性，其中与海拔有极显著负相关性(-0.427)；与坡向有显著正相关性(0.363)。乔木层其他树种地上生物量占其他树种总生物量百分比(Pboa1)与海拔、坡度均呈负相关性，其中与海拔有最大负相关性(-0.234)；与坡向有正相关性(0.054)。

整体上看乔木层地上生物量分配比例与海拔、坡度均呈负相关性，与坡向呈正相关性(表 5.21)。

表 5.21　地形因子与乔木层地上生物量分配比例相关关系表

指标	Pbta1	Pbpa1	Pboa1
Alt	-0.476**	-0.427**	-0.234*
SLO	-0.168*	-0.092	-0.003
ASPD	0.488**	0.363**	0.054

注：*为 0.05 水平上的相关性，**为 0.01 水平上的相关性。

各指数曲线拟合的显著性均有差异,从曲线拟合的 R^2 看,R^2 均比较小。乔木层地上生物量占乔木层总生物量百分比随海拔的增加呈先增加后减少的趋势,当海拔为 1380m 时达到最大值［图 5.21（a）］;随坡度的增加呈不断减少的趋势［图 5.21（b）］;随坡向的增加呈不断增加的趋势［图 5.21（c）］。乔木层思茅松地上生物量占思茅松总生物量百分比随海拔的增加呈先增加后减少的趋势,当海拔为 1380m 时达到最大值［图 5.21（a）］;随坡度、坡向的增加呈先减少后增加的趋势,当坡度为 22°、坡向为 75°时分别达到最小值［图 5.21（b）、（c）］。乔木层其他树种地上生物量占其他树种总生物量百分比随海拔的增加呈缓慢减少的趋势［图 5.21（a）］;随坡度的增加呈先缓慢增加后缓慢减少的趋势,当坡度为 21°时达到最大值［图 5.21（b）］;随坡向的增加呈基本不变的趋势［图 5.21（c）］。

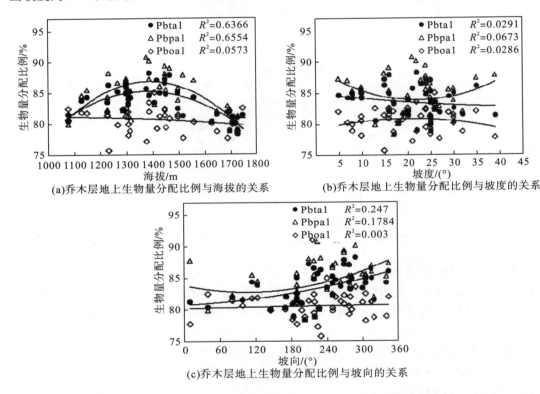

图 5.21   地形因子与乔木层地上生物量分配比例的相关性分析

6. 地形因子与思茅松天然林乔木层根系生物量分配比例的关系

思茅松天然林乔木层根系生物量分配比例随地形因子的变化呈规律性。乔木层根系生物量占乔木层总生物量百分比(Pbtr1)与海拔、坡度均呈正相关性,其中与海拔有极显著正相关性(0.476);与坡向有极显著负相关性(−0.488)。乔木层思茅松根系生物量占思茅松总生物量百分比(Pbpr1)与海拔、坡度均呈正相关性,其中与海拔有极显著正相关性(0.427);与坡向有显著负相关性(−0.363)。乔木层其他树种根系生物量占其他树种总生物量百分比(Pbor1)与海拔、坡度均呈正相关性,其中与海拔有最大正相关性(0.234);与坡向有负相关性(−0.054)。

　　整体上看乔木层根系生物量分配比例与海拔、坡度均呈正相关性，与坡向呈负相关性（表 5.22）。

表 5.22　地形因子与乔木层根系生物量分配比例相关关系表

指标	Pbtr1	Pbpr1	Pbor1
Alt	0.476**	0.427**	0.234*
SLO	0.168*	0.092	0.003
ASPD	-0.488**	-0.363**	-0.054

注：*为 0.05 水平上的相关性，**为 0.01 水平上的相关性。

　　各指数曲线拟合的显著性均有差异，从曲线拟合的 R^2 看，R^2 均比较小。乔木层根系生物量占乔木层总生物量百分比随海拔的增加呈先减少后增加的趋势，当海拔为 1380m 时达到最小值［图 5.22(a)］；随坡度的增加呈缓慢增加的趋势［图 5.22(b)］；随坡向的增加呈不断减少的趋势［图 5.22(c)］。乔木层思茅松根系生物量占思茅松总生物量百分比随海拔的增加呈先减少后增加的趋势，当海拔为 1380m 时达到最小值［图 5.22(a)］；随坡度、坡向的增加呈先增加后减少的趋势，当坡度为 22°、坡向为 105°时分别达到最大值［图 5.22(b)、(c)］。乔木层其他树种根系生物量占其他树种总生物量百分比随海拔的增加呈缓慢增加的趋势［图 5.22(a)］；随坡度的增加呈先缓慢减少后缓慢增加的趋势，当坡度为 22°时达到最大值［图 5.22(b)］；随坡向的增加呈基本不变的趋势［图 5.22(c)］。

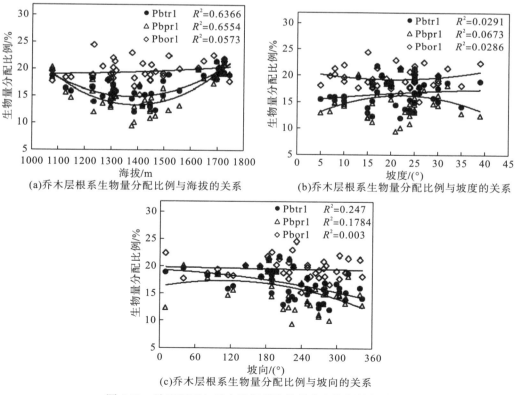

(a)乔木层根系生物量分配比例与海拔的关系

(b)乔木层根系生物量分配比例与坡度的关系

(c)乔木层根系生物量分配比例与坡向的关系

图 5.22　地形因子与乔木层根系生物量分配比例的相关性分析

5.1.5　地形因子与乔木层不同树种各器官生物量占各器官总生物量百分比的关系

1. 地形因子与乔木层不同树种木材生物量占总木材生物量百分比的关系

乔木层不同树种木材生物量占总木材生物量百分比随地形因子变化的相关性呈正负相反，且相关性最大值和相关系数相同的规律。乔木层思茅松木材生物量占总木材生物量百分比(Pbpw2)与海拔、坡向均呈正相关性，其中与坡向有最大正相关性(0.276)；与坡度有负相关性(-0.117)。乔木层其他树种木材生物量占总木材生物量百分比(Pbow2)与地形因子的相关性存在和以上相关性正负相反，最大值和相关系数相同的规律(表5.23)。

表5.23　地形因子与乔木层不同树种木材生物量占总木材生物量百分比相关关系表

指标	Pbpw2	Pbow2
Alt	0.210*	−0.210*
SLO	−0.117	0.117
ASPD	0.276*	−0.276*

注：*为0.05水平上的相关性。

各指数曲线拟合的显著性均有差异，从曲线拟合的 R^2 看，R^2 均比较小。乔木层思茅松木材生物量占总木材生物量百分比随海拔的增加呈先缓慢减少后缓慢增加的趋势，当海拔为1330m时达到最小值［图5.23(a)］；随坡度、坡向的增加呈先增加后减少的趋势，当坡度为19°、坡向为230°时分别达到最大值［图5.23(b)、(c)］。乔木层其他树种木材生物量占总木材生物量百分比随地形因子的变化规律与之相反(图5.23)。

坡度与坡向对乔木层不同树种木材生物量占总木材生物量百分比变化趋势的影响相似(图5.23)。

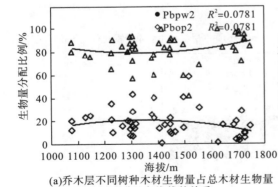

(a)乔木层不同树种木材生物量占总木材生物量
百分比与海拔的关系

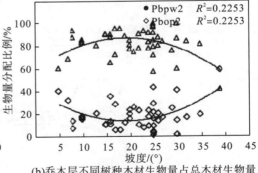

(b)乔木层不同树种木材生物量占总木材生物量
百分比与坡度的关系

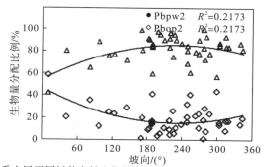

(c)乔木层不同树种木材生物量占总木材生物量百分比与坡向的关系

图 5.23　地形因子与乔木层不同树种木材生物量占总木材生物量百分比的相关性分析

2. 地形因子与乔木层不同树种树皮生物量占总树皮生物量百分比的关系

乔木层不同树种树皮生物量占总树皮生物量百分比随地形因子变化的相关性呈正负相反,且相关性最大值和相关系数相同的规律。乔木层思茅松树皮生物量占总树皮生物量百分比(Pbpb2)与海拔、坡向均呈正相关性,其中与海拔有最大正相关性(0.240);与坡度有负相关性(-0.005)。乔木层其他树种树皮生物量占总树皮生物量百分比(Pbob2)与地形因子的相关性存在和以上相关性正负相反,最大值和相关系数相同的规律(表 5.24)。

表 5.24　地形因子与乔木层不同树种树皮生物量占总树皮生物量百分比相关关系表

指标	Pbpb2	Pbob2
Alt	0.240*	−0.240*
SLO	−0.005	0.005
ASPD	0.237*	−0.237*

注:*为 0.05 水平上的相关性。

各指数曲线拟合的显著性均有差异,从曲线拟合的 R^2 看,R^2 均比较小。乔木层思茅松树皮生物量占总树皮生物量百分比随海拔的增加呈先缓慢减少后缓慢增加的趋势,当海拔为 1380m 时达到最小值［图 5.24(a)］;随坡度、坡向的增加呈先增加后减少的趋势,当坡度为 20°、坡向为 220°时分别达到最大值［图 5.24(b)、(c)］。乔木层其他树种树皮生物量占总树皮生物量百分比随地形因子的变化趋势与之相反(图 5.24)。

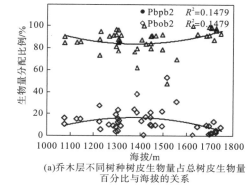

(a)乔木层不同树种树皮生物量占总树皮生物量
百分比与海拔的关系

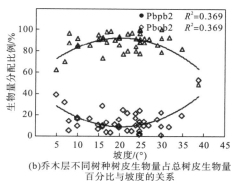

(b)乔木层不同树种树皮生物量占总树皮生物量
百分比与坡度的关系

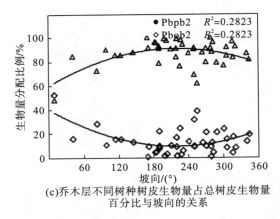

(c)乔木层不同树种树皮生物量占总树皮生物量
百分比与坡向的关系

图 5.24　地形因子与乔木层不同树种树皮生物量占总树皮生物量百分比的相关性分析

　　坡度与坡向对乔木层不同树种树皮生物量占总树皮生物量百分比变化趋势的影响相似 [图 5.24(b)、(c)]。

3. 地形因子与乔木层不同树种树枝生物量占总树枝生物量百分比的关系

　　乔木层不同树种树枝生物量占总树枝生物量百分比与随地形因子变化的相关性呈正负相反,且相关性最大值和相关系数相同的规律。乔木层思茅松树枝生物量占总树枝生物量百分比(Pbpbr2)与海拔、坡向均呈正相关性,其中与海拔有显著正相关性(0.358);与坡度有负相关性(-0.013)。乔木层其他树种树枝生物量占总树枝生物量百分比(Pbobr2)与地形因子的相关性存在和以上相关性正负相反,最大值和相关系数相同的规律(表 5.25)。

表 5.25　地形因子与乔木层不同树种树枝生物量占总树枝生物量百分比与相关关系表

指标	Pbpbr2	Pbobr2
Alt	0.358**	-0.358**
SLO	-0.013	0.013
ASPD	0.043	-0.043

注: **为 0.01 水平上的相关性。

　　各指数曲线拟合的显著性均有差异,从曲线拟合的 R^2 看, R^2 均比较小,其中海拔的相关性检验极显著。乔木层思茅松树枝生物量占总树枝生物量百分比随海拔的增加呈先减少后增加的趋势,当海拔为 1350m 时达到最小值 [图 5.25(a)];随坡度、坡向的增加呈先增加后减少的趋势,当坡度为 20°、坡向为 200°时分别达到最大值[图 5.25(b)]。乔木层其他树种树枝生物量占总树枝生物量百分比随地形因子的变化趋势与之相反(图 5.25)。

　　坡度与坡向对乔木层不同树种树枝生物量占总树枝生物量百分比变化趋势的影响相似 [图 5.25(b)、(c)]。

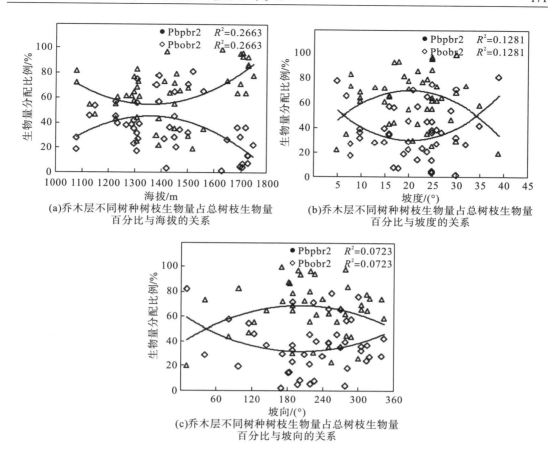

图 5.25　地形因子与乔木层不同树种树枝生物量占总树枝生物量百分比的相关性分析

4. 地形因子与乔木层不同树种树叶生物量占总树叶生物量百分比的关系

乔木层不同树种树叶生物量占总树叶生物量百分比随地形因子变化的相关性呈正负相反，且相关性最大值和相关系数相同的规律。乔木层思茅松树叶生物量占总树叶生物量百分比(Pbpl2)与地形因子均呈正相关性，其中与海拔有极显著正相关性(0.564)。乔木层其他树种树叶生物量占总树叶生物量百分比(Pbol2)与地形因子的相关性存在和以上相关性正负相反，最大值和相关系数相同的规律(表 5.26)。

表 5.26　地形因子与乔木层不同树种树叶生物量占总树叶生物量百分比相关关系表

指标	Pbpl2	Pbol2
Alt	0.564**	−0.564**
SLO	0.072	−0.072
ASPD	0.042	−0.042

注：**为 0.01 水平上的相关性。

各指数曲线拟合的显著性均有差异，从曲线拟合的 R^2 看，R^2 均比较小，其中海拔的相关性检验极显著。乔木层思茅松树叶生物量占总树叶生物量百分比随海拔的增加呈先减少后增加的趋势，当海拔为 1250m 时达到最小值［图 5.26（a）］；随坡度、坡向的增加呈先增加后减少的趋势，当坡度为 22°、坡向为 200°时分别达到最大值［图 5.26（b）、（c）］。乔木层其他树种树叶生物量占总树叶生物量百分比随地形因子的变化趋势与之相反（图 5.26）。

坡度与坡向对乔木层不同树种树叶生物量占总树叶生物量百分比变化趋势的影响相似［图 5.26（b）、（c）］。

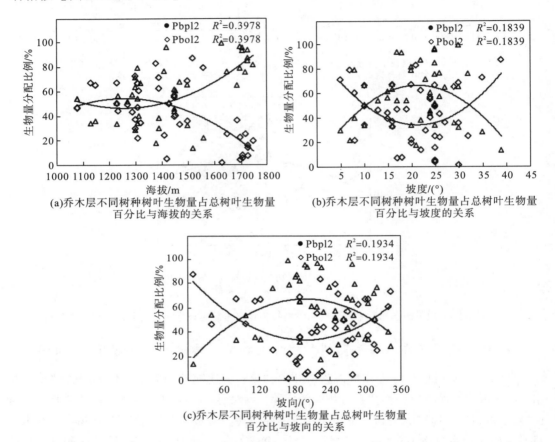

图 5.26　地形因子与乔木层不同树种树叶生物量占总树叶生物量百分比的相关性分析

5. 地形因子与乔木层不同树种地上部分生物量占总地上部分生物量百分比的关系

乔木层不同树种地上部分生物量占总地上部分生物量百分比随地形因子变化的相关性呈正负相反，且相关性最大值和相关系数相同的规律。乔木层思茅松地上部分生物量占总地上部分生物量百分比（Pbpa2）与海拔、坡向均呈正相关性，其中与海拔有最大正相关性（0.277）；与坡度有负相关性（−0.071）。乔木层其他树种地上部分生物量占总地上部分生物量百分比（Pboa2）与地形因子的相关性存在和以上相关性正负相反，最大值和相关系数相同的规律（表 5.27）。

表 5.27　地形因子与乔木层不同树种地上部分生物量占总地上部分生物量百分比相关关系表

指标	Pbpa2	Pboa2
Alt	0.277*	−0.277*
SLO	−0.071	0.071
ASPD	0.224*	−0.224*

注：*为 0.05 水平上的相关性。

　　各指数曲线拟合的显著性均有差异，从曲线拟合的 R^2 看，R^2 均比较小。乔木层思茅松地上部分生物量占总地上部分生物量百分比随海拔的增加呈先缓慢减少后缓慢增加的趋势，当海拔为 1320m 时达到最小值〔图 5.27(a)〕；随坡度、坡向的增加呈先增加后减少的趋势，当坡度为 20°、坡向为 225°时分别达到最大值〔图 5.27(b)、(c)〕。乔木层其他树种地上部分生物量占总地上部分生物量百分比随地形因子的变化趋势与之相反(图 5.27)。

　　坡度与坡向对乔木层不同树种地上部分生物量占总地上部分生物量百分比变化趋势的影响相似〔图 5.27(b)、(c)〕。

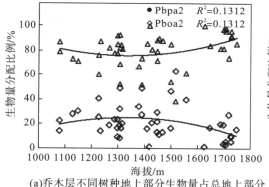

(a)乔木层不同树种地上部分生物量占总地上部
生物量百分比与海拔的关系

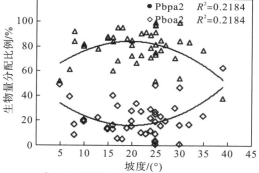

(b)乔木层不同树种地上部分生物量占总地上部
生物量百分比与坡度的关系

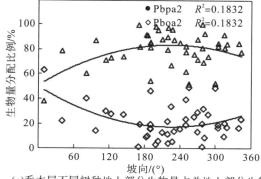

(c)乔木层不同树种地上部分生物量占总地上部生物量
百分比与坡向的关系

图 5.27　地形因子与乔木层不同树种地上部分生物量占总地上部分生物量百分比的相关性分析

6. 地形因子与乔木层不同树种根系生物量占总根系生物量百分比的关系

乔木层不同树种根系生物量占总根系生物量百分比随地形因子变化的相关性呈正负相反，且相关性最大值和相关系数相同的规律。乔木层思茅松根系生物量占总根系生物量百分比(Pbpr2)与海拔、坡向均呈正相关性，其中与海拔有最大正相关性(0.293)；与坡度有负相关性(−0.038)。乔木层其他树种根系生物量占总根系生物量百分比(Pbor2)与地形因子的相关性存在和以上相关性正负相反，最大值和相关系数相同的规律(表 5.28)。

表 5.28   地形因子与乔木层不同树种根系生物量占总根系生物量百分比相关关系表

指标	Pbpr2	Pbor2
Alt	0.293**	−0.293**
SLO	−0.038	0.038
ASPD	0.114*	−0.114*

注：*为 0.05 水平上的相关性，**为 0.01 水平上的相关性。

各指数曲线拟合的显著性均有差异，从曲线拟合的 R^2 看，R^2 均比较小。乔木层思茅松根系生物量占总根系生物量百分比随海拔的增加呈先减少后增加的趋势，当海拔为 1370m 时达到最小值 [图 5.28(a)]；随坡度、坡向的增加呈先增加后减少的趋势，当坡度为 21°、坡向为 210°时分别达到最大值 [图 5.28(b)、(c)]。乔木层其他树种根系生物量占总根系生物量百分比随地形因子的变化趋势与之相反(图 5.28)。

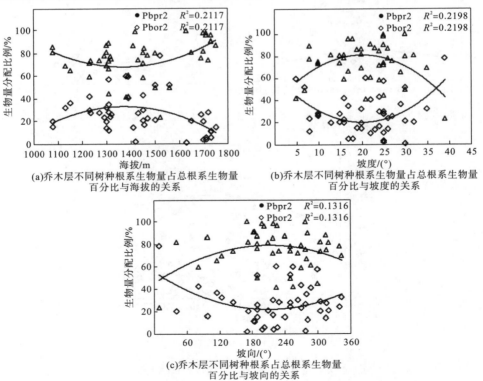

(a)乔木层不同树种根系生物量占总根系生物量
百分比与海拔的关系

(b)乔木层不同树种根系生物量占总根系生物量
百分比与坡度的关系

(c)乔木层不同树种根系生物量占总根系生物量
百分比与坡向的关系

图 5.28   地形因子与乔木层不同树种根系生物量占总根系生物量百分比的相关性分析

坡度与坡向对乔木层不同树种根系占总根生物量百分比变化趋势的影响相似
［图 5.28(b)、(c)］。

7. 地形因子与不同树种总生物量占乔木层总生物量百分比的关系

不同树种总生物量占乔木层总生物量百分比随地形因子变化的相关性呈正负相反，且相关性最大值和相关系数相同的规律。思茅松总生物量占乔木层总生物量百分比(Pbpt2)与海拔、坡向均呈正相关性，其中与海拔有最大正相关性(0.279)；与坡度有负相关性(-0.068)。其他树种总生物量占乔木层总生物量百分比(Pbot2)与地形因子的相关性存在和以上相关性正负相反，最大值和相关系数相同的规律(表 5.29)。

表 5.29　地形因子与不同树种总生物量占乔木层总生物量百分比相关关系表

指标	Pbpt2	Pbot2
Alt	0.279*	-0.279*
SLO	-0.068	0.068
ASPD	0.207*	-0.207*

注：*为 0.05 水平上的相关性。

各指数曲线拟合的显著性均有差异，从曲线拟合的 R^2 看，R^2 均比较小。思茅松总生物量占乔木层总生物量百分比随海拔的增加呈先缓慢减少后缓慢增加的趋势，当海拔为 1340m 时达到最小值［图 5.29(a)］；随坡度、坡向的增加呈先增加后减少的趋势，当坡度为 20°、坡向为 220°时分别达到最大值［图 5.29(b)、(c)］。其他树种总生物量占乔木层总生物量百分比随地形因子的变化趋势与之相反(图 5.29)。

坡度与坡向对不同树种总生物量占乔木层总生物量百分比变化趋势的影响相似
［图 5.29(b)、(c)］。

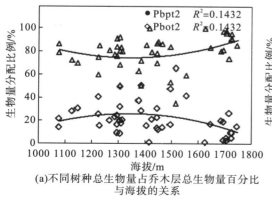

(a)不同树种总生物量占乔木层总生物量百分比
与海拔的关系

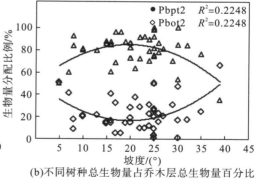

(b)不同树种总生物量占乔木层总生物量百分比
与坡度的关系

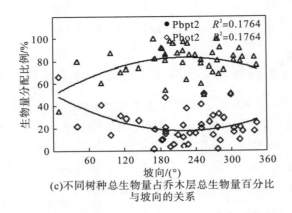

(c)不同树种总生物量占乔木层总生物量百分比
与坡向的关系

图 5.29　地形因子与不同树种总生物量占乔木层总生物量百分比的相关性分析

5.2　地形因子对思茅松天然林生物量分配的环境解释

5.2.1　地形因子与林层各总生物量及分配比例的 CCA 排序分析

从林层各生物量与地形因子的 CCA 排序结果(表 5.30)可以看出，四个轴的特征值分别为 0.012、0.004、0.002 和 0.061，总特征值为 0.146。四个轴分别表示了地形因子变量的 8%、10.5%、12.1%和 54%。第一排序轴解释了思茅松天然林林分各层生物量变化信息的 66.2%，前两轴累积解释其变化的 86.9%。可见排序的前两轴，尤其是第一轴较好地反映了样地林分各层生物量随地形因子的变化。

从林层各生物量分配比例与地形因子的 CCA 排序结果(表 5.30)可以看出，四个轴的特征值分别为 0.019、0.004、0.003 和 0.056，总特征值为 0.159。四个轴分别表示了地形因子变量的 11.9%、14.7%、16.3%和 51.6%。第一排序轴解释了思茅松天然林生物量分配比例变化信息的 72.8%，第二轴累积解释其变化的 89.9%，可见排序的前两轴，尤其是第一轴较好地反映了样地林层各生物量分配比例随地形因子的变化。

表 5.30　地形因子与林层各生物量及分配比例的 CCA 排序结果

变量	指标	AX1	AX2	AX3	AX4	总特征值
生物量	EI	0.012	0.004	0.002	0.061	0.146
	SPEC	0.489	0.549	0.254	0	
	CPVSD	8	10.5	12.1	54	
	CPVSER	66.2	86.9	100	0	
生物量分配比例	EI	0.019	0.004	0.003	0.056	0.159
	SPEC	0.615	0.516	0.263	0	
	CPVSD	11.9	14.7	16.3	51.6	
	CPVSER	72.8	89.9	100	0	

从林层各生物量与地形因子 CCA 排序的相关分析结果(表 5.31)可以看出，海拔与排

序轴第一轴具有最大正相关，相关系数为 0.4863；坡向与第二轴具有最大负相关，相关系数为-0.5313。其他地形因子与第一、二排序轴的相关性较小。因此，影响思茅松天然林林分各层生物量的地形因子有：海拔和坡向。

从林层各生物量分配比例与林分因子 CCA 排序的相关分析结果（表 5.31）可以看出，海拔与排序轴第一轴有最大正相关，相关系数为 0.6019；坡向与第二轴的相关性次之，相关系数为-0.4991。所有地形因子与第一轴的相关性相对最强，与其他各轴的相关性相对较弱。因此，影响思茅松天然林林层各生物量分配比例的地形因子有：海拔和坡向。

由此可以看出，地形因子中的海拔和坡向均对思茅松天然林各层生物量及分配比例具有较大影响。

表 5.31　地形因子与林层各生物量及分配比例 CCA 排序的相关性分析

地形因子	生物量				生物量比例			
	AX1	AX2	AX3	AX4	AX1	AX2	AX3	AX4
Alt	0.4863	-0.0012	-0.0285	0	0.6019	-0.0960	-0.0206	0
SLO	0.1605	-0.0006	0.2401	0	0.2031	-0.0134	0.2482	0
ASPD	0.0451	-0.5313	-0.0596	0	-0.1096	-0.4991	-0.0481	0

从林层各生物量与地形因子的 CCA 排序图［图 5.30（a）］可以看出，沿着 CCA 第一轴从左至右，坡向、坡度和海拔不断增加。沿着 CCA 第二轴从下往上，坡向不断减少，坡度和海拔不变。海拔与第一轴具有较强正相关性，同时对第一轴就有较强影响；坡向与第二轴具有较强的负相关性，同时对第二轴具有较强负影响。海拔、坡度、坡向与林分总生物量（Bstt）、乔木层总生物量（Bt）、乔木层地上总生物量（Bta）和地上总生物量（Bsat）密切相关。同时林分总生物量（Bstt）、乔木层总生物量（Bt）、乔木层地上总生物量（Bta）和地上总生物量（Bsat）聚集在一起，表明它们具有相似的变化规律，在相似的条件下取得最大值，且与海拔、坡度、坡向密切相关。海拔、坡度与乔木层根系总生物量（Btr）和林分根系总生物量（Bsrt）密切相关。海拔和坡向与思茅松天然林各层生物量的相关性最强，有较密切的关系。

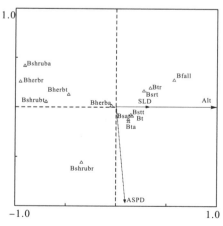

(a)地形因子与林层各总生物量的CCA排序

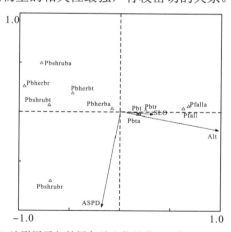

(b)地形因子与林层各总生物量分配比例的CCA排序

图 5.30　地形因子与林层各总生物量及分配比例的 CCA 排序图

从林层各总生物量分配比例与地形因子的 CCA 排序图［图 5.30（b）］可以看出，沿着 CCA 第一轴从左至右，坡向逐渐减小，坡度和海拔逐渐增大。沿着 CCA 第二轴从下往上，坡向、坡度和海拔都不断减少。海拔与第一轴具有较强正相关性，同时对第一轴就有较强影响；坡度与第一轴具有较强正相关性，但对第一轴的影响相对较弱；坡向与第二轴具有较强的负相关，同时对第二轴具有较强负影响。坡度、海拔与思茅松天然林乔木层地上总生物量百分比（Pbta）、乔木层总生物量百分比（Pbt）和乔木层根系总生物量百分比（Pbtr）密切相关。

5.2.2　地形因子与乔木层各器官生物量及分配比例的 CCA 排序分析

从乔木层各器官生物量与地形因子的 CCA 排序结果（表 5.32）可以看出，四个轴的特征值分别为 0.019、0.005、0 和 0.08，总特征值为 0.126。四个轴分别表示了地形因子变量的 15.1%、18.7%、19% 和 82.9%。第一排序轴解释了思茅松天然林乔木层各器官生物量变化信息的 79.2%，前两轴累积解释其变化的 98%，可见排序的前两轴，尤其是第一轴较好地反映了样地乔木层各器官生物量随地形因子的变化。

从乔木层各器官生物量分配比例与地形因子的 CCA 排序结果（表 5.32）可以看出，四个轴的特征值分别为 0.008、0.001、0 和 0.01，总特征值为 0.034。四个轴分别表示了地形因子变量的 24.4%、28.6%、29.3% 和 59.7%。第一排序轴解释了思茅松天然林乔木层各器官生物量分配比例变化信息的 83%，第二轴累积解释其变化的 97.6%，可见排序的前两轴，尤其是第一轴较好地反映了样地乔木层各器官生物量分配比例随地形因子的变化。

表 5.32　地形因子与乔木层各器官生物量及分配比例的 CCA 排序结果

变量	指标	AX1	AX2	AX3	AX4	总特征值
生物量	EI	0.019	0.005	0	0.08	0.126
	SPEC	0.517	0.366	0.214	0	
	CPVSD	15.1	18.7	19	82.9	
	CPVSER	79.2	98	100	0	
生物量分配比例	EI	0.008	0.001	0	0.01	0.034
	SPEC	0.722	0.479	0.238	0	
	CPVSD	24.4	28.6	29.3	59.7	
	CPVSER	83	97.6	100	0	

从乔木层各器官生物量与地形因子 CCA 排序的相关分析结果（表 5.33）可以看出，海拔与排序轴第一轴具有最大正相关，为 0.5151；坡向与第二轴具有最大负相关，为 -0.3567。所有地形因子均与第一轴呈正相关，其他地形因子与第一、二排序轴的相关性较小。因此，影响思茅松天然林乔木层各器官生物量的地形因子有：海拔和坡向。

从乔木层各器官生物量分配比例与林分因子 CCA 排序的相关分析结果（表 5.33）可以看出，海拔与排序轴第一轴具有最大正相关，为 0.7064；坡向与第二轴相关性次之，为 -0.4640。所有地形因子与第一轴的相关性相对最强，与其他各轴的相关性相对较弱。因此，影响思茅松天然林乔木层各器官生物量分配比例的地形因子有：海拔和坡向。

由此可以看出，地形因子中的海拔和坡向均对样地思茅松天然林乔木层各维量生物量及分配比例有较大影响。

表 5.33　样地乔木层各器官生物量及分配比例与地形因子 CCA 排序的相关性分析

地形因子	生物量				生物量比例			
	AX1	AX2	AX3	AX4	AX1	AX2	AX3	AX4
Alt	0.5151	0.0263	0.0131	0	0.7064	-0.0996	0.0015	0
SLO	0.0579	0.1554	0.1922	0	0.1915	0.0529	0.2277	0
ASPD	0.0613	-0.3567	0.0396	0	-0.1718	-0.4640	-0.0133	0

从乔木层各器官生物量与地形因子的 CCA 排序图(图 5.31)可以看出,沿着 CCA 第一轴从左至右，坡度、坡向和海拔不断增加。沿着 CCA 第二轴从下往上，坡向不断减少，海拔和坡度不断增加。海拔与第一轴具有较强正相关性，同时对第一轴就有较强影响；坡向与第二轴具有较强的负相关，同时对第二轴有较强负影响。海拔、坡度和坡向与乔木层思茅松总树枝生物量(Bpbr)具有一定相关性。坡向与思茅松总地上生物量(Bpa)和思茅松总生物量(Bpt)具有较强相关性，且思茅松总地上生物量(Bpa)和思茅松总生物量(Bpt)聚集在一起，表明它们具有相似的变化规律。坡度与乔木层根系总生物量(Btr)具有较强相关性。海拔与思茅松根系总生物量(Bpr)和乔木层总树皮生物量(Btb)具有较强相关性。海拔与思茅松树皮总生物量(Bpb)、乔木层树叶总生物量(Btl)和思茅松树叶生物量(Bpl)具有较强相关性。海拔和坡向与乔木层各器官生物量相关最为密切。

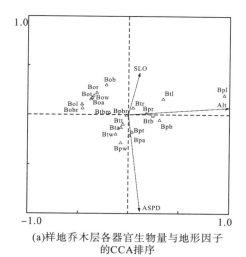
(a)样地乔木层各器官生物量与地形因子的CCA排序

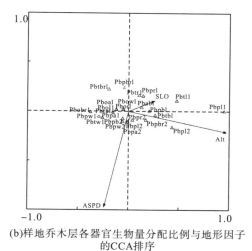
(b)样地乔木层各器官生物量分配比例与地形因子的CCA排序

图 5.31　样地乔木层各器官生物量及分配比例与地形因子的 CCA 排序图

从乔木层各器官生物量分配比例与地形因子的 CCA 排序图 [图 5.31(b)] 可以看出，沿着 CCA 第一轴从左至右，坡向、坡度和海拔逐渐增大。沿着 CCA 第二轴从下往上，坡向和海拔不断减少，坡度不断增大。海拔与第一轴具有较强正相关性，同时对第一轴有较强影响；坡向与第二轴具有较强的负相关，同时对第二轴有较强负影响。坡向与乔木层思茅松树皮生物量占总树皮生物量百分比(Pbpb2)、乔木层思茅松木材生物量占总木材生物量百分比(Pbpw2)、乔木层思茅松地上生物量占总地上生物量百分比(Pbpa2)、思茅松总生物量占乔木层总生物量百分比(Pbpt2)密切相关，且乔木层思茅松树皮生物量占总树皮生物量百分比(Pbpb2)、乔木层思茅松木材生物量占总木材生物量百分比(Pbpw2)、乔木层思茅松地上生物量占总地上生物量(Pbpa2)、思茅松总生物量占乔木层总生物量百分比(Pbpt2)聚集在一起，表明它们具有相似的变化规律；海拔与乔木层树皮生物量占乔木层总生物量百分比(Pbtb1)密切相关；坡度与其他树种树皮生物量占其他树种总生物量百分比(Pbob1)密切相关。

5.3 小   结

本章基于三个典型位点 45 块思茅松天然林样地和 128 珠样木的各维量生物量及分配比例数据，结合地形因子(海拔、坡度、坡向)，采用相关性分析和 CCA 排序方法，分析了思茅松天然林各维量生物量及分配比例与地形因子之间的关系，得出以下结论。

(1)思茅松天然林的 34 个生物量维量中有 29 个生物量维量与海拔呈极显著或显著相关性，且这 29 个生物量维量随海拔的增加基本呈减少的趋势；思茅松天然林的 43 个生物量分配比例维量中有 22 个生物量分配比例维量与海拔呈极显著或显著相关性，且这 22 个生物量分配比例维量随海拔的增加无相对一致的变化规律。思茅松天然林的 34 个生物量中维量只有 1 个生物量维量与坡向呈显著相关性，且随坡向的增加该生物量维量基本呈减少的趋势；思茅松天然林的 43 个生物量分配比例维量中有 10 个生物量分配比例维量与坡向呈极显著或显著相关性，且这 10 个生物量分配比例维量随坡向的增加无相对一致的变化规律。

(2)通过思茅松天然林各维量生物量及分配比例与地形因子的 CCA 排序结果可知，前两轴的累积解释量均在 86.9%以上。通过思茅松天然林各维量生物量及分配比例与地形因子 CCA 排序的相关性分析可知，海拔与第一轴均呈最大正相关性，坡向与第二轴均呈最大负相关性。从 CCA 排序图可以看出，海拔和坡向是对思茅松天然林各维量生物量及分配比例影响最大的地形因子。

可见，海拔和坡向均对思茅松天然林各维量生物量及分配比例产生显著影响，尤其是海拔对思茅松天然林各维量生物量及分配比例的影响更显著，且随海拔的增加各维量生物量基本呈减少的趋势。

第 6 章   林分因子对思茅松天然林
生物量分配的影响

6.1   林分因子与生物量分配的相关性分析

6.1.1   林分因子与思茅松天然林生物量的关系

1. 林分因子与思茅松天然林乔木层生物量的关系

思茅松天然林乔木层生物量随林分因子的变化呈规律性。乔木层总生物量(Bt)与林分因子均呈正相关性。其中与林分平均胸径、林分平均高、林分优势高、林分密度指数有极显著正相关性(0.605、0.799、0.752、0.567),与郁闭度、地位指数有显著正相关性(0.350、0.355)。乔木层地上总生物量(Bta)与林分因子均呈正相关性。其中与林分平均胸径、林分平均高、林分优势高、林分密度指数、地位指数有极显著正相关性(0.586、0.821、0.772、0.564、0.398),与郁闭度有显著正相关性(0.360)。乔木层根系总生物量(Btr)与林分因子均呈正相关性,其中与林分平均胸径、林分平均高、林分优势高、林分密度指数有极显著正相关性(0.644、0.586、0.552、0.522)。

整体上看思茅松天然林乔木层各生物量与林分因子均呈正相关性,与林分平均胸径、林分平均高、林分优势高、林分密度指数呈极显著正相关性(表 6.1)。

表 6.1   林分因子与乔木层生物量相关关系表

林分因子	Bt	Bta	Btr
郁闭度	0.350*	0.360*	0.254*
Dm	0.605**	0.586**	0.644**
Hm	0.799**	0.821**	0.586**
Ht	0.752**	0.772**	0.552**
SDI	0.567**	0.564**	0.522**
SI	0.355*	0.398**	0.074

注: *为 0.05 水平上的相关性, **为 0.01 水平上的相关性。

各指数曲线拟合的显著性均有差异,从曲线拟合的 R^2 看,R^2 均比较小,其中林分平均胸径、林分平均高、林分优势高、林分密度指数的相关性检验极显著。乔木层总生物量随郁闭度、林分平均高、林分优势高、林分密度指数的增加呈不断增加的趋势 [图 6.1(a)、(c)、(d)、(e)];随林分平均胸径、地位指数的增加呈先增加后减少的趋势,当林分平均胸径为 20.5cm、地位指数为 19 时分别达到最大值 [图 6.1(b)、(f)]。乔木层地上总生物量随林分因子的变化也存在类似的规律(图 6.1)。乔木层根系总生物量随郁闭度、林分平均胸径、林分平均高、林分优势高、林分密度指数的增加呈缓慢增加的趋势〔图 6.1(a)、(b)、(c)、(d)、(e)〕；随地位指数的增加呈先缓慢增加后缓慢减少的趋势，当地位指数为 17 时达到最大值〔图 6.1(f)〕。

郁闭度、林分平均高、林分优势高、林分密度指数对思茅松天然林乔木层各生物量变化趋势的影响相似〔图 6.1(a)、(c)、(d)、(e)〕。

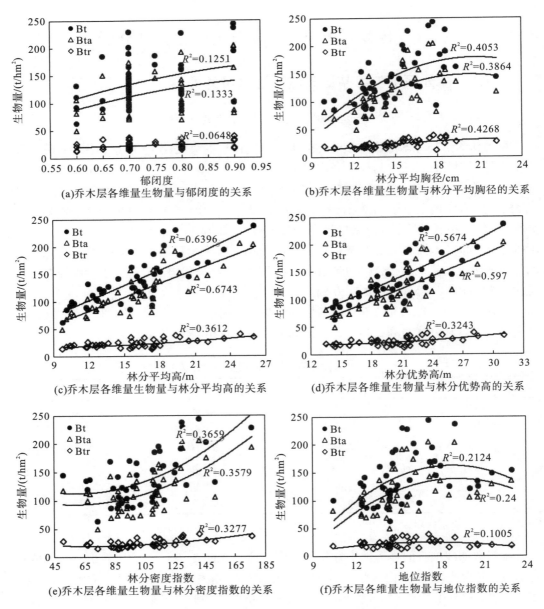

图 6.1　林分因子与思茅松天然林乔木层生物量分配的相关性分析

2. 林分因子与思茅松天然林灌木层生物量的关系

思茅松天然林灌木层生物量随林分因子的变化呈规律性。灌木层总生物量（Bshrubt）与郁闭度、林分平均高、林分优势高、地位指数均呈正相关性，其中与林分优势高有最大正相关性（0.184）；与林分平均胸径、林分密度指数均呈负相关性，其中与林分密度指数有最大负相关性（-0.218）。灌木层地上总生物量（Bshruba）与林分平均高、林分优势高、地位指数均呈正相关性，其中与林分优势高有最大正相关性（0.178）；与郁闭度、林分平均胸径、林分密度指数均呈负相关性，其中与林分密度指数有最大负相关性（-0.223）。灌木层根系总生物量（Bshrubr）与郁闭度、林分平均高、林分优势高、地位指数均呈正相关性，其中与郁闭度有最大正相关性（0.154）；与林分平均胸径、林分密度指数均呈负相关性，其中与林分密度指数有最大负相关性（-0.151）。

整体上看思茅松天然林灌木层各生物量与林分平均高、林分优势高、地位指数均呈正相关性，与林分平均胸径、林分密度指数均呈负相关性（表 6.2）。

表 6.2 林分因子与灌木层生物量相关关系表

林分因子	Bshrubt	Bshruba	Bshrubr
郁闭度	0.023	-0.040	0.154*
Dm	-0.096	-0.071	-0.127*
Hm	0.129	0.123*	0.109
Ht	0.184*	0.178*	0.148*
SDI	-0.218*	-0.223*	-0.151*
SI	0.106	0.117	0.053

注：*为 0.05 水平上的相关性。

各指数曲线拟合的显著性均有差异，从曲线拟合的 R^2 看，R^2 均比较小。灌木层总生物量随郁闭度、林分平均高、林分优势高、林分密度指数、地位指数的增加呈先增加后减少的趋势，当郁闭度为 0.77、林分平均高为 18m、林分优势高为 22.5m、林分密度指数为 80、地位指数为 17.8 时分别达到最大值［图 6.2（a）、（c）、（d）、（e）、（f）］；随林分平均胸径的增加呈缓慢减少的趋势［图 6.2（b）］。灌木层地上总生物量随郁闭度、林分平均胸径、林分平均高、林分优势高、地位指数的增加呈先缓慢增加后缓慢减少的趋势，当郁闭度为 0.75、林分平均胸径为 14cm、林分平均高为 18m、林分优势高为 23m、地位指数为 18 时分别达到最大值［图 6.2（a）、（b）、（c）、（d）、（f）］；随林分密度指数的增加呈不断减少的趋势［图 6.2（e）］。灌木层根系总生物量随郁闭度的增加呈缓慢增加的趋势［图 6.2（a）］；随林分平均胸径、地位指数的增加呈基本不变的趋势［图 6.2（b）、（f）］；随林分平均高、林分优势高、林分密度指数的增加呈先缓慢增加后缓慢减少的趋势，当林分平均高为 18m、林分优势高为 22.5m、林分密度指数为 100 时分别达到最大值［图 6.2（c）、（d）、（e）］。

林分平均高、林分优势高对思茅松天然林灌木层各生物量变化趋势的影响相似［图 6.2（c）、（d）］。

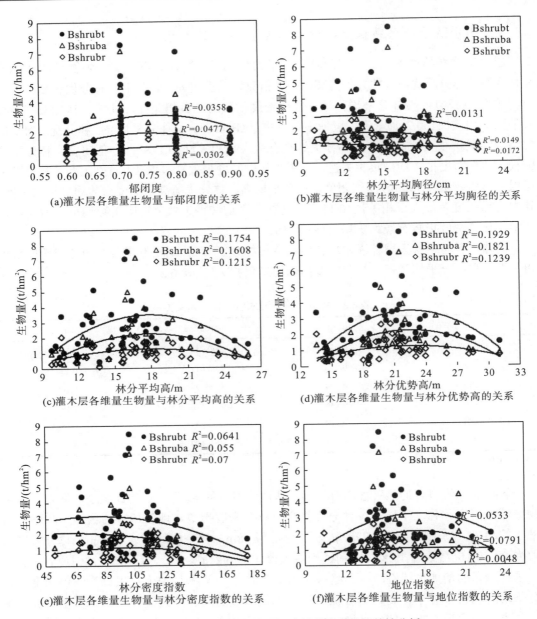

图 6.2　林分因子与灌木层生物量分配的相关性分析

3. 林分因子与思茅松天然林草本层生物量的关系

思茅松天然林草本层生物量随林分因子的变化呈规律性。草本层总生物量(Bherbt)与郁闭度、林分平均高、林分密度指数、地位指数均呈负相关性，其中与地位指数有最大负相关性(-0.172)；与林分优势高、林分平均胸径均呈正相关性，其中与林分平均胸径指数有最大正相关性(0.070)。草本层地上总生物量(Bherba)与林分因子均呈负相关性，其中与地位指数有最大负相关性(-0.186)。草本层根系总生物量(Bherba)与郁闭度、林分密度指数、地位指数均呈负相关性，其中与地位指数有最大负相关性(-0.135)；与林分平均高、林分优势高、林分平均胸径均呈正相关性,其中与林分平均胸径有最大正相关性(0.119)。

整体上看思茅松天然林草本层各生物量与郁闭度、林分密度指数、地位指数均呈负相关性(表 6.3)。

表 6.3　林分因子与草本层生物量相关关系表

林分因子	Bherbt	Bherba	Bherbr
郁闭度	−0.088	−0.076	−0.082
Dm	0.070	−0.025	0.119*
Hm	−0.008	−0.019	0.001
Ht	0.022	−0.006	0.037
SDI	−0.094	−0.010	−0.131*
SI	−0.172*	−0.186*	−0.135*

注:*为 0.05 水平上的相关性。

各指数曲线拟合的显著性均有差异,从曲线拟合的 R^2 看,R^2 均比较小。草本层总生物量随郁闭度、林分平均胸径、林分平均高、林分优势高、地位指数的增加呈先缓慢增加后缓慢减少的趋势,当郁闭度为 0.73、林分平均胸径为 17cm、林分平均高为 17m、林分优势高为 22m、地位指数为 15 时分别达到最大值〔图 6.3(a)、(b)、(c)、(d)、(f)〕;随林分密度指数的增加呈缓慢减少的趋势〔图 6.3(e)〕。草本层地上总生物量随郁闭度、林分平均胸径、林分平均高、林分优势高的增加呈先缓慢增加后缓慢减少的趋势,当郁闭度为 0.73、林分平均胸径为 16cm、林分平均高为 17m、林分优势高为 21m 时分别达到最大值〔图 6.3(a)、(b)、(c)、(d)〕;随林分密度指数的增加呈基本不变的趋势〔图 6.3(e)〕;随地位指数的增加呈先趋于水平后缓慢减少的趋势,当地位指数达到 15 后开始缓慢减少〔图 6.3(f)〕。草本层根系总生物量随郁闭度、林分平均高、林分优势高、地位指数的增加呈先缓慢增加后缓慢减少的趋势,当郁闭度为 0.73、林分平均高为 17m、林分优势高为 21m、地位指数为 16 时分别达到最大值〔图 6.3(a)、(c)、(d)、(f)〕;随林分平均胸径的增加呈缓慢增加的趋势〔图 6.3(b)〕;随林分密度指数的增加呈缓慢减少的趋势〔图 6.3(e)〕。

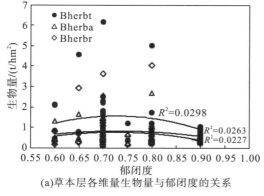

(a)草本层各维量生物量与郁闭度的关系

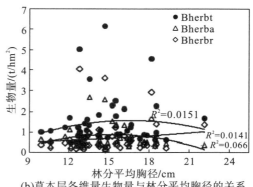

(b)草本层各维量生物量与林分平均胸径的关系

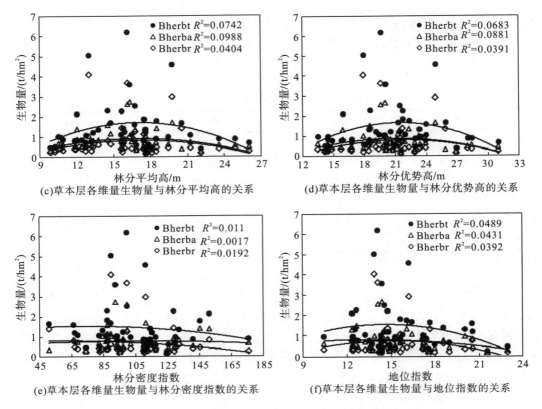

图 6.3　林分因子与草本层生物量分配的相关性分析

郁闭度、林分平均高、林分优势高对思茅松天然林草本层各生物量变化趋势的影响相似［图 6.3(a)、(c)、(d)］。

4. 林分因子与思茅松天然林枯落物层生物量的关系

思茅松天然林枯落物层生物量随林分因子的变化呈规律性。枯落物层总生物量（Bfall）与林分因子均呈负相关性，其中与林分平均胸径、林分密度指数有显著负相关性（−0.332、−0.361）（表 6.4）。

表 6.4　林分因子与枯落物层生物量相关关系表

林分因子	Bfall	林分因子	Bfall
郁闭度	−0.091	Dm	−0.332**
Hm	−0.209*	Ht	−0.113*
SDI	−0.361**	SI	−0.155*

注：*为 0.05 水平上的相关性，**为 0.01 水平上的相关性。

各指数曲线拟合的显著性均有差异，从曲线拟合的 R^2 看，R^2 均比较小，其中林分平均胸径、林分密度指数的相关性检验极显著。枯落物层总生物量随郁闭度、林分平均高、林分优势高的增加呈先增加后减少的趋势，当郁闭度为 0.74、林分平均高为 15m、林分优势高为 20m 时分别达到最大值 [图 6.4(a)、(c)、(d)]；随林分平均胸径的增加呈先减少后趋于水平的趋势，当林分平均胸径达到 21cm 后开始趋于水平 [图 6.4(b)]；随林分密度指数的增加呈不断减少的趋势 [图 6.4(e)]；随地位指数的增加呈先减少后增加的趋势，当地位指数为 18 时达到最小值 [图 6.4(f)]。

郁闭度、林分平均高、林分优势高对思茅松天然林枯落物层生物量变化趋势的影响相似 [图 6.4(a)、(c)、(d)]。

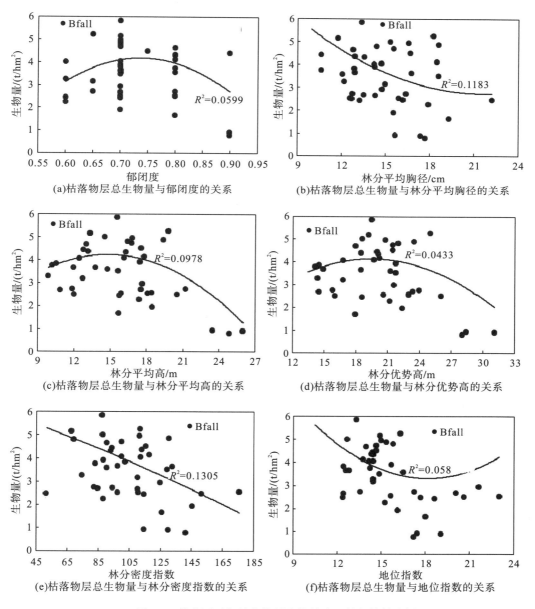

图 6.4 林分因子与枯落物层生物量分配的相关性分析

5. 林分因子与思茅松天然林总生物量的关系

思茅松天然林总生物量随林分因子的变化呈规律性。思茅松天然林总生物量(Bstt)与林分因子均呈正相关性。其中与林分平均胸径、林分平均高、林分优势高、林分密度指数有极显著正相关性(0.590、0.796、0.756、0.541),与郁闭度、地位指数有显著正相关性(0.345、0.348)。天然林地上总生物量(Bsat)与林分因子均呈正相关性。其中与林分平均胸径、林分平均高、林分优势高、林分密度指数、地位指数有极显著正相关性(0.568、0.818、0.776、0.540、0.394),与郁闭度有显著正相关性(0.355)。天然林根系总生物量(Bsrt)与林分因子均呈正相关性,其中与林分平均胸径、林分平均高、林分优势高、林分密度指数有极显著正相关性(0.630、0.580、0.555、0.480)。

整体上看思茅松天然林总生物量与林分因子均呈正相关性,与林分平均高、林分优势高、林分平均胸径、林分密度指数均有显著正相关性(表 6.5)。

表 6.5　林分因子与思茅松天然林总生物量相关关系表

林分因子	Bstt	Bsat	Bsrt
郁闭度	0.345**	0.355**	0.251*
Dm	0.590**	0.568**	0.630**
Hm	0.796**	0.818**	0.580**
Ht	0.756**	0.776**	0.555**
SDI	0.541**	0.540**	0.480**
SI	0.348*	0.394**	0.061

注: *为 0.05 水平上的相关性, **为 0.01 水平上的相关性。

各指数曲线拟合的显著性均有差异,从曲线拟合的 R^2 看,R^2 均比较小,其中林分平均胸径、林分平均高、林分优势高、林分密度指数的相关性检验极显著。思茅松天然林总生物量随郁闭度、林分平均高、林分优势高、林分密度指数的增加呈不断增加的趋势 [图 6.5(a)、(c)、(d)、(e)];随林分平均胸径、地位指数的增加呈先增加后减少的趋势,当林分平均胸径为 21cm、地位指数为 19 时分别达到最大值 [图 6.5(b)、(f)]。思茅松天然林地上总生物量随林分因子的变化也存在类似的规律(图 6.5)。思茅松天然林根系总生物量随郁闭度、林分平均胸径、林分平均高、林分优势高、林分密度指数的增加呈缓慢增加的趋势 [图 6.5(a)、(b)、(c)、(d)、(e)];随地位指数的增加呈先缓慢增加后缓慢减少的趋势,当地位指数为 17 时达到最大值 [图 6.5(f)]。

郁闭度、林分平均高、林分优势高、林分密度指数对思茅松天然林总生物量变化趋势的影响相似 [图 6.5(a)、(c)、(d)、(e)]。

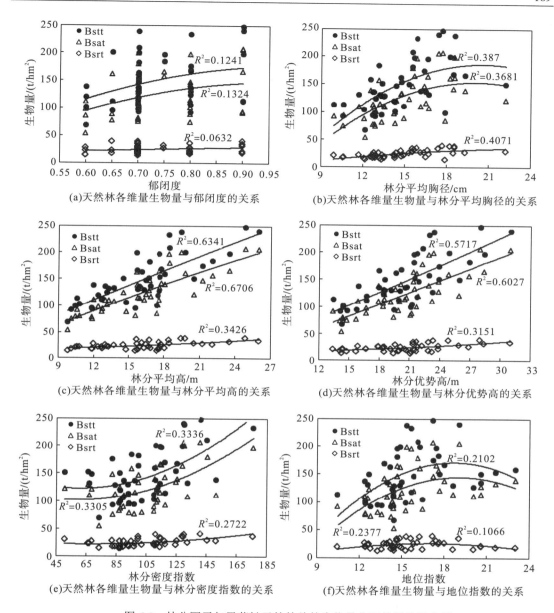

图 6.5 林分因子与思茅松天然林总的生物量分配的相关性分析

6.1.2 林分因子与思茅松天然林生物量分配比例的关系

1. 林分因子与思茅松天然林乔木层生物量分配比例的关系

思茅松天然林乔木层生物量分配比例随林分因子的变化呈规律性。乔木层总生物量百分比（Pbt）与林分因子均呈正相关性，其中与林分平均胸径、林分平均高、林分密度指数有极显著正相关性（0.543、0.437、0.550），与林分优势高有显著正相关性（0.337）。乔木层地上总生物量百分比（Pbta）与林分因子均呈正相关性，其中与林分平均胸径、林分平均高、林分优势高、林分密度指数有极显著正相关性（0.601、0.509、0.409、0.561），与地位指数有显著正相关性(0.320)。乔木层根系总生物量百分比(Pbtr)与林分平均胸径、林分平均高、林分优势高、林分密度指数、地位指数均呈正相关性，其中与林分密度指数有显著正相关性(0.320)；与郁闭度呈负相关性(-0.010)。

整体上看思茅松天然林乔木层生物量分配比例与林分平均高、林分优势高、林分平均胸径、林分密度指数、地位指数均呈正相关性，与林分密度指数有显著正相关性(表6.6)。

表 6.6 林分因子与乔木层生物量分配比例相关关系表

林分因子	Pbt	Pbta	Pbtr
郁闭度	0.118	0.157*	−0.010
Dm	0.543**	0.601**	0.201*
Hm	0.437**	0.509**	0.089
Ht	0.337**	0.409**	0.031
SDI	0.550**	0.561**	0.320*
SI	0.281*	0.320*	0.053

注：*为 0.05 水平上的相关性，**为 0.01 水平上的相关性。

各指数曲线拟合的显著性均有差异，从曲线拟合的 R^2 看，R^2 均比较小，其中林分密度指数的相关性检验极显著。乔木层总生物量百分比随郁闭度、林分平均高、林分优势高、林分密度指数的增加呈缓慢增加的趋势［图 6.6(a)、(c)、(d)、(e)］；随林分平均胸径、地位指数的增加呈先增加后趋于水平的趋势，当林分平均胸径达到 18cm、地位指数达到 18 后开始趋于水平［图 6.6(b)、(f)］。乔木层地上总生物量百分比随郁闭度、林分平均胸径、林分平均高、林分优势高、林分密度指数的增加呈缓慢增加的趋势［图 6.6(a)、(b)、(c)、(d)、(e)］；随地位指数的增加呈先增加后趋于水平的趋势，当地位指数达到 18 后开始趋于水平［图 6.6(f)］。乔木层根系总生物量百分比随郁闭度、林分平均高、林分优势高、林分密度指数、地位指数的增加呈先缓慢减少后缓慢增加的趋势，当郁闭度为 0.77、林分平均高为 17m、林分优势高为 21m、林分密度指数为 85、地位指数为 17 时分别达到最小值［图 6.6(a)、(c)、(d)、(e)、(f)］；随林分平均胸径的增加呈增加的趋势［图 6.6(b)］。

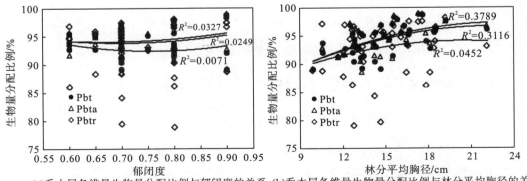

(a)乔木层各维量生物量分配比例与郁闭度的关系 (b)乔木层各维量生物量分配比例与林分平均胸径的关系

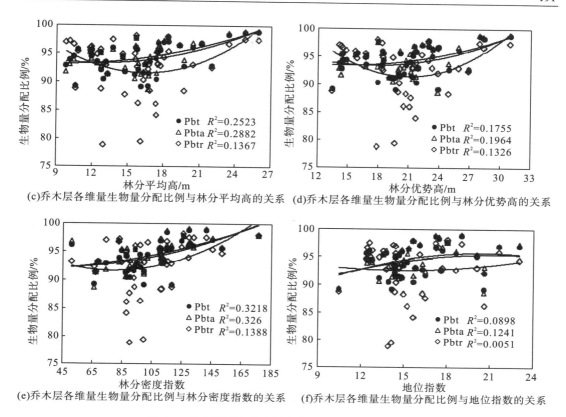

(c)乔木层各维量生物量分配比例与林分平均高的关系   (d)乔木层各维量生物量分配比例与林分优势高的关系

(e)乔木层各维量生物量分配比例与林分密度指数的关系   (f)乔木层各维量生物量分配比例与地位指数的关系

图 6.6 林分因子与乔木层生物量分配比例的相关性分析

林分平均高、林分优势高、林分密度指数对思茅松天然林乔木层各生物量分配比例变化趋势的影响相似［图 6.6(c)、(d)、(e)］。

2. 林分因子与思茅松天然林灌木层生物量分配比例的关系

思茅松天然林灌木层生物量分配比例随林分因子的变化呈规律性。灌木层总生物量百分比(Pbshrubt)与郁闭度、林分平均胸径、林分平均高、林分优势高、林分密度指数均呈负相关性，其中与林分密度指数有极显著负相关性(-0.391)，与林分平均胸径有显著负相关性(-0.328)；与地位指数呈正相关性(0.014)。灌木层地上总生物量百分比(Pbshruba)与郁闭度、林分平均胸径、林分平均高、林分优势高、林分密度指数均呈负相关性，其中与林分密度指数有极显著负相关性(-0.393)；与地位指数呈正相关性(0.036)。灌木层根系总生物量百分比(Pbshrubr)与郁闭度、林分优势高、地位指数均呈正相关性，其中与郁闭度有最大正相关性(0.090)；与林分平均胸径、林分平均高、林分密度指数均呈负相关性，其中与林分平均胸径有最大负相关性(-0.291)。

整体上看思茅松天然林灌木层生物量分配比例与林分平均胸径、林分平均高、林分密度指数均呈负相关性(表 6.7)。

表 6.7　林分因子与灌木层生物量分配比例相关关系表

林分因子	Pbshrubt	Pbshruba	Pbshrubr
郁闭度	−0.012	−0.081	0.090
Dm	−0.328**	−0.280*	−0.291*
Hm	−0.120*	−0.100	−0.049
Ht	−0.044	−0.023	0.001
SDI	−0.391**	−0.393**	−0.272*
SI	0.014	0.036	0.063

注：*为 0.05 水平上的相关性，**为 0.01 水平上的相关性。

　　各指数曲线拟合的显著性均有差异，从曲线拟合的 R^2 看，R^2 均比较小。灌木层总生物量百分比随郁闭度、林分平均高、林分优势高、地位指数的增加呈先缓慢增加后缓慢减少的趋势，当郁闭度为 0.74、林分平均高为 16.5m、林分优势高为 21m、地位指数为 17 时分别达到最大值［图 6.7(a)、(c)、(d)、(f)］；随林分平均胸径、林分密度指数的增加呈缓慢减少的趋势［图 6.7(b)、(e)］。灌木层地上总生物量百分比随林分因子的变化也存在类似的规律(图 6.7)。灌木层根系总生物量百分比随郁闭度的增加呈缓慢增加的趋势［图 6.7(a)］；随林分平均胸径的增加呈缓慢减少的趋势［图 6.7(b)］；随林分平均高、林分优势高、林分密度指数的增加呈先增加后减少的趋势，当林分平均高为 17m、林分优势高为 21m、林分密度指数为 90 时分别达到最大值［图 6.7(c)、(d)、(e)］；随地位指数的增加呈先缓慢减少后缓慢增加的趋势，当地位指数为 14 时达到最小值［图 6.7(f)］。

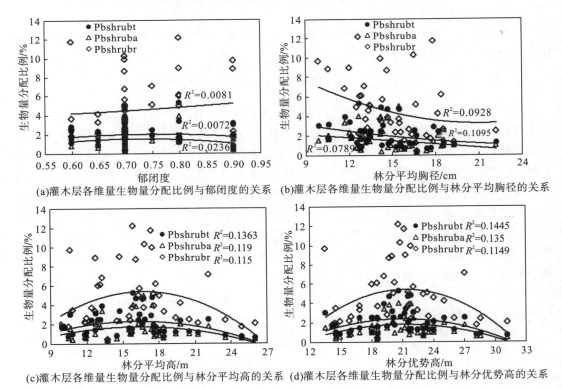

(a)灌木层各维量生物量分配比例与郁闭度的关系　(b)灌木层各维量生物量分配比例与林分平均胸径的关系

(c)灌木层各维量生物量分配比例与林分平均高的关系　(d)灌木层各维量生物量分配比例与林分优势高的关系

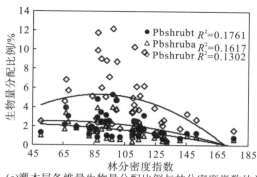
(e)灌木层各维量生物量分配比例与林分密度指数的关系

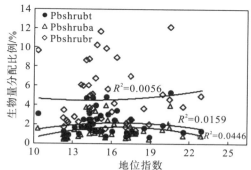
(f)灌木层各维量生物量分配比例与地位指数的关系

图 6.7　林分因子与灌层生物量分配比例的相关性分析

　　林分平均高、林分优势高对思茅松天然林灌木层各生物量分配比例变化趋势的影响相似［图 6.7(c)、(d)］。

3. 林分因子与思茅松天然林草本层生物量分配比例的关系

　　思茅松天然林草本层生物量分配比例随林分因子的变化呈规律性。草本层总生物量百分比(Pbherbt)与林分因子均呈负相关性，其中与地位指数有最大负相关性(-0.265)。草本层地上总生物量百分比(Pbherba)与林分因子均呈负相关性，其中与地位指数有显著负相关性(-0.315)。草本层根系总生物量百分比(Pbherbr)与林分因子均呈负相关性，其中与林分密度指数有最大负相关性(-0.230)。

　　整体上看思茅松天然林草本层生物量分配比例与林分因子均呈负相关性(表 6.8)。

表 6.8　林分因子与草本层生物量分配比例相关关系表

林分因子	Pbherbt	Pbherba	Pbherbr
郁闭度	-0.109	-0.127*	-0.080
Dm	-0.109	-0.236*	-0.017
Hm	-0.194*	-0.270*	-0.091
Ht	-0.155*	-0.247*	-0.051
SDI	-0.225*	-0.171	-0.230*
SI	-0.265*	-0.315**	-0.153*

注：*为 0.05 水平上的相关性，**为 0.01 水平上的相关性。

　　各指数曲线拟合的显著性均有差异，从曲线拟合的 R^2 看，R^2 均比较小。草本层总生物量百分比随郁闭度的增加呈基本不变的趋势［图 6.8(a)］；随林分平均胸径、林分平均高、林分优势高、林分密度指数、地位指数的增加呈先趋于水平后缓慢减少的趋势，当林分平均胸径达到 19cm、林分平均高达到 19m、林分优势高达到 24m、林分密度指数达到 125、地位指数达到 18 后开始缓慢减少［图 6.8(b)、(c)、(d)、(e)、(f)］。草本层地上总生物量百分比随林分因子的变化也存在类似的规律(图 6.8)。草本层根系总生物量百分比随郁闭度、林分平均高、林分优势高、地位指数的增加呈先增加后减少的趋势，当郁闭

度为 0.73、林分平均高为 16m、林分优势高为 21m、地位指数为 14.5 时分别达到最大值
[图 6.8(a)、(c)、(d)、(f)]；随林分平均胸径的增加呈基本不变的趋势[图 6.8(b)]；
随林分密度指数的增加呈不断减少的趋势[图 6.8(e)]。

林分平均高、林分优势高、地位指数对草本层生物量分配比例变化趋势的影响相似
[图 6.8(c)、(d)、(f)]。

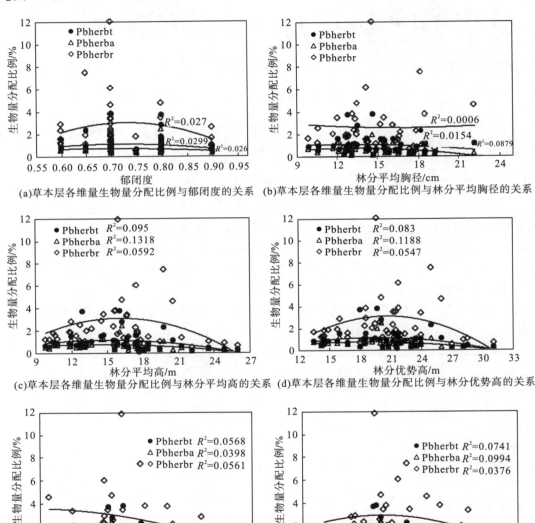

图 6.8　林分因子与草本层生物量分配比例的相关性分析

4. 林分因子与思茅松天然林枯落物层生物量分配比例的关系

思茅松天然林枯落物层生物量分配比例随林分因子的变化呈规律性。枯落物层总生物

量百分比(Pfallt)与林分因子均呈负相关性，其中与林分平均胸径、林分平均高、林分优势高、林分密度指数有极显著负相关性(-0.591、-0.534、-0.447、-0.496)，与地位指数有显著负相关性(-0.344)。枯落物层地上总生物量百分比与林分因子均呈负相关性，其中与林分平均胸径、林分平均高、林分优势高、林分密度指数有极显著负相关性(-0.595、-0.563、-0.477、-0.494)，与地位指数有显著负相关性(-0.375)。

　　整体上看思茅松天然林枯落物层生物量分配比例与林分因子均呈负相关性，与林分平均胸径、林分平均高、林分优势高、林分密度指数有极显著负相关性，与地位指数有显著负相关性(表 6.9)。

表 6.9　林分因子与枯落物层生物量分配比例相关关系表

林分因子	Pfallt	Pfalla
郁闭度	-0.131*	-0.136*
Dm	-0.591**	-0.595**
Hm	-0.534**	-0.563**
Ht	-0.447**	-0.477**
SDI	-0.496**	-0.494**
SI	-0.344**	-0.375**

注：*为 0.05 水平上的相关性，**为 0.01 水平上的相关性。

　　各指数曲线拟合的显著性均有差异，从曲线拟合的 R^2 看，R^2 均比较小，其中林分平均胸径、林分平均高、林分优势高、林分密度指数、地位指数的相关性检验极显著。枯落物层总生物量百分比随郁闭度、林分平均高、林分优势高、林分密度指数的增加呈不断减少的趋势［图 6.9(a)、(c)、(d)、(e)］；随林分平均胸径、地位指数的增加呈先减少后增加的趋势，当林分平均胸径为 20.2cm、地位指数为 19 时分别达到最小值［图 6.9(b)、(f)］。枯落物层地上总生物量百分比随林分因子的变化也存在类似的规律(图 6.9)。

　　郁闭度、林分平均高、林分优势高、林分密度指数对思茅松天然林枯落物层各生物量分配比例变化趋势的影响相似［图 6.9(a)、(c)、(d)、(e)］；林分平均胸径、地位指数对思茅松天然林枯落物层各生物量分配比例变化趋势的影响相似［图 6.9(b)、(f)］。

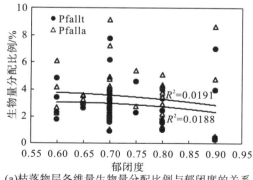

(a)枯落物层各维量生物量分配比例与郁闭度的关系

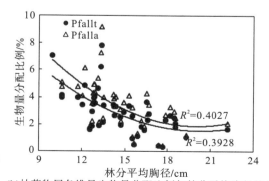

(b)枯落物层各维量生物量分配比例与林分平均胸径的关系

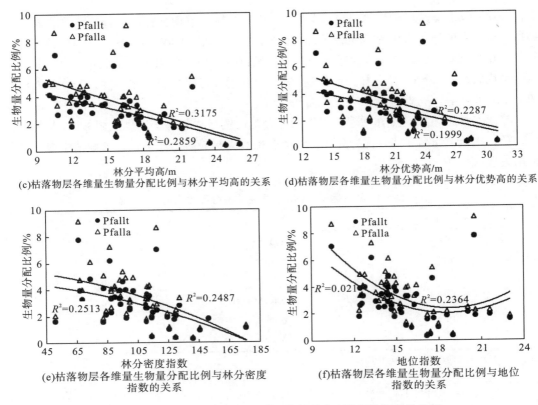

图 6.9   林分因子与枯落物层生物量分配比例的相关性分析

6.1.3   林分因子与思茅松天然林乔木层各器官生物量的关系

1. 林分因子与思茅松天然林乔木层木材生物量的关系

思茅松天然林乔木层木材生物量随林分因子的变化呈规律性。乔木层总木材生物量 (Btw)与林分因子均呈正相关性,其中与林分平均胸径、林分平均高、林分优势高、林分密度指数、地位指数有极显著正相关性(0.563、0.856、0.799、0.566、0.484),与郁闭度有显著正相关性(0.368)。乔木层思茅松木材生物量(Bpw)与林分因子均呈正相关性,其中与林分平均胸径、林分平均高、林分优势高、林分密度指数、地位指数有极显著正相关性(0.509、0.755、0.672、0.749、0.394),与郁闭度有显著正相关性(0.342)。乔木层其他树种木材生物量(Bow)与郁闭度、林分平均胸径、林分平均高、林分优势高、地位指数均呈正相关性,其中与林分平均高、林分优势高、地位指数有极显著正相关性(0.574、0.618、0.407),与林分平均胸径有显著正相关性(0.347);与林分密度指数呈负相关性(-0.250)。

整体上看乔木层木材生物量与郁闭度、林分平均胸径、林分平均高、林分优势高、地位指数均呈正相关性,与林分平均胸径、林分平均高、林分优势高、地位指数有极显著正相关性(表 6.10)。

表 6.10　林分因子与乔木层木材生物量相关关系表

林分因子	Btw	Bpw	Bow
郁闭度	0.368**	0.342**	0.205*
Dm	0.563**	0.509**	0.347**
Hm	0.856**	0.755**	0.574**
Ht	0.799**	0.672**	0.618**
SDI	0.566**	0.749**	-0.250*
SI	0.484**	0.394**	0.407**

注：*为 0.05 水平上的相关性，**为 0.01 水平上的相关性。

　　各指数曲线拟合的显著性均有差异，从曲线拟合的 R^2 看，R^2 均比较小，其中林分平均胸径、林分平均高、林分优势高、地位指数的相关性检验极显著。乔木层总木材生物量随郁闭度、林分平均高、林分优势高、林分密度指数的增加呈不断增加的趋势［图 6.10(a)、(c)、(d)、(e)］；随林分平均胸径、地位指数的增加呈先增加后减少的趋势，当林分平均胸径为 20cm、地位指数为 20 时分别达到最大值［图 6.10(b)、(f)］。乔木层思茅松木材生物量随郁闭度、林分平均高、林分优势高、林分密度指数的增加呈不断增加的趋势［图 6.10(a)、(c)、(d)、(e)］；随林分平均胸径、地位指数的增加呈先增加后减少的趋势，当林分平均胸径为 18cm、地位指数为 19.5 时分别达到最大值［图 6.10(b)、(f)］。乔木层其他树种木材生物量随郁闭度、地位指数的增加呈先缓慢增加后缓慢减少的趋势，当郁闭度为 0.78、地位指数为 20 时分别达到最大值［图 6.10(a)、(f)］；随林分平均胸径、林分密度指数的增加呈先缓慢减少后增加的趋势，当林分平均胸径为 13cm、林分密度指数为 120 时分别达到最小值［图 6.10(b)、(e)］；随林分平均高、林分优势高的增加呈缓慢增加的趋势［图 6.10(c)、(d)］。

　　林分平均高、林分优势高对思茅松天然林乔木层各木材生物量变化趋势的影响相似［图 6.10(c)、(d)］。

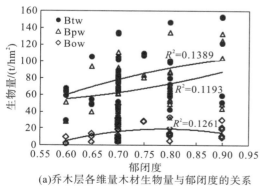

(a)乔木层各维量木材生物量与郁闭度的关系

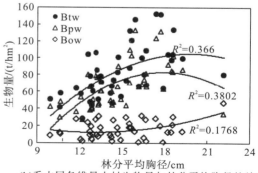

(b)乔木层各维量木材生物量与林分平均胸径的关系

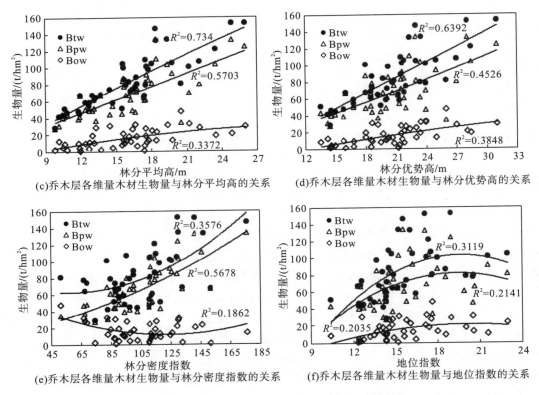

图 6.10　林分因子与乔木层木材生物量的相关性分析

2. 林分因子与思茅松天然林乔木层树皮生物量的关系

思茅松天然林乔木层树皮生物量随林分因子的变化呈规律性。乔木层总树皮生物量 (Btb) 与郁闭度、林分平均胸径、林分平均高、林分优势高、林分密度指数均呈正相关性，其中与林分平均胸径、林分密度指数有极显著正相关性 (0.414、0.753)；与地位指数呈负相关性 (-0.248)。乔木层思茅松树皮生物量 (Bpb) 与郁闭度、林分平均胸径、林分平均高、林分密度指数均呈正相关性，其中与林分密度指数有极显著正相关性 (0.824)；与林分优势高、地位指数均呈负相关性，其中与地位指数有极显著负相关性 (-0.425)。乔木层其他树种树皮生物量 (Bob) 与郁闭度、林分平均胸径、林分平均高、林分优势高、地位指数均呈正相关性，其中与林分平均高、林分优势高、地位指数有极显著正相关性 (0.584、0.625、0.445)，与林分平均胸径有显著正相关性 (0.351)；与林分密度指数呈负相关性 (-0.290)。

整体上看乔木层树皮生物量与郁闭度、林分平均胸径、林分平均高均呈正相关性 (表 6.11)。

表 6.11　林分因子与乔木层树皮生物量相关关系表

林分因子	Btb	Bpb	Bob
郁闭度	0.234*	0.121	0.215*
Dm	0.414**	0.229*	0.351**
Hm	0.285*	0.006	0.584**

续表

林分因子	Btb	Bpb	Bob
Ht	0.230*	−0.063	0.625**
SDI	0.753**	0.824**	−0.290*
SI	−0.248*	−0.425**	0.445**

注：*为 0.05 水平上的相关性，**为 0.01 水平上的相关性。

各指数曲线拟合的显著性均有差异，从曲线拟合的 R^2 看，R^2 均比较小。乔木层总树皮生物量随郁闭度、林分平均胸径、林分平均高、林分优势高、林分密度指数的增加呈不断增加的趋势［图 6.11(a)、(b)、(c)、(d)、(e)］；随地位指数的增加的呈不断减少的趋势［图 6.11(f)］。乔木层思茅松树皮生物量随郁闭度、林分平均高、林分优势高的增加呈先缓慢减少后缓慢增加的趋势，当郁闭度为 0.72、林分平均高为 17m、林分优势高为 23m 时分别达到最小值［图 6.11(a)、(c)、(d)］；随林分平均胸径的增加呈先增加后减少的趋势，当林分平均胸径为 17cm 时达到最大值［图 6.11(b)］；随林分密度指数的增加呈不断增加的趋势［图 6.11(e)］；随地位指数的增加呈不断减少的趋势［图 6.11(f)］。乔木层其他树种树皮生物量随郁闭度的增加呈先缓慢增加后缓慢减少的趋势，当郁闭度为 0.8 时达到最大值［图 6.11(a)］；随林分平均胸径、林分密度指数的增加呈先缓慢减少后缓慢增加的趋势，当林分平均胸径为 14.5cm、林分密度指数为 12 时分别达到最小值［图 6.11(b)、(e)］；随林分平均高、林分优势高的增加呈不断增加的趋势［图 6.11(c)、(d)］；随地位指数的增加呈先增加后趋于水平的趋势，当地位指数达到 19 后开始趋于水平［图 6.11(f)］。

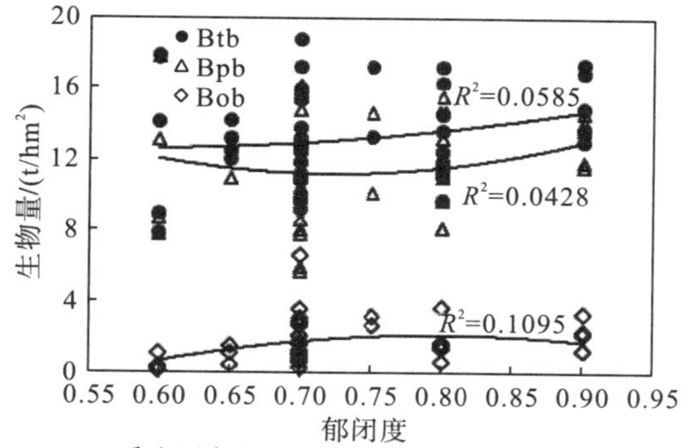

(a)乔木层各维量树皮生物量与郁闭度的关系

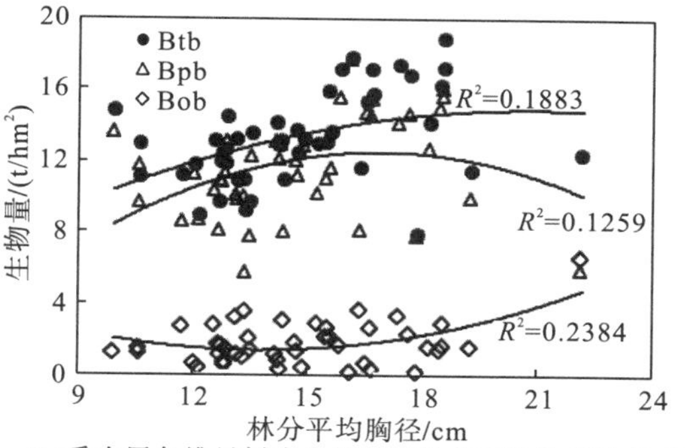

(b)乔木层各维量树皮生物量与林分平均胸径的关系

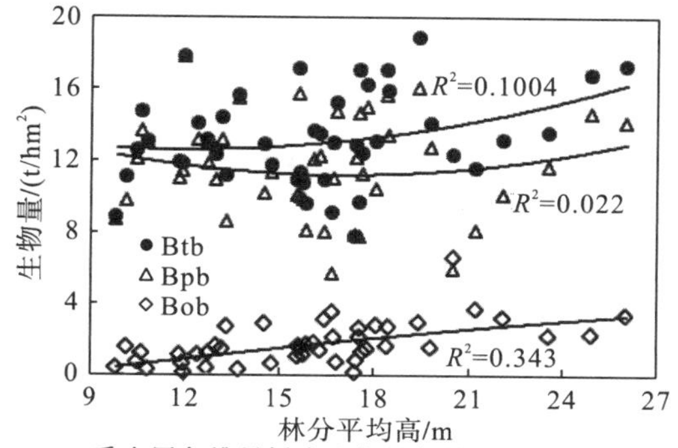

(c)乔木层各维量树皮生物量与林分平均高的关系

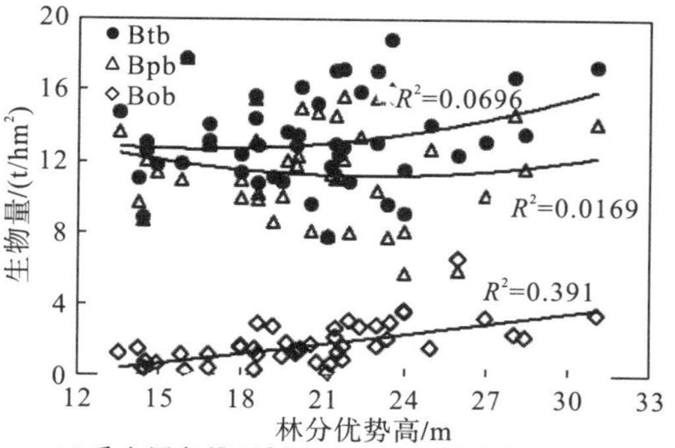

(d)乔木层各维量树皮生物量与林分优势高的关系

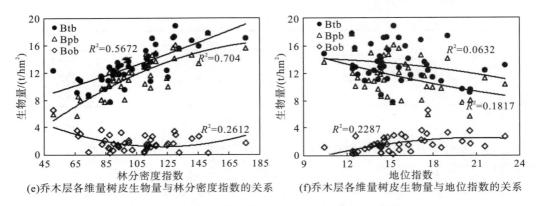

(e)乔木层各维量树皮生物量与林分密度指数的关系   (f)乔木层各维量树皮生物量与地位指数的关系

图6.11   林分因子与乔木层树皮生物量的相关性分析

林分平均高、林分优势高对思茅松天然林乔木层各树皮生物量变化趋势的影响相似〔图6.11（c）、（d）〕。

3. 林分因子与思茅松天然林乔木层树枝生物量的关系

思茅松天然林乔木层树枝生物量随林分因子的变化呈规律性。乔木层总树枝生物量（Btbr）与林分因子均呈正相关性，其中与林分平均胸径、林分平均高、林分优势高有极显著正相关性（0.589、0.672、0.667），与林分密度指数有显著正相关性（0.305）。乔木层思茅松树枝生物量（Bpbr）与郁闭度、林分平均胸径、林分平均高、林分优势高、林分密度指数均呈正相关性，其中与林分平均胸径、林分平均高、林分密度指数有极显著正相关性（0.541、0.404、0.704），与林分优势高有显著正相关性（0.343）；与地位指数呈负相关性（-0.049）。乔木层其他树种树枝生物量（Bobr）与郁闭度、林分平均胸径、林分平均高、林分优势高、地位指数均呈正相关性，其中与林分平均高、林分优势高有极显著正相关性（0.540、0.590），与林分平均胸径、地位指数有显著正相关性（0.295、0.350）；与林分密度指数呈负相关性（-0.252）。

整体上看乔木层树枝生物量与郁闭度、林分平均胸径、林分平均高、林分优势高均呈正相关性，与林分平均胸径、林分平均高、林分优势高有显著正相关性（表6.12）。

表6.12   林分因子与乔木层树枝生物量相关关系表

林分因子	Btbr	Bpbr	Bobr
郁闭度	0.257*	0.179*	0.183*
Dm	0.589**	0.541**	0.295*
Hm	0.672**	0.404**	0.540**
Ht	0.667**	0.343**	0.590**
SDI	0.305*	0.704**	-0.252*
SI	0.220*	-0.049	0.350**

注：*为0.05水平上的相关性，**为0.01水平上的相关性。

各指数曲线拟合的显著性均有差异，从曲线拟合的 R^2 看，R^2 均比较小，其中林分平均胸径、林分平均高、林分优势高、林分密度指数的相关性检验极显著。乔木层总树枝生物量随郁闭度、林分平均胸径、林分平均高、林分优势高的增加呈不断增加的趋势 [图 6.12(a)、(b)、(c)、(d)]；随林分密度指数的增加呈先减少后增加的趋势，当林分密度指数为 80 时达到最小值 [图 6.12(e)]；随地位指数的增加呈先增加后减少的趋势，当地位指数为 18 时达到最大值 [图 6.12(f)]。乔木层思茅松树枝生物量随郁闭度的增加呈先减少后增加的趋势，当郁闭度为 0.71 时达到最小值 [图 6.12(a)]；随林分平均胸径、地位指数的增加呈先增加后减少的趋势，当林分平均胸径为 19cm、地位指数为 16 时分别达到最大值 [图 6.12(b)、(f)]；随林分平均高、林分优势高、林分密度指数的增加呈不断增加的趋势 [图 6.12(c)、(d)、(e)]。乔木层其他树种树枝生物量随郁闭度、地位指数的增加呈先增加后减少的趋势，当郁闭度为 0.77、地位指数为 19.5 时分别达到最大值 [图 6.12(a)、(f)]；随林分平均胸径、林分平均高、林分优势高的增加呈不断增加的趋势 [图 6.12(b)、(c)、(d)]；随林分密度指数的增加呈先减少后增加的趋势，当林分密度指数为 125 达到最小值 [图 6.12(e)]。

林分平均高、林分优势高对思茅松天然林乔木层树枝生物量变化趋势的影响相似 [图 6.12(c)、(d)]。

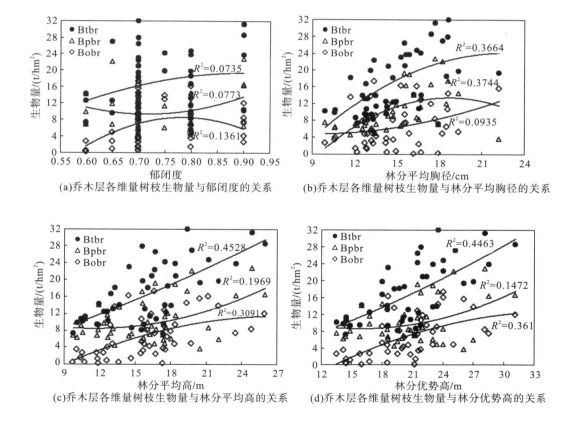

(a)乔木层各维量树枝生物量与郁闭度的关系　　(b)乔木层各维量树枝生物量与林分平均胸径的关系

(c)乔木层各维量树枝生物量与林分平均高的关系　　(d)乔木层各维量树枝生物量与林分优势高的关系

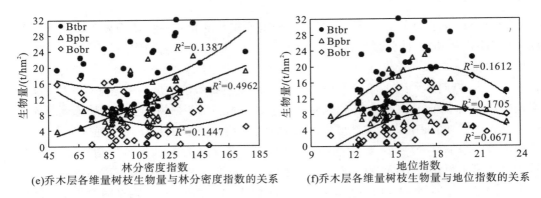

(e)乔木层各维量树枝生物量与林分密度指数的关系   (f)乔木层各维量树枝生物量与地位指数的关系

图 6.12   林分因子与乔木层树枝生物量的相关性分析

4. 林分因子与思茅松天然林乔木层树叶生物量的关系

思茅松天然林乔木层树叶生物量随林分因子的变化呈规律性。乔木层总树叶生物量 (Btl) 与郁闭度、林分密度指数均呈正相关性,其中与林分密度指数有最大正相关性 (0.149);与林分平均胸径、林分平均高、林分优势高、地位指数均呈负相关性,其中与地位指数有极显著负相关性 (-0.400)。乔木层思茅松树叶生物量 (Bpl) 与林分密度指数呈显著正相关性 (0.320);与郁闭度、林分平均胸径、林分平均高、林分优势高、地位指数均呈负相关性,其中与林分平均高、林分优势高、地位指数有极显著负相关性 (-0.765、-0.775、-0.663)。乔木层其他树种树叶生物量 (Bol) 与郁闭度、林分平均胸径、林分平均高、林分优势高、地位指数均呈正相关性,其中与林分平均高、林分优势高有极显著正相关性 (0.551、0.594);与林分密度指数呈负相关性 (-0.166) (表 6.13)。

表 6.13   林分因子与乔木层树叶生物量相关关系表

林分因子	Btl	Bpl	Bol
郁闭度	0.085	−0.202*	0.269*
Dm	−0.016	−0.252*	0.222*
Hm	−0.186*	−0.765**	0.551**
Ht	−0.150*	−0.775**	0.594**
SDI	0.149*	0.320*	−0.166*
SI	−0.400**	−0.663**	0.259*

注:*为 0.05 水平上的相关性,**为 0.01 水平上的相关性。

各指数曲线拟合的显著性均有差异,从曲线拟合的 R^2 看,R^2 均比较小。乔木层总树叶生物量随郁闭度的增加呈先缓慢增加后缓慢减少的趋势,当郁闭度为 0.81 时达到最大值 [图 6.13(a)];随林分平均胸径、林分平均高、林分优势高、林分密度指数的增加呈先减少后增加的趋势,当林分平均胸径为 16.5cm、林分平均高为 19m、林分优势高为 23.5m、林分密度指数为 85 时分别达到最小值 [图 6.13(b)、(c)、(d)、(e)];随地位指数的增加呈不断减少的趋势 [图 6.13(f)]。乔木层思茅松树叶生物量随郁闭度、林分平均高、地位指数的增加呈先减少后增加的趋势,当郁闭度为 0.85、林分平均高为 23m、地位指数为 20.5 时分别达到最小值［图 6.13(a)、(c)、(f)］；随林分平均胸径、林分优势高的增加呈不断减少趋势［图 6.13(b)、(d)］；随林分密度指数的增加呈先增加后趋于水平的趋势，当林分密度指数达到 145 后开始趋于水平［图 6.13(e)］。乔木层其他树种树叶生物量随郁闭度、地位指数的增加呈先增加后减少的趋势，当郁闭度为 0.85、地位指数为 19 时分别达到最大值［图 6.13(a)、(f)］；随林分平均胸径、林分平均高、林分优势高的增加呈不断增加的趋势［图 6.13(b)、(c)、(d)］；随林分密度指数的增加呈先减少后增加的趋势，当林分密度指数为 125 时达到最小值［图 6.13(e)］。

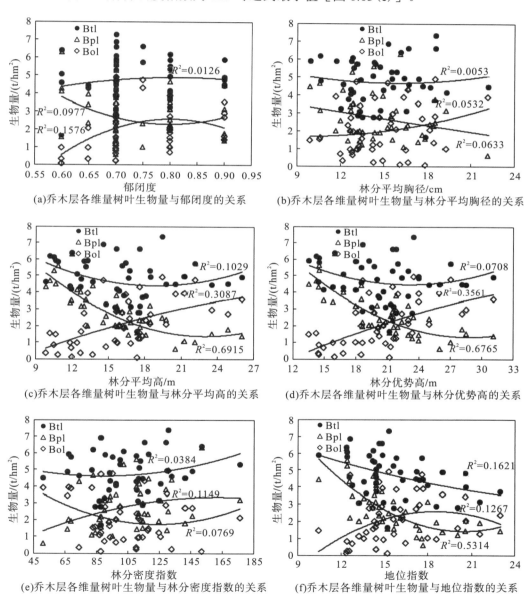

图 6.13　林分因子与乔木层树叶生物量的相关性分析

5. 林分因子与思茅松天然林乔木层地上生物量的关系

思茅松天然林乔木层地上生物量随林分因子的变化呈规律性。乔木层总地上生物量 (Bta) 与林分因子均呈正相关性, 其中与林分平均胸径、林分平均高、林分优势高、林分密度指数、地位指数有极显著正相关性 (0.586、0.821、0.772、0.564、0.398), 与郁闭度有显著正相关性 (0.360)。乔木层思茅松地上生物量 (Bpa) 与林分因子均呈正相关性, 其中与林分平均胸径、林分平均高、林分优势高、林分密度指数有极显著正相关性 (0.521、0.666、0.581、0.823), 与郁闭度有显著正相关性 (0.317)。乔木层其他树种地上生物量 (Boa) 与郁闭度、林分平均胸径、林分平均高、林分优势高、地位指数均呈正相关性, 其中与林分平均高、林分优势高、地位指数有极显著正相关性 (0.572、0.618、0.388), 与林分平均胸径有显著正相关性 (0.328); 与林分密度指数呈负相关性 (-0.251)。

整体上看乔木层地上生物量与郁闭度、林分平均胸径、林分平均高、林分优势高、地位指数均呈正相关性, 随林分平均胸径、林分平均高、林分优势高的增加而增加 (表 6.14)。

表 6.14　林分因子与乔木层地上生物量相关关系表

林分因子	Bta	Bpa	Boa
郁闭度	0.360*	0.317*	0.207*
Dm	0.586**	0.521**	0.328*
Hm	0.821**	0.666**	0.572**
Ht	0.772**	0.581**	0.618**
SDI	0.564**	0.823**	-0.251*
SI	0.398**	0.260*	0.388**

注: *为 0.05 水平上的相关性, **为 0.01 水平上的相关性。

各指数曲线拟合的显著性均有差异, 从曲线拟合的 R^2 看, R^2 均比较小, 其中林分平均胸径、林分平均高、林分优势高的相关性检验极显著。乔木层总地上生物量随郁闭度、林分平均高、林分优势高、林分密度指数的增加呈不断增加的趋势 [图 6.14 (a)、(c)、(d)、(e)]; 随林分平均胸径、地位指数的增加呈先增加后减少的趋势, 当林分平均胸径为 20.5cm、地位指数为 19 时分别达到最大值 [图 6.14 (b)、(f)]。乔木层思茅松地上生物量随郁闭度、林分平均高、林分优势高、林分密度指数的增加呈不断增加的趋势 [图 6.14 (a)、(c)、(d)、(e)]; 随林分平均胸径、地位指数的增加呈先增加后减少的趋势, 当林分平均胸径为 17.8cm、地位指数为 18.5 时分别达到最大值 [图 6.14 (b)、(f)]。乔木层其他树种地上生物量随郁闭度、地位指数的增加呈先缓慢增加后缓慢减少的趋势, 当郁闭度为 0.8、地位指数为 20 时分别达到最大值 [图 6.14 (a)、(f)]; 随林分平均胸径的增加呈先趋于水平后增加的趋势, 当林分平均胸径达到 15cm 后开始增加 [图 6.14 (b)]; 随林分平均高、林分优势高的增加呈不断增加的趋势 [图 6.14 (c)、(d)]; 随林分密度指数的增加呈先缓慢减少后缓慢增加的趋势, 当林分密度指数为 125 时达到最小值 [图 6.14 (e)]。

林分平均高、林分优势高对思茅松天然林乔木层地上生物量变化趋势的影响相似 [图 6.14 (c)、(d)]。

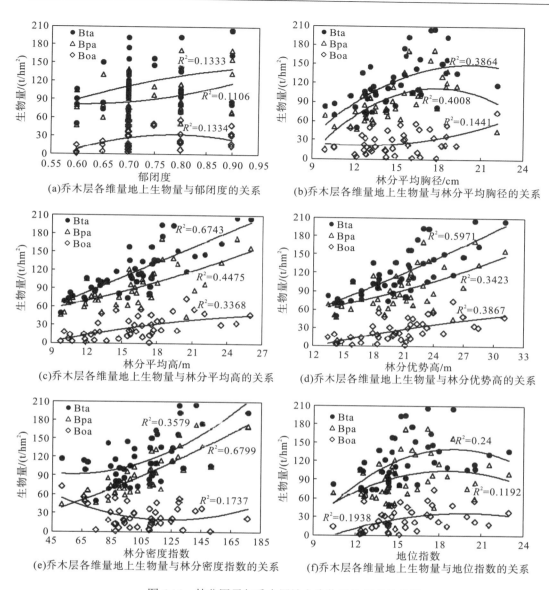

图6.14 林分因子与乔木层地上生物量的相关性分析

6. 林分因子与思茅松天然林乔木层根系生物量的关系

思茅松天然林乔木层根系生物量随林分因子的变化呈规律性。乔木层总根系生物量(Btr)与林分因子均呈正相关性，其中与林分平均胸径、林分平均高、林分优势高、林分密度指数有极显著正相关性(0.644、0.586、0.552、0.522)。乔木层思茅松根系生物量(Bpr)与郁闭度、林分平均胸径、林分平均高、林分优势高、林分密度指数均呈正相关性，其中与林分平均胸径、林分密度指数有极显著正相关性(0.483、0.794)；与地位指数呈负相关性(-0.176)。乔木层其他树种根系生物量(Bor)与郁闭度、林分平均胸径、林分平均高、林分优势高、地位指数均呈正相关性，其中与林分平均高、林分优势高有极显著正相关性

（0.588、0.632），与林分平均胸径、地位指数有显著正相关性（0.331、0.356）；与林分密度指数呈负相关性（-0.286）。

整体上看乔木层根系生物量与郁闭度、林分平均胸径、林分平均高、林分优势高均呈正相关性，与林分平均胸径有显著正相关性（表 6.15）。

表 6.15　林分因子与乔木层根系生物量相关关系表

林分因子	Btr	Bpr	Bor
郁闭度	0.254*	0.119	0.228*
Dm	0.644**	0.483**	0.331*
Hm	0.586**	0.231*	0.588**
Ht	0.552**	0.161*	0.632**
SDI	0.522**	0.794**	-0.286*
SI	0.074	-0.176*	0.356*

注：*为 0.05 水平上的相关性，**为 0.01 水平上的相关性。

各指数曲线拟合的显著性均有差异，从曲线拟合的 R^2 看，R^2 均比较小，其中林分平均胸径的相关性检验极显著。乔木层总根系生物量随郁闭度、林分平均胸径、林分平均高、林分优势高的增加呈不断增加的趋势 ［图 6.15（a）、（b）、（c）、（d）］；随林分密度指数的增加呈先减少后增加的趋势，当林分密度指数为 70 时达到最小值 ［图 6.15（e）］；随地位指数的增加呈先增加后减少的趋势，当地位指数为 17.5 时达到最大值 ［图 6.15（f）］。乔木层思茅松根系生物量随郁闭度、林分平均高、林分优势高的增加呈先减少后增加的趋势，当郁闭度为 0.72、林分平均高为 14m、林分优势高为 18.5m 时分别达到最小值［图 6.15（a）、（c）、（d）］；随林分平均胸径、地位指数的增加呈先增加后减少的趋势，当林分平均胸径为 18cm、地位指数为 15 时分别达到最大值 ［图 6.15（b）、（f）］；随林分密度指数的增加呈不断增加的趋势 ［图 6.15（e）］。乔木层其他树种根系生物量随郁闭度、地位指数的增加呈先增加后减少的趋势，当郁闭度为 0.8、地位指数为 19.5 时分别达到最大值 ［图 6.15（a）、（f）］；随林分平均胸径、林分密度指数的增加呈先减少后增加的趋势，当林分平均胸径为 13cm、林分密度指数为 125 时分别达到最小值 ［图 6.15（b）、（e）］；随林分平均高、林分优势高的增加呈不断增加的趋势 ［图 6.15（c）、（d）］。

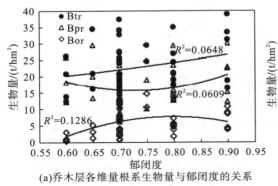

(a)乔木层各维量根系生物量与郁闭度的关系

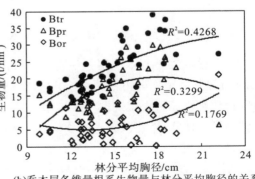

(b)乔木层各维量根系生物量与林分平均胸径的关系

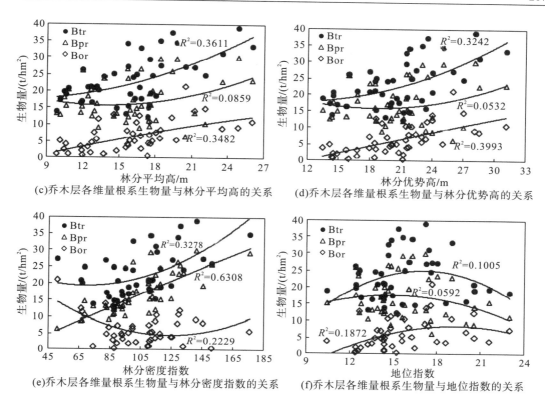

图 6.15　林分因子与乔木层树根生物量的相关性分析

林分平均高、林分优势高对思茅松天然林乔木层各维量根系生物量变化趋势的影响相似［图 6.15(c)、(d)］。

7. 林分因子与思茅松天然林乔木层总生物量的关系

思茅松天然林乔木层总生物量随林分因子的变化呈规律性。乔木层总生物量(Btt)与林分因子均呈正相关性,其中与林分平均胸径、林分平均高、林分优势高、林分密度指数有极显著正相关性(0.605、0.799、0.752、0.567),与郁闭度、地位指数有显著正相关性(0.350、0.355)。乔木层思茅松总生物量(Bpt)与林分因子均呈正相关性,其中与林分平均胸径、林分平均高、林分优势高、林分密度指数有极显著正相关性(0.530、0.613、0.528、0.843)。乔木层其他树种总生物量(Bot)与郁闭度、林分平均胸径、林分平均高、林分优势高、地位指数均呈正相关性,其中与林分平均高、林分优势高、地位指数有极显著正相关性(0.577、0.623、0.383),与林分平均胸径有显著正相关性(0.330);与林分密度指数呈负相关性(-0.258)。

整体上看乔木层总生物量与郁闭度、林分平均胸径、林分平均高、林分优势高、地位指数均呈正相关性,与林分平均胸径、林分平均高、林分优势高有显著正相关性(表 6.16)。

表 6.16　林分因子与乔木层总生物量相关关系表

林分因子	Btt	Bpt	Bot
郁闭度	0.350*	0.294*	0.212*
Dm	0.605**	0.530**	0.330*
Hm	0.799**	0.613**	0.577**
Ht	0.752**	0.528**	0.623**
SDI	0.567**	0.843**	−0.258*
SI	0.355*	0.194	0.383**

注：*为 0.05 水平上的相关性，**为 0.01 水平上的相关性。

　　各指数曲线拟合的显著性均有差异，从曲线拟合的 R^2 看，R^2 均比较小，其中林分平均胸径、林分平均高、林分优势高的相关性检验极显著。乔木层总生物量随郁闭度、林分平均高、林分优势高、林分密度指数的增加呈不断增加的趋势［图 6.16(a)、(c)、(d)、(e)］；随林分平均胸径、地位指数的增加呈先增加后减少的趋势，当林分平均胸径为 21cm、地位指数为 19 时分别达到最大值［图 6.16(b)、(f)］。乔木层思茅松总生物量随郁闭度、林分平均高、林分优势高、林分密度指数的增加呈不断增加的趋势［图 6.16(a)、(c)、(d)、(e)］；随林分平均胸径、地位指数的增加呈先增加后减少的趋势，当林分平均胸径为 18cm、地位指数为 18.5 时分别达到最大值［图 6.16(b)、(f)］。乔木层其他树种总生物量随郁闭度、地位指数的增加呈先增加后减少的趋势，当郁闭度为 0.8、地位指数为 19.5 时分别达到最大值［图 6.16(a)、(f)］；随林分平均胸径、林分密度指数的增加呈先减少后增加的趋势，当林分平均胸径为 12cm、林分密度指数为 125 时分别达到最小值［图 6.16(b)、(e)］；随林分平均高、林分优势高的增加呈不断增加的趋势［图 6.16(c)、(d)］。

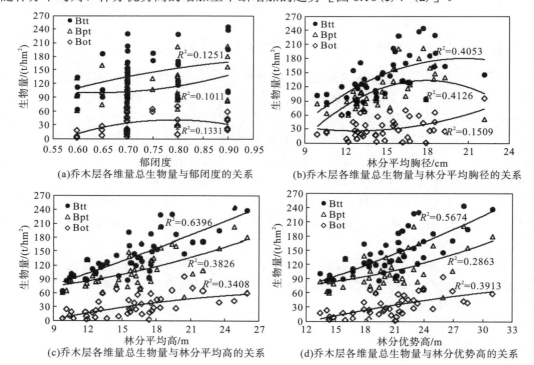

(a)乔木层各维量总生物量与郁闭度的关系　　(b)乔木层各维量总生物量与林分平均胸径的关系

(c)乔木层各维量总生物量与林分平均高的关系　　(d)乔木层各维量总生物量与林分优势高的关系

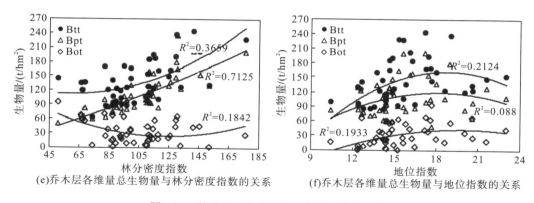

(e)乔木层各维量总生物量与林分密度指数的关系　(f)乔木层各维量总生物量与地位指数的关系

图 6.16　林分因子与乔木层总生物量的相关性分析

林分平均高、林分优势高对思茅松天然林乔木层各维量总生物量变化趋势的影响相似［图 6.16(c)、(d)］。

6.1.4　林分因子与思茅松天然林乔木层各器官生物量分配比例的关系

1. 林分因子与思茅松天然林乔木层木材生物量分配比例的关系

思茅松天然林乔木层木材生物量分配比例随林分因子的变化呈规律性。乔木层木材生物量占乔木层总生物量百分比(Pbtw1)与林分因子均呈正相关性，其中与林分平均高、林分优势高、地位指数有极显著正相关性(0.689、0.640、0.701)。乔木层思茅松木材生物量占思茅松总生物量百分比(Pbpw1)与林分因子均呈正相关性，其中与林分平均高、林分优势高、地位指数有极显著正相关性(0.771、0.759、0.767)。乔木层其他树种木材生物量占其他树种总生物量百分比(Pbow1)与郁闭度、林分平均高、林分优势高均呈负相关性，其中与林分优势高有显著负相关性(−0.308)；与林分平均胸径、林分密度指数、地位指数均呈正相关性，其中与林分密度指数有最大正相关性(0.290)。

整体上看思茅松天然林乔木层木材生物量分配比例与林分平均胸径、林分密度指数、地位指数呈正相关性(表 6.17)。

表 6.17　林分因子与乔木层木材生物量分配比例相关关系表

林分因子	Pbtw1	Pbpw1	Pbow1
郁闭度	0.202*	0.215*	−0.188*
Dm	0.255*	0.269*	0.042
Hm	0.689**	0.771**	−0.268*
Ht	0.640**	0.759**	−0.308*
SDI	0.237*	0.034	0.290*
SI	0.701**	0.767**	0.049

注：*为 0.05 水平上的相关性，**为 0.01 水平上的相关性。

各指数曲线拟合的显著性均有差异，从曲线拟合的 R^2 看，R^2 均比较小，其中林分优势高的相关性检验极显著。乔木层木材生物量占乔木层总生物量百分比随郁闭度、林分平均胸径、林分平均高、林分优势高的增加呈先增加后减少的趋势，当郁闭度为 0.8、林分平均胸径为 19cm、林分平均高为 22m、林分优势高为 27.5m 时分别达到最大值[图 6.17（a）、（b）、（c）、（d）]；随林分密度指数的增加呈先减少后增加的趋势，当林分密度指数为 105 时达到最小值 [图 6.17（e）]；随地位指数的增加呈不断增加的趋势 [图 6.17（f）]。乔木层思茅松木材生物量占思茅松总生物量百分比随郁闭度、林分平均胸径、林分平均高、林分优势高的增加呈先增加后减少的趋势，当郁闭度为 0.82、林分平均胸径为 18cm、林分平均高为 21.5m、林分优势高为 27m 时分别达到最大值 [图 6.17（a）、（b）、（c）、（d）]；随林分密度指数、地位指数的增加呈不断增加的趋势 [图 6.17（e）、（f）]。乔木层其他树种木材生物量占其他树种总生物量百分比随郁闭度、林分平均高、林分优势高的增加呈缓慢减少的趋势[图 6.17（a）、（c）、（d）]；随林分平均胸径的增加呈基本不变的趋势[图 6.17（b）]；随林分密度指数的增加呈缓慢增加的趋势 [图 6.17（e）]；随地位指数的增加呈先减少后增加的趋势，当地位指数为 17 时达到最小值 [图 6.17（f）]。

　　郁闭度、林分平均高、林分优势高对思茅松天然林乔木层各维量木材生物量分配比例变化趋势的影响相似 [图 6.17（a）、（c）、（d）]。

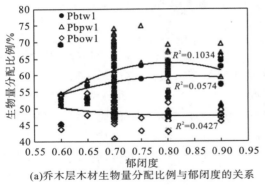

(a)乔木层木材生物量分配比例与郁闭度的关系

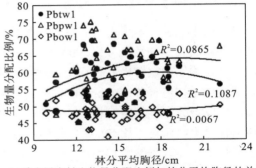

(b)乔木层木材生物量分配比例与林分平均胸径的关系

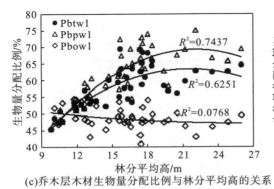

(c)乔木层木材生物量分配比例与林分平均高的关系

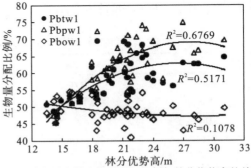

(d)乔木层木材生物量分配比例与林分优势高的关系

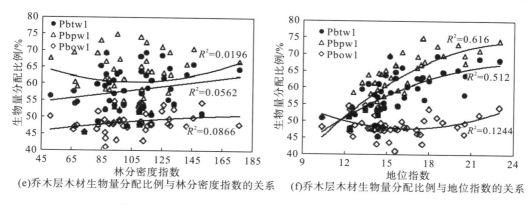

(e) 乔木层木材生物量分配比例与林分密度指数的关系　(f) 乔木层木材生物量分配比例与地位指数的关系

图 6.17　林分因子与乔木层木材生物量分配比例的相关性分析

2. 林分因子与思茅松天然林乔木层树皮生物量分配比例的关系

思茅松天然林乔木层树皮生物量分配比例随林分因子的变化呈规律性。乔木层树皮生物量占乔木层总生物量百分比（Pbtb1）与林分因子均呈负相关性，其中与林分平均胸径、林分平均高、林分优势高、地位指数有极显著负相关性（-0.489、-0.797、-0.791、-0.696）。乔木层思茅松树皮生物量占思茅松总生物量百分比（Pbpb1）与林分因子均呈负相关性，其中与林分平均胸径、林分平均高、林分优势高、地位指数有极显著负相关性（-0.521、-0.791、-0.753、-0.712）。乔木层其他树种树皮生物量占其他树种总生物量百分比（Pbob1）与郁闭度、林分平均胸径、林分平均高、林分优势高、林分密度指数均呈负相关性，其中与林分平均高、林分优势高有显著正相关性（-0.316、-0.341）；与地位指数呈正相关性（0.002）。

整体上看思茅松天然林乔木层树皮生物量分配比例与郁闭度、林分平均胸径、林分平均高、林分优势高、林分密度指数均呈负相关性，与林分平均高、林分优势高有显著负相关性（表 6.18）。

表 6.18　林分因子与乔木层树皮生物量分配比例相关关系表

林分因子	Pbtb1	Pbpb1	Pbob1
郁闭度	-0.195*	-0.159*	-0.095
Dm	-0.489**	-0.521**	-0.249*
Hm	-0.797**	-0.791**	-0.316*
Ht	-0.791**	-0.753**	-0.341*
SDI	-0.084	-0.283*	-0.047
SI	-0.696**	-0.712**	0.002

注：*为 0.05 水平上的相关性，**为 0.01 水平上的相关性。

各指数曲线拟合的显著性均有差异，从曲线拟合的 R^2 看，R^2 均比较小，其中林分平均高、林分优势高的相关性检验极显著。乔木层树皮生物量占乔木层总生物量百分比随郁闭度、地位指数的增加呈先减少后增加的趋势，当郁闭度为 0.81、地位指数为 20 时分别达到最小值［图 6.18（a）、（f）］；随林分平均胸径、林分平均高、林分优势高的增加呈不断减少的趋势［图 6.18（b）、（c）、（d）］；随林分密度指数的增加呈先增加后减少的趋势，当林分密度指数为 104 时达到最大值 [图 6.18(e)]。乔木层思茅松树皮生物量占思茅松总生物量百分比随郁闭度、林分平均高、林分优势高的增加呈不断减少的趋势[图 6.18(a)、(c)、(d)]；随林分平均胸径、地位指数的增加呈先减少后增加的趋势，当林分平均胸径为 18.5cm、地位指数为 21 时分别达到最小值 [图 6.18(b)、(f)]；随林分密度指数的增加呈先趋于水平后减少的趋势，当林分密度指数达到 95 后开始减少 [图 6.18(e)]。乔木层其他树种树皮生物量占其他树种总生物量百分比随各林分因子指数值的增加均呈先缓慢减少后增加的趋势，当郁闭度为 0.77、林分平均胸径为 16.5cm、林分平均高为 19m、林分优势高为 23.5m、林分密度指数为 115、地位指数为 16.5 时分别达到最小值(图 6.18)。

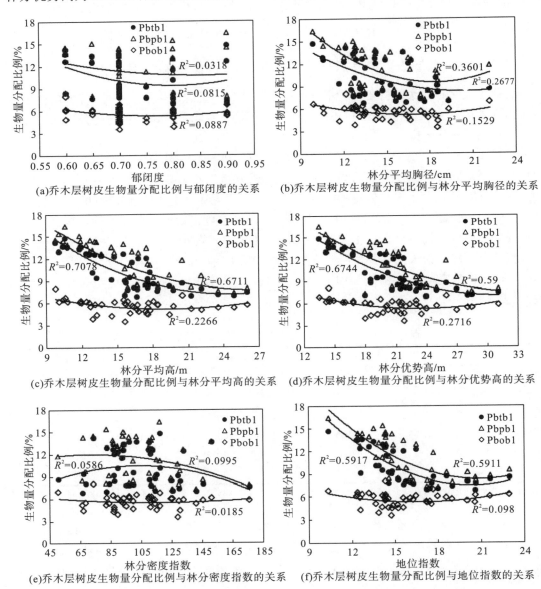

图 6.18　林分因子与乔木层树皮生物量分配比例的相关性分析

　　林分平均高、林分优势高对乔木层思茅松乔木层各维量树皮生物量分配比例变化趋势的影响相似 [图 6.18(c)、(d)]。

3. 林分因子与思茅松天然林乔木层树枝生物量分配比例的关系

　　思茅松天然林乔木层树枝生物量分配比例随林分因子的变化呈规律性。乔木层树枝生物量占乔木层总生物量百分比(Pbtbr1)与郁闭度、林分密度指数、地位指数均呈负相关性，其中与林分密度指数有最大负相关性(-0.247)；与林分平均胸径、林分平均高、林分优势高均呈正相关性，其中与林分平均胸径有最大正相关性(0.252)。乔木层思茅松树枝生物量占思茅松总生物量百分比(Pbpbr1)与郁闭度、林分平均高、林分优势高、地位指数均呈负相关性，其中与地位指数有极显著负相关性(-0.441)；与林分平均胸径、林分密度指数均呈正相关性，其中与林分平均胸径有最大正相关性(0.252)。乔木层其他树种树枝生物量占其他树种总生物量百分比(Pbobr1)与郁闭度、林分平均胸径、林分平均高、林分优势高、地位指数均呈正相关性，其中与林分平均高、林分优势高有极显著正相关性(0.436、0.466)；与林分密度指数呈负相关性，相关系数为-0.190。

　　整体上看乔木层树枝生物量分配比例与林分平均胸径呈正相关性(表 6.19)。

表 6.19　林分因子与乔木层树枝生物量分配比例相关关系表

林分因子	Pbtbr1	Pbpbr1	Pbobr1
郁闭度	-0.005	-0.093	0.111
Dm	0.252*	0.252*	0.259*
Hm	0.134	-0.179*	0.436**
Ht	0.207*	-0.194*	0.466**
SDI	-0.247*	0.241*	-0.190*
SI	-0.067	-0.441**	0.259*

注：*为 0.05 水平上的相关性，**为 0.01 水平上的相关性。

　　各指数曲线拟合的显著性均有差异，从曲线拟合的 R^2 看，R^2 均比较小。乔木层树枝生物量占乔木层总生物量百分比随郁闭度、地位指数的增加呈先缓慢增加后缓慢减少的趋势，当郁闭度为 0.76、地位指数为 16.5 时分别达到最大值 [图 6.19(a)、(f)]；随林分平均胸径、林分平均高、林分优势高的增加呈缓慢增加的趋势 [图 6.19(b)、(c)、(d)]；随林分密度指数的增加呈先缓慢减少后缓慢增加的趋势，当林分密度指数为 130 时达到最小值 [图 6.19(e)]。乔木层思茅松树枝生物量占思茅松总生物量百分比随郁闭度、林分平均高、林分优势高的增加呈先缓慢减少后缓慢增加的趋势，当郁闭度为 0.77、林分平均高为 18.5m、林分优势高为 23m 时分别达到最小值 [图 6.19(a)、(c)、(d)]；随林分平均胸径的增加呈先缓慢增加后缓慢减少的趋势，当林分平均胸径为 19cm 时达到最大值 [图 6.19(b)]；随林分密度指数的增加呈增加的趋势 [图 6.19(e)]；随地位指数的增加呈不断减少的趋势 [图 6.19(f)]。乔木层其他树种树枝生物量占其他树种总生物量百分比随郁闭度、林分平均胸径、林分平均高、林分优势高、地位指数的增加呈先增加后减少的趋势，当郁闭度为 0.78、林分平均胸径为 18cm、林分平均高为 20m、林分优势高为 25m、地位指数为 18 时分别达到最大值 [图 6.19(a)、(b)、(c)、(d)、(f)]；随林分密度指数的增加呈不断减少的趋势 [图 6.19(e)]。

　　林分平均高、林分优势高对思茅松天然林乔木层各维量树枝生物量分配比例变化趋势的影响相似 [图 6.19(c)、(d)]。

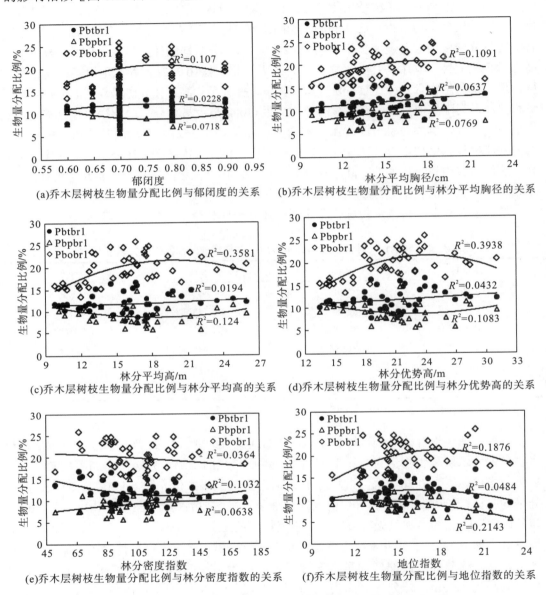

(a)乔木层树枝生物量分配比例与郁闭度的关系　　(b)乔木层树枝生物量分配比例与林分平均胸径的关系

(c)乔木层树枝生物量分配比例与林分平均高的关系　　(d)乔木层树枝生物量分配比例与林分优势高的关系

(e)乔木层树枝生物量分配比例与林分密度指数的关系　　(f)乔木层树枝生物量分配比例与地位指数的关系

图 6.19　林分因子与乔木层树枝生物量分配比例的相关性分析

4. 林分因子与思茅松天然林乔木层树叶生物量分配比例的关系

　　思茅松天然林乔木层树叶生物量分配比例随林分因子的变化呈规律性。乔木层树叶生物量占乔木层总生物量百分比(Pbtl1)与林分因子均呈负相关性，其中与林分平均胸径、林分平均高、林分优势高、地位指数有极显著负相关性(-0.563、-0.808、-0.756、-0.600)，与林分密度指数有显著负相关性(-0.306)。乔木层思茅松树叶生物量占思茅松总生物量百分比(Pbpl1)与林分因子均呈负相关性，其中与林分平均胸径、林分平均高、林分优势高、地位指数有极显著负相关性(-0.534、-0.888、-0.863、-0.622)。乔木层其他树种树叶生物量占其他树种总生物量百分比(Pbol1)与郁闭度、林分密度指数均呈正相关性，其中与郁闭度有最大正相关性(0.088)；与林分平均胸径、林分平均高、林分优势高、地位指数均呈负相关性，其中与林分平均胸径、地位指数有极显著负相关性(-0.389、-0.453)。

整体上看乔木层树叶生物量分配比例与林分平均胸径、林分平均高、林分优势高、地位指数均呈负相关性，与林分平均胸径、地位指数有极显著负相关性(表 6.20)。

表 6.20　林分因子与乔木层树叶生物量分配比例相关关系表

林分因子	Pbtl1	Pbpl1	Pbol1
郁闭度	-0.149	-0.208*	0.088
Dm	-0.563**	-0.534**	-0.389**
Hm	-0.808**	-0.888**	-0.257
Ht	-0.756**	-0.863**	-0.226*
SDI	-0.306*	-0.152*	0.013*
SI	-0.600**	-0.622**	-0.453**

注：*为 0.05 水平上的相关性，**为 0.01 水平上的相关性。

各指数曲线拟合的显著性均有差异，从曲线拟合的 R^2 看，R^2 均比较小，其中林分平均胸径、地位指数的相关性检验极显著。乔木层树叶生物量占乔木层总生物量百分比随郁闭度的减少呈先减少后趋于水平的趋势，当郁闭度为 0.76 后开始趋于水平 [图 6.20(a)]；随林分平均胸径、林分平均高、林分优势高、地位指数的增加呈先减少后增加的趋势，当林分平均胸径为 19cm、林分平均高为 22m、林分优势高为 27.5m、地位指数为 21 时分别达到最小值 [图 6.20(b)、(c)、(d)、(f)]；随林分密度指数的增加呈不断减少的趋势 [图 6.20(e)]。乔木层思茅松树叶生物量占思茅松总生物量百分比随郁闭度、林分平均胸径、林分平均高、林分优势高、地位指数的增加呈先减少后增加的趋势，当郁闭度为 0.81、林分平均胸径为 20cm、林分平均高为 22.5m、林分优势高为 28m、地位指数为 20 时分别达到最小值 [图 6.20(a)、(b)、(c)、(d)、(f)]；随林分密度指数的增加呈先趋于水平后减少的趋势，当林分密度指数达到 105 后开始减少 [图 6.20(e)]。乔木层其他树种树叶生物量占其他树种总生物量百分比随郁闭度、林分平均高、林分优势高的增加呈先缓慢减少后缓慢增加的趋势，当郁闭度为 0.72、林分平均高为 20.5m、林分优势高为 24m 时分别达到最小值 [图 6.20(a)、(c)、(d)]；随林分平均胸径、地位指数的增加呈不断减少的趋势 [图 6.20(b)、(f)]；随林分密度指数的增加呈先缓慢增加后缓慢减少的趋势，当林分密度指数为 110 时达到最大值 [图 6.20(e)]。

林分平均胸径、地位指数对思茅松天然林乔木层各维量树叶生物量分配比例变化趋势的影响相似 [图 6.20(b)、(f)]；林分平均高、林分优势高对思茅松天然林乔木层各维量树叶生物量分配比例变化趋势的影响相似 [图 6.20(c)、(d)]。

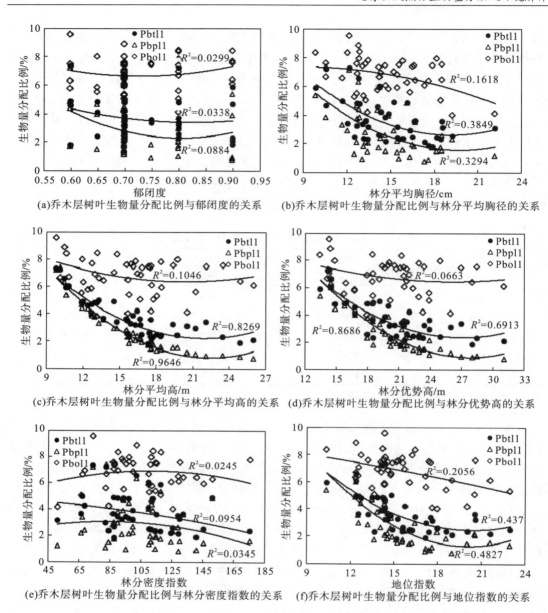

图 6.20　林分因子与乔木层树叶生物量分配比例的相关性分析

5. 林分因子与思茅松天然林乔木层根系生物量分配比例的关系

思茅松天然林乔木层根系生物量分配比例随林分因子的变化呈规律性。乔木层根系生物量占乔木层总生物量百分比(Pbtr1)与林分因子均呈负相关性,其中与林分平均高、林分优势高、地位指数有极显著负相关性(−0.577、−0.566、−0.640)。乔木层思茅松根系生物量占思茅松总生物量百分比(Pbpr1)与郁闭度、林分平均胸径、林分平均高、林分优势高、地位指数均呈负相关性,其中与林分平均高、林分优势高、地位指数有极显著负相关性(−0.655、−0.658、−0.682);与林分密度指数呈正相关性(0.078)。乔木层其他树种根系生物量占其他树种总生物量百分比（Pbor1）与郁闭度、林分平均高、林分优势高均呈正相关性，其中与郁闭度有最大正相关性（0.115）；与林分平均胸径、林分密度指数、地位指数均呈负相关性，其中与地位指数有最大负相关性（-0.236）。

整体上看乔木层根系生物量分配比例与林分平均胸径、地位指数均呈负相关性（表6.21）。

表6.21 林分因子与乔木层根系生物量分配比例相关关系表

林分因子	Pbtr1	Pbpr1	Pbor1
郁闭度	-0.215*	-0.228*	0.115
Dm	-0.057	-0.108	-0.151*
Hm	-0.577**	-0.655**	0.018
Ht	-0.556**	-0.658**	0.023
SDI	-0.105	0.078	-0.156*
SI	-0.640**	-0.682**	-0.236*

注：*为0.05水平上的相关性，**为0.01水平上的相关性。

各指数曲线拟合的显著性均有差异，从曲线拟合的 R^2 看，R^2 均比较小。乔木层根系生物量占乔木层总生物量百分比随郁闭度、林分平均胸径、林分平均高、林分优势高的增加呈先缓慢减少后缓慢增加的趋势，当郁闭度为0.81、林分平均胸径为16cm、林分平均高为19.5m、林分优势高为25m时分别达到最小值［图6.21(a)、(b)、(c)、(d)］；随林分密度指数的增加呈先减少后趋于水平的趋势，当林分密度指数达到105后开始趋于水平［图6.21(e)］；随地位指数的增加呈不断减少的趋势［图6.21(f)］。乔木层思茅松根系生物量占思茅松总生物量百分比随郁闭度、林分平均高、林分优势高的增加呈先减少后增加的趋势，当郁闭度为0.8、林分平均高为22m、林分优势高为27.5m时分别达到最小值［图6.21(a)、(c)、(d)］；随林分平均胸径、地位指数的增加呈不断减少的趋势［图6.21(b)、(f)］；随林分密度指数的增加呈先增加后减少的趋势，当林分密度指数为123时达到最大值［图6.21(e)］。乔木层其他树种根系生物量占其他树种总生物量百分比随郁闭度、林分平均胸径、林分平均高、林分优势高、林分密度指数的增加呈先缓慢减少后缓慢增加的趋势，当郁闭度为0.7、林分平均胸径为17.5cm、林分平均高为17m、林分优势高为21m、林分密度指数为125时分别达到最小值［图6.21(a)、(b)、(c)、(d)、(e)］；随地位指数的增加呈先趋于水平后减少的趋势，且当地位指数达到17后开始减少［图6.21(f)］。

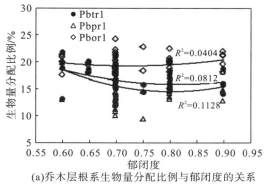

(a)乔木层根系生物量分配比例与郁闭度的关系

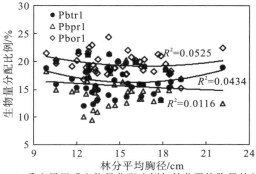

(b)乔木层根系生物量分配比例与林分平均胸径的关系

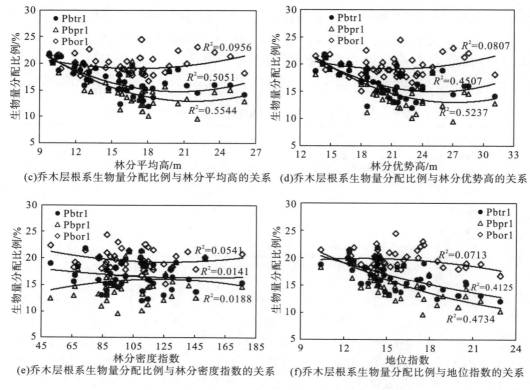

图 6.21　林分因子与乔木层根系生物量分配比例的相关性分析

郁闭度、林分平均高、林分优势高对思茅松天然林乔木层根系生物量分配比例变化趋势的影响相似 [图 6.21(a)、(c)、(d)]。

6.1.5　林分因子与乔木层不同树种各器官生物量占各器官总生物量百分比的关系

1. 林分因子与乔木层不同树种木材生物量占总木材生物量百分比的关系

乔木层不同树种木材生物量占总木材生物量百分比随林分因子变化的相关性呈正负相反，且相关性最大值和相关系数相同的规律。乔木层思茅松木材生物量占总木材生物量百分比(Pbpw2)与郁闭度、林分平均胸径、林分平均高、林分优势高、地位指数均呈负相关性，其中与林分优势高有最大负相关性(−0.291)；与林分密度指数有极显著正相关性(0.558)。乔木层其他树种木材生物量占总木材生物量百分比(Pbow2)与林分因子的相关性存在和以上相关性正负相反，最大值和相关系数相同的规律(表 6.22)。

表 6.22　林分因子与乔木层不同树种木材占总木材生物量百分比相关关系表

林分因子	Pbpw2	Pbow2
郁闭度	−0.105	0.105
Dm	−0.068	0.068

续表

林分因子	Pbpw2	Pbow2
Hm	−0.206*	0.206*
Ht	−0.291*	0.291*
SDI	0.558**	−0.558**
SI	−0.223*	0.223*

注：*为 0.05 水平上的相关性，**为 0.01 水平上的相关性。

　　各指数曲线拟合的显著性均有差异，从曲线拟合的 R^2 看，R^2 均比较小，其中林分密度指数的相关性检验极显著。乔木层思茅松木材生物量占总木材生物量百分比随郁闭度的增加呈先减少后增加的趋势，当郁闭度为 0.77 时达到最小值 [图 6.22(a)]；随林分平均胸径、林分密度指数的增加呈先增加后减少的趋势，当林分平均胸径为 15cm、林分密度指数为 140 时分别达到最大值 [图 6.22(b)、(e)]；随林分平均高、林分优势高、地位指数的增加呈先减少后趋于水平的趋势，当林分平均高为 19m、林分优势高为 27m、地位指数为 19 时分别开始趋于水平 [图 6.22(c)、(d)、(f)]。乔木层其他树种木材生物量占总木材生物量百分比随林分因子的变化趋势与之相反(图 6.22)。

　　林分平均胸径、林分密度指数对乔木层不同树种木材生物量占总木材生物量百分比变化趋势的影响相似 [图 6.22(b)、(e)]；林分平均高、林分优势高、地位指数对乔木层不同树种木材生物量占总木材生物量百分比变化趋势的影响相似 [图 6.22(c)、(d)、(f)]。

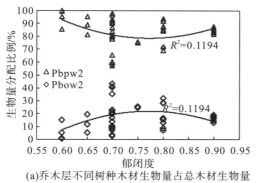

(a)乔木层不同树种木材生物量占总木材生物量
百分比与郁闭度的关系

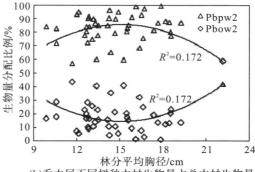

(b)乔木层不同树种木材生物量占总木材生物量
百分比与林分平均胸径的关系

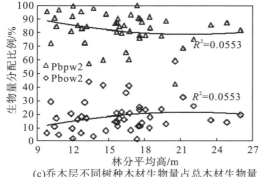

(c)乔木层不同树种木材生物量占总木材生物量
百分比与林分平均高的关系

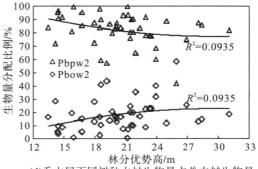

(d)乔木层不同树种木材生物量占总木材生物量
百分比与林分优势高的关系

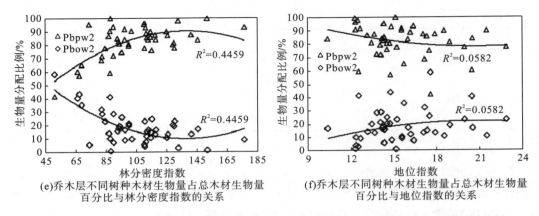

(e)乔木层不同树种木材生物量占总木材生物量   (f)乔木层不同树种木材生物量占总木材生物量
　　百分比与林分密度指数的关系　　　　　　　　　　　　百分比与地位指数的关系

图 6.22　林分因子与乔木层不同树种木材生物量占总木材生物量百分比的相关性分析

2. 林分因子与乔木层不同树种树皮生物量占总树皮生物量百分比的关系

乔木层不同树种树皮生物量占总树皮生物量百分比随林分因子变化的相关性呈正负相反，且相关性最大值和相关系数相同的规律。乔木层思茅松树皮生物量占总树皮生物量百分比（Pbpb2）与郁闭度、林分平均胸径、林分平均高、林分优势高、地位指数均呈负相关性，其中与林分平均高、林分优势高、地位指数有极显著负相关性（−0.461、−0.529、−0.493）；与林分密度指数有极显著正相关性（0.464）。乔木层其他树种树皮生物量占总树皮生物量百分比（Pbob2）与林分因子的相关性存在和以上相关性正负相反，最大值和相关系数相同的规律（表 6.23）。

表 6.23　林分因子与乔木层不同树种树皮生物量占总树皮生物量百分比相关关系表

林分因子	Pbpb2	Pbob2
郁闭度	−0.137	0.137
Dm	−0.224*	0.224*
Hm	−0.461**	0.461**
Ht	−0.529**	0.529**
SDI	0.464**	−0.464**
SI	−0.493**	0.493**

注：*为 0.05 水平上的相关性，**为 0.01 水平上的相关性。

各指数曲线拟合的显著性均有差异，从曲线拟合的 R^2 看，R^2 均比较小，其中林分平均高、林分优势高、林分密度指数、地位指数的相关性检验极显著。乔木层思茅松树皮生物量占总树皮生物量百分比随郁闭度的增加呈先减少后增加的趋势，当郁闭度为 0.78 时达到最小值［图 6.23（a）］；随林分平均胸径、林分密度指数的增加呈先增加后减少的趋势，当林分平均胸径为 15cm、林分密度指数为 130 时分别达到最大值［图 6.23（b）、（e）］；随林分平均高、林分优势高、地位指数的增加呈不断减少的趋势［图 6.23（c）、（d）、（f）］。乔木层其他树种树皮生物量占总树皮生物量百分比随林分因子的变化趋势与之相反（图 6.23）。

林分平均胸径、林分密度指数对乔木层不同树种树皮生物量占总树皮生物量百分比变化趋势的影响相似［图 6.23（b）、（e）］；林分平均高、林分优势高、地位指数对乔木层不同树种树皮生物量占总树皮生物量百分比变化趋势的影响相似［图 6.23（c）、（d）、（f）］。

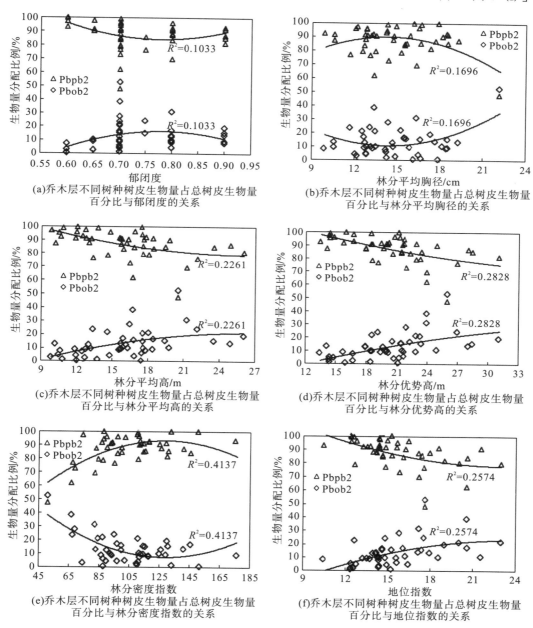

图 6.23 林分因子与乔木层不同树种树皮生物量占总树皮生物量百分比的相关性分析

3. 林分因子与乔木层不同树种树枝生物量占总树枝生物量百分比的关系

乔木层不同树种树枝生物量占总树枝生物量百分比随林分因子变化的相关性呈正负

相反，且相关性最大值和相关系数相同的规律。乔木层思茅松树枝生物量占总树枝生物量百分比（Pbpbr2）与郁闭度、林分平均胸径、林分平均高、林分优势高、地位指数均呈负相关性，其中与林分优势高、地位指数有极显著负相关性（-0.446、-0.407），与林分平均高有显著负相关性（-0.370）；与林分密度指数有极显著正相关性（0.466）。乔木层其他树种树枝生物量占总树枝生物量百分比（Pbobr2）与林分因子的相关性存在和以上相关性正负相反，最大值和相关系数相同的规律（表6.24）。

表6.24 林分因子与乔木层不同树种树枝生物量占总树枝生物量百分比与相关关系表

林分因子	Pbpbr2	Pbobr2
郁闭度	-0.183*	0.183*
Dm	-0.009	0.009
Hm	-0.370*	0.370*
Ht	-0.446**	0.446**
SDI	0.466**	-0.466**
SI	-0.407**	0.407**

注：*为0.05水平上的相关性，**为0.01水平上的相关性。

各指数曲线拟合的显著性均有差异，从曲线拟合的 R^2 看，R^2 均比较小，其中林分平均高、林分优势高、林分密度指数、地位指数的相关性检验极显著。乔木层思茅松树枝生物量占总树枝生物量百分比随郁闭度、林分平均高、林分优势高的增加呈先减少后增加的趋势，当郁闭度为0.78、林分平均高为21m、林分优势高为27m时分别达到最小值［图6.24(a)、(c)、(d)］；随林分平均胸径、林分密度指数的增加呈先增加后减少的趋势，当林分平均胸径为16cm、林分密度指数为145时分别达到最大值［图6.24(b)、(e)］；随地位指数的增加呈不断减少的趋势［图6.24(f)］。乔木层其他树种树枝生物量占总树枝生物量百分比随林分因子的变化趋势与之相反（图6.24）。

郁闭度、林分平均高、林分优势高对乔木层不同树种树枝生物量占总树枝生物量百分比变化趋势的影响相似［图6.24(a)、(c)、(d)］；林分平均胸径、林分密度指数对乔木层不同树种树枝生物量占总树枝生物量百分比变化趋势的影响相似［图6.24(b)、(e)］。

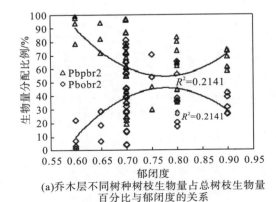

(a)乔木层不同树种树枝生物量占总树枝生物量
百分比与郁闭度的关系

(b)乔木层不同树种树枝生物量占总树枝生物量
百分比与林分平均胸径的关系

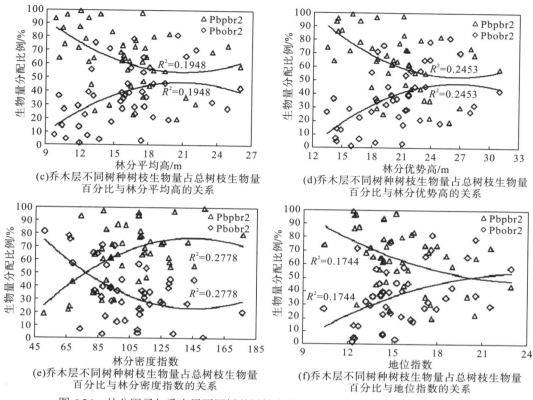

图 6.24　林分因子与乔木层不同树种树枝生物量占总树枝生物量百分比的相关性分析

4. 林分因子与乔木层不同树种树叶生物量占总树叶生物量百分比的关系

乔木层不同树种树叶生物量占总树叶生物量百分比随林分因子变化的相关性呈正负相反，且相关性最大值和相关系数相同的规律。乔木层思茅松树叶生物量占总树叶生物量百分比（Pbpl2）与郁闭度、林分平均胸径、林分平均高、林分优势高、地位指数均呈负相关性，其中与林分平均高、林分优势高、地位指数有极显著负相关性（−0.714、−0.755、−0.508），与郁闭度有显著负相关性（−0.329）；与林分密度指数有最大正相关性（0.230）。乔木层其他树种树叶生物量占总树叶生物量百分比（Pbol2）与林分因子的相关性存在和以上相关性正负相反，最大值和相关系数相同的规律（表 6.25）。

表 6.25　林分因子与乔木层不同树种树叶生物量占总树叶生物量百分比相关关系表

林分因子	Pbpl2	Pbol2
郁闭度	−0.329*	0.329*
Dm	−0.228*	0.228*
Hm	−0.714**	0.714**
Ht	−0.755**	0.755**
SDI	0.230*	−0.230*
SI	−0.508**	0.508**

注：*为 0.05 水平上的相关性，**为 0.01 水平上的相关性。

　　各指数曲线拟合的显著性均有差异，从曲线拟合的 R^2 看，R^2 均比较小，其中郁闭度、林分平均高、林分优势高、地位指数的相关性检验极显著。乔木层思茅松树叶生物量占总树叶生物量百分比随郁闭度、地位指数的增加呈先减少后增加的趋势，当郁闭度为 0.8、地位指数为 21 时分别达到最小值［图 6.25(a)、(f)］；随林分平均胸径、林分平均高、林分优势高的增加呈不断减少的趋势［图 6.25(b)、(c)、(d)］；随林分密度指数的增加呈先增加后减少的趋势，当林分密度指数为 130 时达到最大值［图 6.25(e)］。乔木层其他树种树叶生物量占总树叶生物量百分比随林分因子的变化趋势与之相反(图 6.25)。

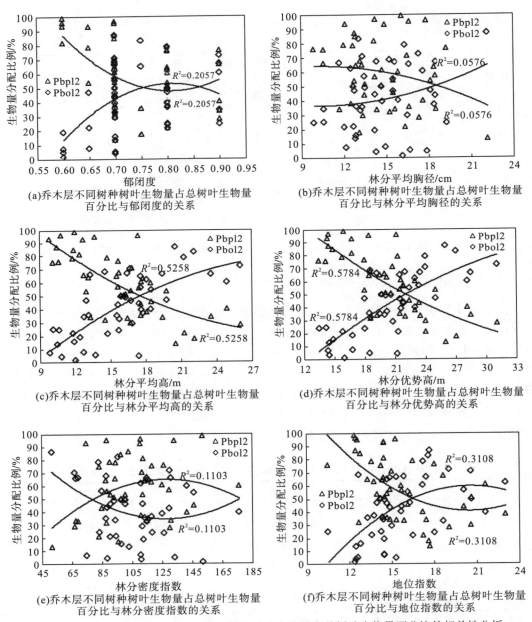

图 6.25　林分因子与乔木层不同树种树叶生物量占总树叶生物量百分比的相关性分析

郁闭度、地位指数对乔木层不同树种树叶生物量占总树叶生物量百分比变化趋势的影响相似 [图 6.25(a)、(f)]；林分平均胸径、林分平均高、林分优势高对乔木层不同树种树叶生物量占总树叶生物量百分比变化趋势的影响相似 [图 6.25(b)、(c)、(d)]。

5. 林分因子与乔木层不同树种地上部分生物量占总地上部分生物量百分比的关系

乔木层不同树种地上部分生物量占总地上部分生物量百分比随林分因子变化的相关性呈正负相反，且相关性最大值和相关系数相同的规律。乔木层思茅松地上部分生物量占总地上部分生物量百分比(Pbpa2)与郁闭度、林分平均胸径、林分平均高、林分优势高、地位指数均呈负相关性，其中与林分优势高有显著负相关性(−0.375)；与林分密度指数有极显著正相关性(0.531)。乔木层其他树种地上部分生物量占总地上部分生物量百分比(Pboa2)与林分因子的相关性存在和以上相关性正负相反，最大值和相关系数相同的规律(表 6.26)。

表 6.26　林分因子与乔木层不同树种地上部分生物量占总地上部分生物量百分比相关关系表

林分因子	Pbpa2	Pboa2
郁闭度	−0.129	0.129
Dm	−0.089	0.089
Hm	−0.290*	0.290*
Ht	−0.375**	0.375**
SDI	0.531**	−0.531**
SI	−0.290*	0.290*

注：*为 0.05 水平上的相关性，**为 0.01 水平上的相关性。

各指数曲线拟合的显著性均有差异，从曲线拟合的 R^2 看，R^2 均比较小，其中林分优势高、林分密度指数的相关性检验极显著。乔木层思茅松地上部分生物量占总地上部分生物量百分比随郁闭度、林分平均高的增加呈先减少后增加的趋势，当郁闭度为 0.77、林分平均高为 22m 时分别达到最小值 [图 6.26(a)、(c)]；随林分平均胸径、林分密度指数的增加呈先增加后减少的趋势，当林分平均胸径为 15cm、林分密度指数为 140 时分别达到最大值 [图 6.26(b)、(e)]；随林分优势高、地位指数的增加呈先减少后趋于水平的趋势，当林分优势高达到 27m、地位指数达到 20 后开始趋于水平 [图 6.26(d)、(f)]。乔木层其他树种地上部分生物量占总地上部分生物量百分比随林分因子的变化趋势与之相反(图 6.26)。

郁闭度、林分平均高对乔木层不同树种地上部分生物量占总地上部分生物量百分比变化趋势的影响相似 [图 6.26(a)、(c)]；林分平均胸径、林分密度指数对乔木层不同树种地上部分生物量占总地上部分生物量百分比变化趋势的影响相似[图 6.26(b)、(e)]；林分优势高、地位指数对乔木层不同树种地上部分生物量占总地上部分生物量百分比变化趋势的影响相似 [图 6.26(d)、(f)]。

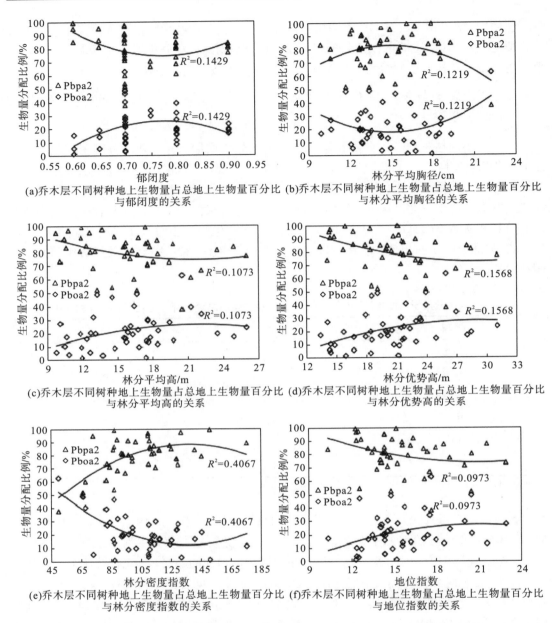

图 6.26　林分因子与乔木层不同树种地上部分生物量占总地上部分生物量百分比的相关性分析

6. 林分因子与乔木层不同树种根系生物量占总根系生物量百分比的关系

乔木层不同树种根系生物量占总根系生物量百分比随林分因子变化的相关性呈正负相反，且相关性最大值和相关系数相同的规律。乔木层思茅松根系生物量占总根系生物量百分比(Pbpr2)与郁闭度、林分平均胸径、林分平均高、林分优势高、地位指数均呈负相关性，其中与林分平均高、林分优势高、地位指数有极显著负相关性(-0.417、-0.493、-0.410)；与林分密度指数有极显著正相关性(0.496)。乔木层其他树种根系生物量占总根系生物量百分比(Pbor2)与林分因子的相关性存在和以上相关性正负相反,最大值和相关系数相同的规律(表 6.27)。

表 6.27　林分因子与乔木层不同树种根系生物量占总根系生物量百分比相关关系表

林分因子	Pbpr2	Pbor2
郁闭度	-0.181*	0.181*
Dm	-0.059	0.059
Hm	-0.417**	0.417**
Ht	-0.493**	0.493**
SDI	0.496**	-0.496**
SI	-0.410**	0.410**

注: *为 0.05 水平上的相关性,**为 0.01 水平上的相关性。

各指数曲线拟合的显著性均有差异,从曲线拟合的 R^2 看, R^2 均比较小,其中林分平均高、林分优势高、林分密度指数、地位指数的相关性检验极显著。乔木层思茅松根系生物量占总根系生物量百分比随郁闭度的增加呈先减少后增加的趋势,当郁闭度为 0.78 时达到最小值［图 6.27(a)］;随林分平均胸径、林分密度指数的增加呈先增加后减少的趋势, 当林分平均胸径为 15cm、林分密度指数为 135 时分别达到最大值［图 6.27(b)、(e)］;随林分平均高、林分优势高、地位指数的增加呈不断减少的趋势［图 6.27(c)、(d)、(f)］。乔木层其他树种根系生物量占总根系生物量百分比随林分因子的变化趋势与之相反(图 6.27)。

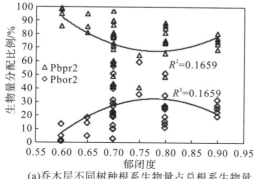

(a)乔木层不同树种根系生物量占总根系生物量
百分比与郁闭度的关系

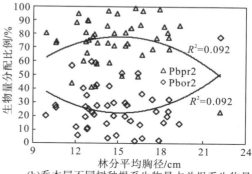

(b)乔木层不同树种根系生物量占总根系生物量
百分比与林分平均胸径的关系

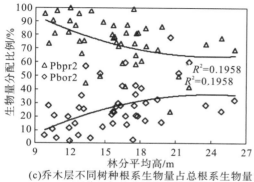

(c)乔木层不同树种根系生物量占总根系生物量
百分比与林分平均高的关系

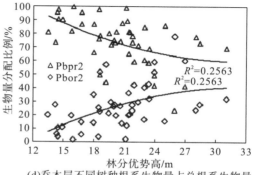

(d)乔木层不同树种根系生物量占总根系生物量
百分比与林分优势高的关系

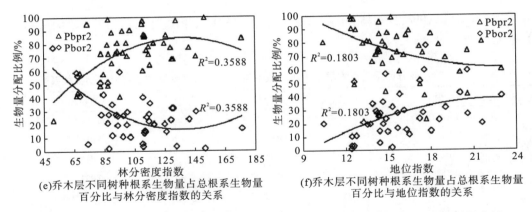

(e)乔木层不同树种根系生物量占总根系生物量
百分比与林分密度指数的关系

(f)乔木层不同树种根系生物量占总根系生物量
百分比与地位指数的关系

图6.27　林分因子与乔木层不同树种根系生物量占总根系生物量百分比的相关性分析

林分平均胸径、林分密度指数对乔木层不同树种根系生物量占总根系生物量百分比变化趋势的影响相似［图6.27(b)、(e)］；林分平均高、林分优势高、地位指数对乔木层不同树种根系生物量占总根系生物量百分比变化趋势的影响相似［图6.27(c)、(d)、(f)］。

7. 林分因子与不同树种总生物量占乔木层总生物量百分比的关系

不同树种总生物量占乔木层总生物量百分比随林分因子变化的相关性呈正负相反，且相关性最大值和相关系数相同的规律。思茅松总生物量占乔木层总生物量百分比(Pbpt2)与郁闭度、林分平均胸径、林分平均高、林分优势高、地位指数均呈负相关性，其中与林分优势高有极显著负相关性(−0.397)，与林分优势高、地位指数有显著负相关性(−0.314、−0.309)；与林分密度指数有极显著正相关性(0.528)。其他树种总生物量占乔木层总生物量百分比(Pbot2)与林分因子的相关性存在和以上相关性正负相反，最大值和相关系数相同的规律(表6.28)。

表6.28　林分因子与不同树种总生物量占乔木层总生物量百分比相关关系表

林分因子	Pbpt2	Pbot2
郁闭度	−0.141*	0.141*
Dm	−0.086	0.086
Hm	−0.314*	0.314*
Ht	−0.397**	0.397**
SDI	0.528**	−0.528**
SI	−0.309*	0.309*

注：*为0.05水平上的相关性，**为0.01水平上的相关性。

各指数曲线拟合的显著性均有差异，从曲线拟合的 R^2 看，R^2 均比较小，其中林分平均高、林分优势高、林分密度指数、地位指数的相关性检验极显著。思茅松总生物量占乔木层总生物量百分比随郁闭度、林分平均高的增加呈先减少后增加的趋势，当郁闭度为0.78、林分平均高为22m时分别达到最小值［图6.28(a)、(c)］；随林分平均胸径、林分密度指数的增加呈先增加后减少的趋势，当林分平均胸径为15cm、林分密度指数为140

时分别达到最大值［图6.28(b)、(e)］；随林分优势高、地位指数的增加呈不断减少的趋势［图6.28(d)、(f)］。其他树种总生物量占乔木层总生物量百分比随林分因子的变化趋势与之相反(图6.28)。

郁闭度、林分平均高对不同树种总生物量占乔木层总生物量百分比变化趋势的影响相似［图6.28(a)、(c)］；林分平均胸径、林分密度指数对不同树种总生物量占乔木层总生物量百分比变化趋势的影响相似［图6.28(b)、(e)］；林分优势高、地位指数对不同树种总生物量占乔木层总生物量百分比变化趋势的影响相似［图6.28(d)、(f)］。

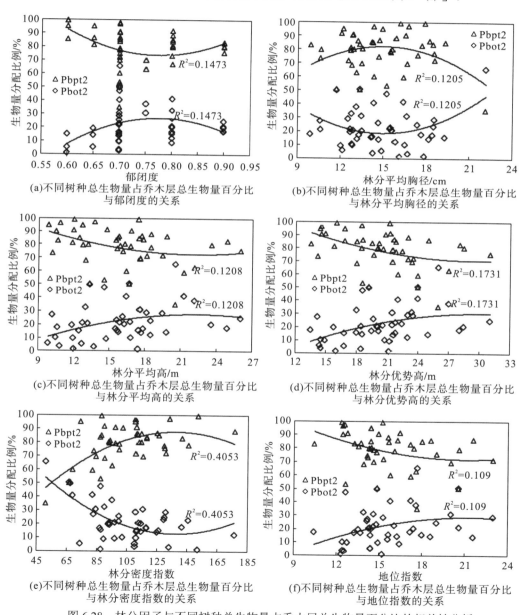

图6.28 林分因子与不同树种总生物量占乔木层总生物量百分比的相关性分析

6.2 林分因子对思茅松天然林生物量分配的环境解释

6.2.1 林分因子与林层各总生物量及分配比例的 CCA 排序分析

从林层各生物量与林分因子的 CCA 排序结果(表 6.29)可以看出,四个轴的特征值分别为 0.028、0.005、0.001 和 0.001,总特征值为 0.146。四个轴分别表示了林分因子变量的 19.1%、22.5%、23.5%和 24%。第一排序轴解释了思茅松天然林林层各生物量变化信息的 79.2%,前两轴累积解释其变化的 93.3%,可见排序的前两轴,尤其是第一轴较好地反映了样地林层各生物量随林分因子的变化。

从林层各生物量分配比例与林分因子的 CCA 排序结果(表 6.29)可以看出,四个轴的特征值分别为 0.027、0.006、0.003 和 0.001,总特征值为 0.159。四个轴分别表示了林分因子变量的 16.8%、20.5%、22.3%和 22.8%。第一排序轴解释了思茅松天然林生物量分配比例变化信息的 73.6%,第二轴累积解释其变化的 89.8%,尤其是第一轴较好地反映了样地林层各生物量分配比例随林分因子的变化。

表 6.29　林分因子与林层各生物量及分配比例的 CCA 排序结果

变量	指标	AX1	AX2	AX3	AX4	总特征值
生物量	EI	0.028	0.005	0.001	0.001	
	SPEC	0.69	0.387	0.282	0.205	0.146
	CPVSD	19.1	22.5	23.5	24	
	CPVSER	79.2	93.3	97.4	99.3	
生物量分配比例	EI	0.027	0.006	0.003	0.001	
	SPEC	0.728	0.393	0.24	0.298	0.159
	CPVSD	16.8	20.5	22.3	22.8	
	CPVSER	73.6	89.8	97.3	99.9	

从林层各生物量与林分因子 CCA 排序的相关性分析结果(表 6.30)可以看出,林分密度指数与排序轴第一轴具有最大正相关,相关系数为 0.5428;林分平均高次之,相关系数为 0.4557。所有林分因子均与第一轴呈正相关。林分因子中的郁闭度与各轴均呈正相关。地位指数与第二轴有最大正相关,相关系数为 0.3089。所有林分因子与第一轴的相关性相对最强,与其他各轴的相关性相对较弱。因此,影响思茅松天然林各层生物量的林分因子有:密度指数、林分平均高和地位指数。

从林层各生物量分配比例与林分因子 CCA 排序的相关分析结果(表 6.30)可以看出,林分密度指数与排序轴第一轴具有最大正相关,相关系数为 0.5574;林分平均高次之,相关系数为 0.4777。所有林分因子均与第一轴呈正相关。地位指数与第二轴有最大正相关,相关系数为 0.3030。所有林分因子与第一轴的相关性相对最强,与其他各轴的相关性相对较弱。因此，影响思茅松天然林各层生物量分配比例的林分因子有：林分密度指数、林分平均高和地位指数。

由此可以看出，林分因子中的林分密度指数、林分平均高和地位指数均对思茅松天然林各层生物量及分配比例具有较大影响。

表 6.30　林分因子与林层各生物量及分配比例 CCA 排序的相关性分析

林分因子	生物量				生物量分配比例			
	AX1	AX2	AX3	AX4	AX1	AX2	AX3	AX4
Dm	0.2720	-0.1494	-0.1502	0.0636	0.2427	-0.0325	-0.1693	-0.0598
郁闭度	0.2553	0.1173	0.1008	0.0814	0.1410	0.1111	0.0423	0.1464
Hm	0.4557	0.0795	-0.1765	0.0542	0.4777	0.1861	-0.1102	-0.0783
Ht	0.3675	0.1077	-0.1960	0.0392	0.3734	0.2287	-0.1081	-0.1019
SDI	0.5428	-0.1766	0.0804	0.0018	0.5574	-0.1946	0.0017	0.0841
SI	0.2967	0.3089	-0.0905	-0.0460	0.3232	0.3030	0.0606	-0.0968

从林层各总生物量与林分因子的 CCA 排序图 [图 6.29（a）] 可以看出，沿着 CCA 第一轴从左至右，所有林分因子不断增加。沿着 CCA 第二轴从下往上，林分密度指数、林分平均胸径不断减少，林分平均高、林分优势高、郁闭度和地位指数不断增加。林分密度指数与第一轴有最大正相关，林分平均高、林分优势高与第一轴有较强正相关，同时各林分因子都与第一轴呈正相关。林分平均胸径和林分密度指数与第二轴有较大负相关，地位指数与第二轴有最大正相关。林分平均高与思茅松天然林总生物量（Bstt）、天然林地上总生物量（Bsat）、乔木层总生物量（Bt）和乔木层地上总生物量（Bta）密切相关，且思茅松天然林总生物量（Bstt）、天然林地上总生物量（Bsat）、乔木层总生物量（Bt）和乔木层地上总生物量（Bta）聚集在一起，表明它们具有相似的变化规律，在相似的条件下取得最大值。林分平均胸径和林分密度指数与根系总生物量（Bsat）和乔木层根系总生物量（Btr）相关较密切，且根系总生物量（Bsat）和乔木层根系总生物量（Btr）聚集在一起，表明它们具有相似的变化规律，在相似的条件下取得最大值。林分密度指数、林分平均高、林分优势高和地位指数与思茅松天然林各层生物量的相关性最强，有较密切的关系。

从林层各总生物量分配比例与林分因子的 CCA 排序图 [图 6.29（b）] 可以看出，沿着 CCA 第一轴从左至右，所有林分因子逐渐增大。沿着 CCA 第二轴从下往上，林分平均胸径、林分密度指数不断降低，郁闭度、林分平均高、林分优势高和地位指数不断增加。林分密度指数与第一轴有最大正相关，林分平均高、林分优势高与第一轴具有较强正相关，同时其他各林分因子都与第一轴呈正相关。林分密度指数与第二轴有较大负相关，但林分密度指数与第二轴的相关性不强，郁闭度、林分平均高、林分优势高和地位指数与第二轴均呈正相关，地位指数与第二轴有最大正相关。林分平均胸径与思茅松天然林乔木层总生物量百分比（Pbt）、乔木层地上总生物量百分比（Pbta）和乔木层根系总生物量百分比（Pbtr）密切相关。

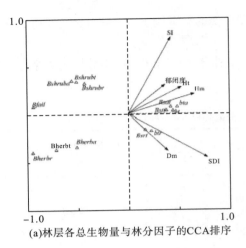 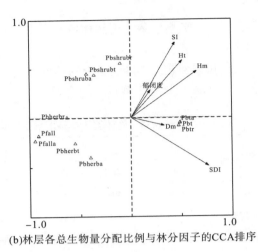

(a)林层各总生物量与林分因子的CCA排序   (b)林层各总生物量分配比例与林分因子的CCA排序

图 6.29   林层各总生物量及分配比例与林分因子的 CCA 排序图

6.2.2   林分因子与乔木层各器官生物量及分配比例的 CCA 排序分析

从乔木层各器官生物量与林分因子的 CCA 排序结果(表 6.31)可以看出，四个轴的特征值分别为 0.055、0.015、0.002 和 0，总特征值为 0.126。四个轴分别表示了林分因子变量的 44%、55.7%、57.1%和 57.2%。第一排序轴解释了思茅松天然林乔木层各器官生物量变化信息的 76.8%，前两轴累积解释其变化的 97.2%，可见排序的前两轴，尤其是第一轴较好地反映了样地乔木层各器官生物量随林分因子的变化。

从乔木层各器官生物量分配比例与林分因子的 CCA 排序结果(表 6.31)可以看出，四个轴的特征值分别为 0.015、0.004、0.001 和 0，总特征值为 0.034。四个轴分别表示了林分因子变量的 42.5%、54.7%、58.1%和 58.5%。第一排序轴解释了思茅松天然林乔木层各器官生物量分配比例变化信息的 72.3%，第二轴累积解释其变化的 93%，可见排序的前两轴，尤其林分是第一轴较好地反映了样地乔木层各器官生物量分配比例随林分因子的变化。

表 6.31   林分因子与样地乔木层各器官生物量及分配比例的 CCA 排序结果

变量	指标	AX1	AX2	AX3	AX4	总特征值
生物量	EI	0.055	0.015	0.002	0	
	SPEC	0.776	0.81	0.654	0.328	0.126
	CPVSD	44.0	55.7	57.1	57.2	
	CPVSER	76.8	97.2	99.6	99.8	
生物量分配比例	EI	0.015	0.004	0.001	0	
	SPEC	0.935	0.678	0.682	0.345	0.034
	CPVSD	42.5	54.7	58.1	58.5	
	CPVSER	72.3	93	98.7	99.3	

从乔木层各器官生物量与林分因子 CCA 排序的相关分析结果(表 6.32)可以看出，林

分密度指数与排序轴第二轴具有最大正相关，相关系数为 0.6272；优势高与第一轴有最大正相关，相关系数为 0.5739。所有林分因子均与第二轴呈正相关。地位指数与各轴均呈正相关。除林分密度指数与第一轴呈负相关外，其他林分因子均与第一轴呈正相关。林分平均高与第一轴和第二轴的相关性较强，相关系数分别为 0.5113 和 0.5726。所有林分因子与第二轴的相关性相对最强，与第一轴的相关性次之，与其他各轴的相关性相对较弱。因此，影响思茅松天然林乔木层各器官生物量的林分因子有：林分密度指数、林分优势高、林分平均高和地位指数。

从乔木层各器官生物量分配比例与林分因子 CCA 排序的相关分析结果（表 6.32）可以看出，林分平均高与排序轴第一轴具有最大正相关，相关系数为 0.8961；林分优势高次之，相关系数为 0.8897。所有林分因子均与第一轴呈正相关。林分密度指数与第二轴有最大正相关，相关系数为 0.6099。所有林分因子与第一轴的相关性相对最强，与其他各轴的相关性相对较弱。因此，影响思茅松天然林乔木层各器官生物量分配比例的林分因子有：林分平均高、林分优势高和林分密度指数。

由此可以看出，林分因子中的林分密度指数、林分平均高和林分优势高均对思茅松天然林乔木层各器官生物量及分配比例具有较大影响。

表 6.32　林分因子与乔木层各器官生物量及分配比例 CCA 排序的相关性分析

林分因子	生物量				生物量比例			
	AX1	AX2	AX3	AX4	AX1	AX2	AX3	AX4
Dm	0.2687	0.3612	-0.5131	0.0229	0.4906	-0.0123	-0.5661	-0.0041
郁闭度	0.1671	0.2021	-0.0425	0.2470	0.2466	-0.0930	-0.0440	-0.1233
Hm	0.5113	0.5726	-0.1378	0.0129	0.8961	0.0683	-0.1622	-0.0090
Ht	0.5739	0.4856	-0.1617	0.0266	0.8897	-0.0310	-0.1698	-0.0318
SDI	-0.4384	0.6272	-0.0774	0.0187	0.0374	0.6099	-0.1718	-0.0149
SI	0.4712	0.3717	0.3364	0.0568	0.7125	0.0369	0.3614	-0.1013

从乔木层各器官总生物量与林分因子的 CCA 排序图［图 6.30（a）］可以看出，沿着 CCA 第一轴从左至右，林分密度指数不断减小，郁闭度、林分平均胸径、地位指数等逐渐增大。沿着 CCA 第二轴从下往上，郁闭度、林分平均胸径、地位指数等不断增加。林分优势高与第一轴有最大正相关，林分平均高、地位指数与第一轴具有较强正相关；同时除林分密度指数外，其他各林分因子都与第一轴呈正相关。林分平均高和林分密度指数与第二轴有较大正相关，但林分优势高和地位指数与第二轴的相关性不强，所有林分因子与第二轴都呈正相关。郁闭度、林分平均胸径、林分平均高、林分优势高和地位指数与乔木层树枝总生物量（Btbr）相关较密切。林分密度指数与乔木层思茅松地上生物量（Bpa）、乔木层思茅松总生物量（Bpt）具有较强相关性，且乔木层思茅松地上生物量（Bpa）、乔木层思茅松总生物量（Bpt）聚集在一起，表明它们具有相似的变化规律，在相似的条件下取得最大值。郁闭度、林分平均胸径、林分密度指数与乔木层总生物量（Btt）、乔木层总地上生物量（Bta）、乔木层总木材生物量（Btw）具有一定相关性，其中乔木层总生物量（Btt）、乔

木层总地上生物量（Bta）具有相似的变化规律。林分密度指数与乔木层总根系生物量（Btr）、乔木层思茅松木材生物量（Bpw）、乔木层思茅松树枝生物量（Bpbr）具有一定相关性。林分密度指数、林分优势高、林分平均高和地位指数与乔木层各器官生物量的相关性最为密切。

　　从乔木层各维量总生物量分配比例与林分因子的 CCA 排序图[图 6.30（b）]可以看出，沿着 CCA 第一轴从左至右林分密度指数、郁闭度、林分平均胸径、地位指数等逐渐增大。沿着 CCA 第二轴从下往上，郁闭度、林分优势高和林分平均胸径不断降低，地位指数、林分平均高和林分密度指数不断增加。林分平均高与第一轴有最大正相关，林分优势高、地位指数和林分平均胸径都与第一轴有较强正相关性，所有林分因子都与第一轴呈正相关。林分密度指数与第二轴有较强正相关，且影响较大。但其余林分因子与第二轴相关性不强，林分密度指数、林分平均高和地位指数与第二轴均呈正相关。郁闭度与思茅松天然林乔木层其他树种树皮生物量占其他树种总生物量百分比（Pbob1）、乔木层思茅松地上生物量占思茅松总生物量百分比（Pbpa1）和乔木层其他树种树枝生物量占其他树种树枝总生物量百分比（Pbobr1）密切相关。林分优势高和林分平均胸径与乔木层地上生物量占乔木层总生物量百分比（Pbta1）、乔木层思茅松木材生物量占思茅松总生物量百分比（Pbpw1）和乔木层其他树种生物量占其他树种地上总生物量百分比（Pboa1）密切相关。地位指数和林分平均高与乔木层其他树种木材占其他树种总生物量百分比（Pbow1）和乔木层思茅松木材生物量占思茅松总木材生物量百分比（Pbtw1）密切相关。林分地位指数与乔木层树皮生物量占总树皮生物量百分比（Pbpb2）、乔木层思茅松树枝占思茅松总生物量百分比（Pbpbr1）、思茅松总生物量占乔木层总生物量百分比（Pbpt2）、乔木层思茅松木材占总木材生物量百分比（Pbpw2）和乔木层思茅松地上生物量占地上总生物量百分比（Pbpa2）密切相关。且思茅松总生物量占乔木层总生物量百分比（Pbpt2）和乔木层思茅松地上生物量占地上总生物量百分比（Pbpa2）聚集在一起，表明它们具有相似的变化规律。乔木层树皮生物量占总树皮生物量百分比（Pbpb2）、乔木层思茅松树枝占思茅松总生物量百分比（Pbpbr1）聚集在一起，表明它们具有相似的变化规律。

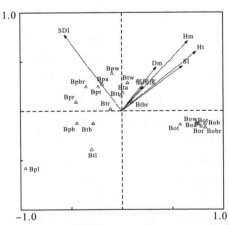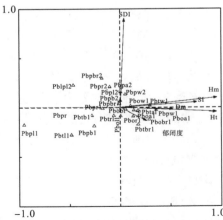

（a）乔木层各维量总生物量与林分因子的CCA排序　　（b）乔木层各维量总生物量分配比例与林分因子的CCA排序

图 6.30　乔木层各维量总生物量及分配比例与林分因子的 CCA 排序图

6.3　小　　结

本章基于三个典型位点 45 块思茅松天然林样地和 128 株样木的各维量生物量及分配比例数据，结合林分因子(郁闭度、林分平均胸径、林分平均高、林分优势高、林分密度指数、地位指数)，采用相关性分析和 CCA 排序方法，分析了思茅松天然林各维量生物量及分配比例与林分因子之间的关系，得出以下结论。

(1)思茅松天然林的 34 个生物量维量中有 9 个生物量维量与郁闭度呈极显著或显著相关性，且这 9 个生物量维量随郁闭度的增加基本呈增加的趋势；思茅松天然林的 43 个生物量分配比例维量中有 2 个生物量分配比例维量与郁闭度呈显著相关性，且这 2 个生物量分配比例维量随郁闭度的增加无相对一致的变化规律。思茅松天然林的 34 个生物量维量中有 24 个生物量维量与林分平均胸径呈极显著或显著相关性，且这 24 个生物量维量随林分平均胸径的增加基本呈增加或先增加后减少的趋势；思茅松天然林的 43 个生物量分配比例维量中有 10 个生物量分配比例维量与林分平均胸径呈极显著或显著相关性，且这 10 个生物量分配比例维量随林分平均胸径的增加无相对一致的变化规律。思茅松天然林的 34 个生物量维量中有 23 个生物量维量与林分平均高呈极显著相关性，且这 23 个生物量维量随林分平均高的增加基本呈增加的趋势；思茅松天然林的 43 个生物量分配比例维量中有 24 个生物量分配比例维量与林分平均高呈极显著或显著相关性，且这 24 个生物量分配比例维量随林分平均高的增加无相对一致的变化规律。思茅松天然林的 34 个生物量维量中有 23 个生物量维量与林分优势高呈极显著或显著相关性，且这 23 个生物量维量随林分优势高的增加基本呈增加的趋势；思茅松天然林的 43 个生物量分配比例维量中有 27 个生物量分配比例维量与林分优势高呈极显著或显著相关性，且这 27 个生物量分配比例维量随林分优势高的增加无相对一致的变化规律。思茅松天然林的 34 个生物量维量中有 20 个生物量维量与林分密度指数呈极显著或显著相关性，且这 20 个生物量维量随林分密度指数的增加基本呈增加的趋势；思茅松天然林的 43 个生物量分配比例维量中有 20 个生物量分配比例维量与林分密度指数呈极显著或显著相关性，且这 20 个生物量分配比例维量随林分密度指数的增加无相对一致的变化规律。思茅松天然林的 34 个生物量维量中有 17 个生物量维量与地位指数呈极显著或显著相关性，且这 17 个生物量维量随地位指数的增加基本呈先增加后减少的趋势；思茅松天然林的 43 个生物量分配比例维量中有 24 个生物量分配比例维量与地位指数呈极显著或显著相关性，且这 24 个生物量分配比例维量随地位指数的增加无相对一致的变化规律。

(2)通过思茅松天然林各维量生物量及分配比例与林分因子的 CCA 排序结果可知，前两轴的累积解释量均在 89.8%以上。通过思茅松天然林各林层生物量及分配比例与林分因子 CCA 排序的相关性分析可知，林分平均高与林分密度指数与第一轴呈较大正相关性，地位指数与第二轴呈较大正相关性。通过思茅松天然林乔木层各器官生物量及分配比例与林分因子 CCA 排序的相关性分析可知，林分平均高、林分优势高、地位指数与第一轴呈较大正相关性，林分密度指数与第二轴呈较大正相关性。从 CCA 排序图可以看出，林分密度指数、林分平均高、林分优势高和地位指数是对思茅松天然林各维量生物量及分配比例影响最大的林分因子。

可见，林分密度指数、林分平均高、林分优势高和地位指数均对思茅松天然林各维量生物量及分配比例产生显著影响，且随林分密度指数、林分平均高、林分优势高的增加各维量生物量基本呈增加的趋势。

第7章 土壤因子对思茅松天然林生物量分配的影响

7.1 土壤因子与生物量分配的相关性分析

7.1.1 土壤因子与思茅松天然林生物量的关系

1. 土壤因子与思茅松天然林乔木层生物量的关系

思茅松天然林乔木层生物量随土壤因子的变化呈规律性。乔木层总生物量(Bt)与土壤因子均呈正相关性,其中与速效钾有极显著正相关性(0.458);与全氮、全钾有显著正相关性(0.305、0.332)。乔木层地上总生物量(Bta)与土壤因子均呈正相关性,其中与速效钾有极显著正相关性(0.465);与全氮、全钾有显著正相关性(0.309、0.313)。乔木层根系总生物量(Btr)与土壤因子均呈正相关性,其中与全钾有极显著正相关性(0.393);与土壤 pH、速效钾有显著正相关性(0.311、0.366)。

整体上看思茅松天然林乔木层生物量与土壤因子均呈正相关性(表 7.1)。

表 7.1 土壤因子与乔木层生物量相关关系表

土壤因子	Bt	Bta	Btr
PH	0.195*	0.170*	0.311*
OM	0.259*	0.277*	0.125
TN	0.305*	0.309*	0.249*
TP	0.133	0.125	0.161*
TK	0.332*	0.313*	0.393**
HN	0.255*	0.265*	0.168*
YP	0.041	0.035	0.065
SK	0.458**	0.465**	0.366*

注: *为 0.05 水平上的相关性,**为 0.01 水平上的相关性。

各指数曲线拟合的显著性均有差异,从曲线拟合的 R^2 看,R^2 均比较小,其中全钾、速效钾的相关性检验显著。乔木层总生物量随土壤 pH、全氮、全磷、全钾、水解性氮的增加呈不断增加的趋势 [图 7.1(a)、(c)、(d)、(e)、(f)];随土壤有机质含量的增加呈先减少后增加的趋势,当土壤有机质含量为 20g/kg 时达到最小值 [图 7.1(b)];随有效磷的增加呈先增加后趋于水平的趋势,当有效磷达到 4mg/kg 后开始趋于水平 [图 7.1(g)];随速效钾的增加呈先增加后减少的趋势,当速效钾为 170 mg/kg 时达到最大值 [图 7.1(h)]。乔木层地上总生物量随土壤因子的变化也存在类似的规律(图 7.1)。乔木层根系总生物量随土壤 pH、土壤有

机质含量、全氮、全磷、全钾、水解性氮、速效钾的增加呈缓慢增加的趋势 ［图 7.1（a）、（b）、
（c）、（d）、（e）、（f）、（h）］；随有效磷的增加呈基本不变的趋势 ［图 7.1（g）］。

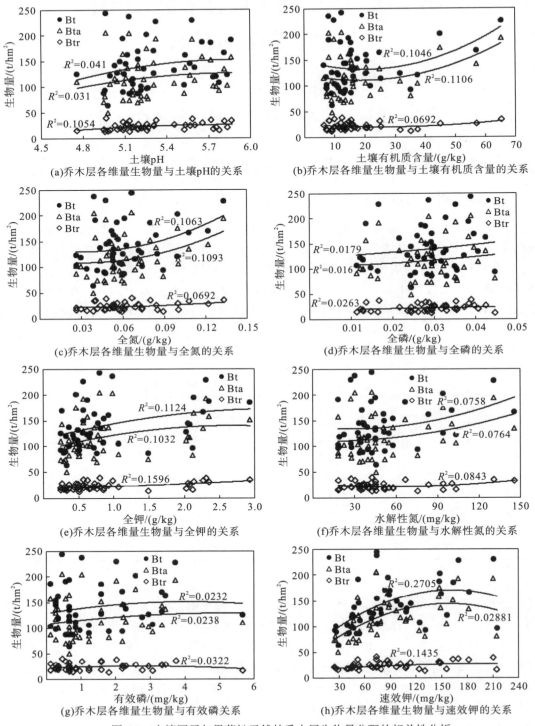

图 7.1　土壤因子与思茅松天然林乔木层生物量分配的相关性分析

土壤 pH、全氮、全磷、全钾、水解性氮对思茅松天然林乔木层各生物量变化趋势的影响相似 [图 7.1 (a)、(c)、(d)、(e)、(f)]。

2. 土壤因子与思茅松天然林灌木层生物量的关系

思茅松天然林灌木层生物量随土壤因子的变化呈规律性。灌木层总生物量(Bshurbt)与土壤 pH、全氮、全钾、水解性氮、有效磷、速效钾均呈正相关性，其中与土壤 pH 有极显著正相关性(0.547)；与全磷呈显著负相关性(-0.330)；与土壤有机质含量没有相关性。灌木层地上总生物量(Bshruba)与土壤 pH、土壤有机质含量、全氮、全钾、水解性氮、有效磷、速效钾均呈正相关性，其中与土壤 pH 有极显著正相关性(0.558)；与全磷有显著负相关性(-0.313)。灌木层根系总生物量(Bshrubr)与土壤 pH、全钾、有效磷、速效钾均呈正相关性，其中与土壤 pH 有极显著正相关性(0.382)；与土壤有机质含量、全氮、全磷、水解性氮均呈负相关性，其中与全磷有最大负相关性(-0.281)。

整体上看思茅松天然林灌木层生物量与土壤 pH、全钾、有效磷、速效钾均呈正相关性，并随土壤 pH 的增加而增加；与全磷呈负相关性(表 7.2)。

表 7.2　土壤因子与灌木层生物量相关关系表

土壤因子	Bshrubt	Bshruba	Bshrubr
PH	0.547**	0.558**	0.382**
OM	0.001	0.023	-0.051
TN	0.058	0.099	-0.045
TP	-0.330*	-0.313*	-0.281*
TK	0.226*	0.230*	0.157*
HN	0.173*	0.248*	-0.033
YP	0.118	0.135	0.052
SK	0.232*	0.262*	0.103

注：*为 0.05 水平上的相关性，**为 0.01 水平上的相关性。

各指数曲线拟合的显著性均有差异，从曲线拟合的 R^2 看，R^2 均比较小，其中土壤 pH 的相关性检验极显著。灌木层总生物量随土壤 pH、全氮、全钾、速效钾的增加呈不断增加的趋势 [图 7.2 (a)、(c)、(e)、(h)]；随土壤有机质含量、有效磷的增加呈先增加后减少的趋势，当土壤有机质含量为 32g/kg、有效磷为 2.2mg/kg 时分别达到最大值 [图 7.2 (b)、(g)]；随全磷的增加呈不断减少的趋势 [图 7.2 (d)]；随水解性氮的增加呈先减少后增加的趋势，当水解性氮为 60mg/kg 时达到最小值 [图 7.2 (f)]。灌木层地上总生物量随土壤因子的变化也存在类似的规律(图 7.2)。灌木层根系总生物量随土壤 pH、全钾、速效钾的增加呈缓慢增加的趋势 [图 7.2 (a)、(e)、(h)]；随土壤有机质含量、全氮的增加呈先增加后减少的趋势，当土壤有机质含量为 30g/kg、全氮为 0.065g/kg 时分别达到最大值 [图 7.2 (b)、(c)]；随全磷、有效磷的增加呈缓慢减少的趋势 [图 7.2 (d)、(g)]；随水解性氮的增加呈基本不变的趋势 [图 7.2 (f)]。

土壤 pH、全钾、速效钾对思茅松天然林灌木层各生物量变化趋势的影响相似[图 7.2 (a)、(e)、(h)]。

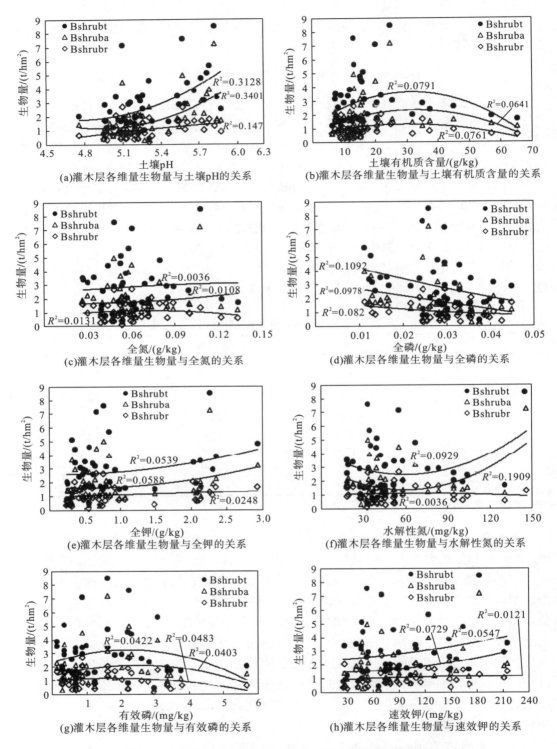

图 7.2   土壤因子与思茅松天然林灌木层生物量分配的相关性分析

3. 土壤因子对思茅松天然林草本层生物量的关系

思茅松天然林草本层生物量随土壤因子的变化呈规律性。草本层总生物量（Bherbt）与土壤 pH、全钾、速效钾均呈正相关性，其中与土壤 pH 有极显著正相关性（0.548）；与土壤有机质含量、全氮、全磷、水解性氮、有效磷均呈负相关性，其中与全磷有显著负相关性（-0.352）。草本层地上总生物量（Bherba）与土壤 pH、全钾、水解性氮、有效磷、速效钾均呈正相关性，其中与土壤 pH 有极显著正相关性（0.436）；与土壤有机质含量、全氮、全磷呈负相关性，其中与全磷有最大负相关性（-0.263）。草本层根系总生物量（Bherbr）与土壤 pH、全钾、速效钾均呈正相关性，其中与土壤 pH 有极显著正相关性（0.527）；与土壤有机质含量、全氮、全磷、水解性氮、有效磷均呈负相关性，其中与全磷有显著负相关性（-0.350）。

整体上看思茅松天然林草本层生物量与土壤 pH、全钾、速效钾均呈正相关性，并随土壤 pH 的增加而增加；与土壤有机质含量、全氮、全磷均呈负相关性（表 7.3）。

表 7.3　土壤因子与草本层生物量相关关系表

土壤因子	Bherbt	Bherba	Bherbr
PH	0.548**	0.436**	0.527**
OM	-0.117	-0.027	-0.154*
TN	-0.109	-0.017	-0.147*
TP	-0.352*	-0.263*	-0.350*
TK	0.217*	0.146*	0.227*
HN	-0.075	0.011	-0.116
YP	-0.020	0.033	-0.050
SK	0.048	0.093	0.012

注：*为 0.05 水平上的相关性，**为 0.01 水平上的相关性。

各指数曲线拟合的显著性均有差异，从曲线拟合的 R^2 看，R^2 均比较小，其中土壤 pH 的相关性检验显著。草本层总生物量随土壤 pH、全氮、全钾、水解性氮、速效钾的增加呈先减少后增加的趋势，当土壤 pH 为 5.05、全氮为 0.085g/kg、全钾为 1.0g/kg、水解性氮为 80mg/kg、速效钾为 100 mg/kg 时分别达到最小值［图 7.3（a）、（c）、（e）、（f）、（h）］；随土壤有机质含量、全磷的增加呈缓慢减少的趋势［图 7.3（b）、（d）］；随有效磷的增加呈先增加后减少的趋势，当有效磷为 2.6 mg/kg 时达到最大值［图 7.3（g）］。草本层地上总生物量随土壤 pH、全钾、速效钾的增加呈缓慢增加的趋势［图 7.3（a）、（e）、（h）］；随土壤有机质含量、全氮、水解性氮的增加呈先缓慢减少后缓慢增加的趋势，当土壤有机质含量为 35g/kg、全氮为 0.07g/kg、水解性氮为 75mg/kg 时分别达到最小值［图 7.3（b）、（c）、（f）］；随全磷的增加呈缓慢减少的趋势［图 7.3（d）］；随有效磷的增加呈先缓慢增加后缓慢减少的趋势，当有效磷为 3.2 mg/kg 时达到最大值［图 7.3（g）］。草本层根系总生物量随土壤 pH、全钾、速效钾的增加呈缓慢增加的趋势［图 7.3（a）、（e）、（h）］；随土壤有机质含量、全磷的增加呈缓慢减少的趋势［图 7.3（b）、（d）］；随全氮、水解性氮的增加呈先缓慢减少后缓慢增加的趋势，当全氮为 0.09g/kg、水解性氮为 80mg/kg 时分别达到最小值 [图 7.3(c)、(f)]；随有效磷的增加呈先缓慢增加后缓慢减少的趋势，当有效磷为 2 mg/kg 时达到最大值 [图 7.3(g)]。

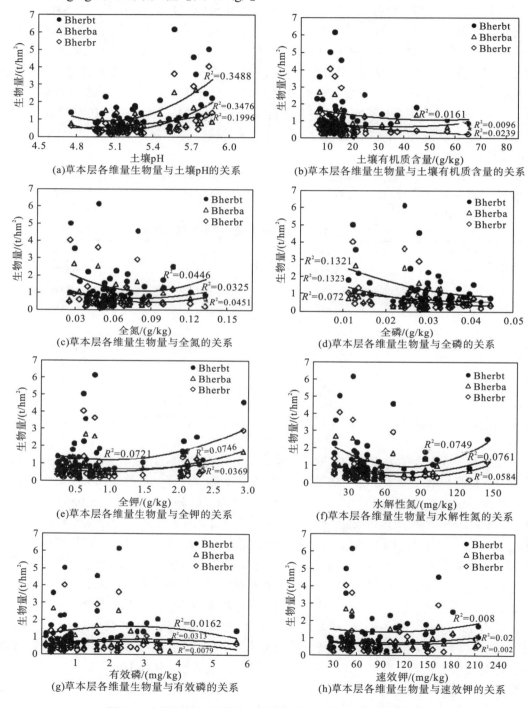

图 7.3　土壤因子与思茅松天然林草本层生物量分配的相关性分析

　　土壤pH、全钾对思茅松天然林草本层各生物量分配变化趋势的影响相似［图7.3(a)、(e)］；全氮、水解性氮对草本层生物量分配变化趋势的影响相似［图7.3(c)、(f)］。

4. 土壤因子与思茅松天然林枯落物层生物量的关系

　　思茅松天然林枯落物层生物量随土壤因子的变化呈规律性。枯落物层总生物量(Bfall)与土壤pH、全钾、有效磷均呈正相关性，其中与土壤pH有最大正相关性(0.284)；与土壤有机质含量、全氮、全磷、水解性氮、速效钾均呈负相关性，其中与土壤有机质含量有显著负相关性(-0.185)(表7.4)。

表 7.4　土壤因子与枯落物层生物量相关关系表

土壤因子	Bfall	土壤因子	Bfall
PH	0.284*	TK	0.084
OM	-0.185*	HN	-0.138*
TN	-0.157*	YP	0.005
TP	-0.127*	SK	-0.052

注：*为0.05水平上的相关性。

　　各指数曲线拟合的显著性均有差异，从曲线拟合的R^2看，R^2均比较小。枯落物层总生物量随土壤pH、有效磷的增加呈先增加后减少的趋势，当土壤pH为5.6、有效磷为1 mg/kg时分别达到最大值［图7.4(a)、(g)］；随土壤有机质含量、全氮、全磷、水解性氮的增加呈不断减少的趋势［图7.4(b)、(c)、(d)、(f)］；随全钾、速效钾的增加呈先减少后增加的趋势，当全钾为1.0g/kg、速效钾为130 mg/kg时分别达到最小值［图7.4(e)、(h)］。

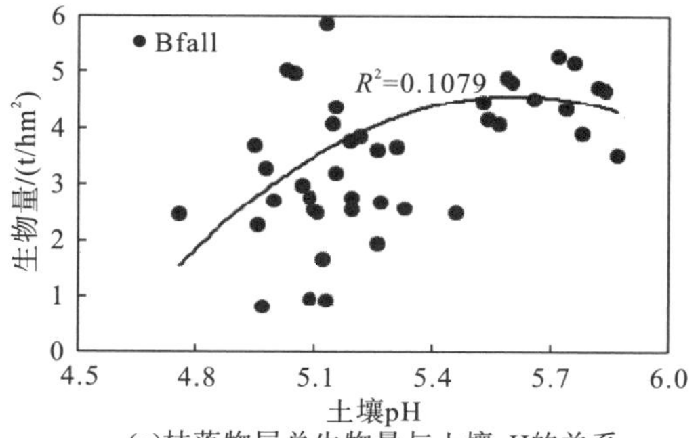

(a)枯落物层总生物量与土壤pH的关系

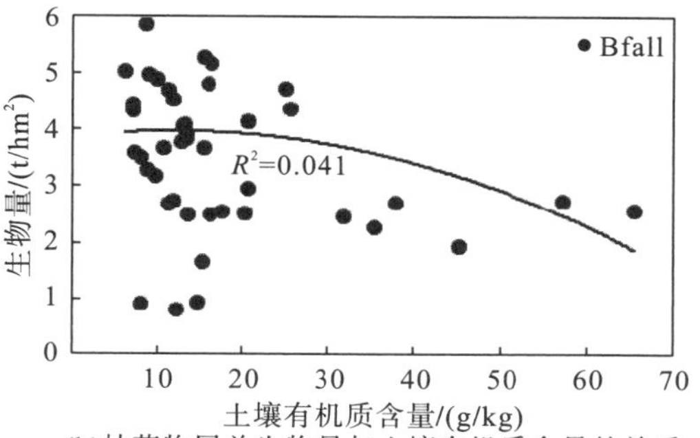

(b)枯落物层总生物量与土壤有机质含量的关系

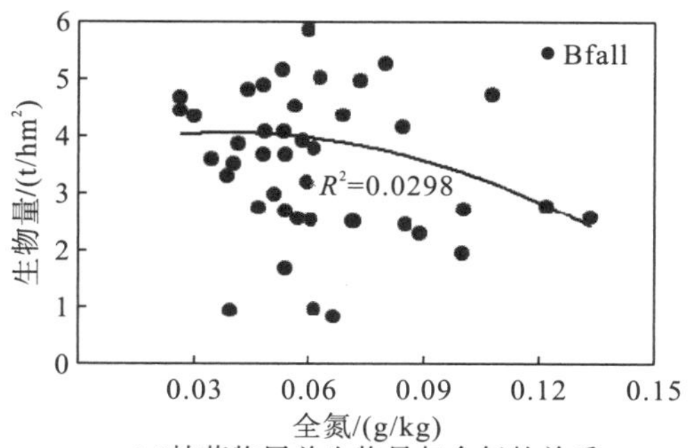

(c)枯落物层总生物量与全氮的关系

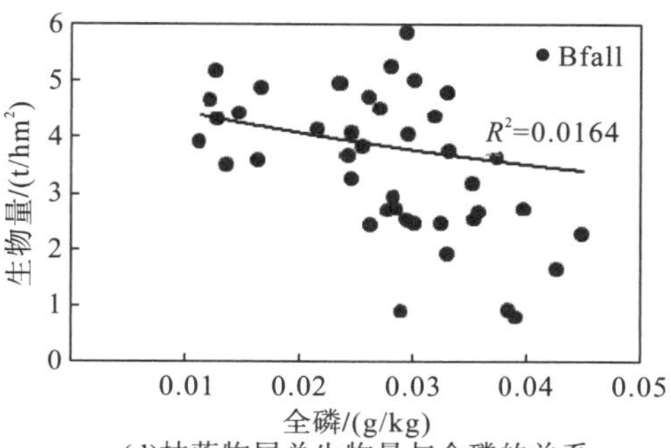

(d)枯落物层总生物量与全磷的关系

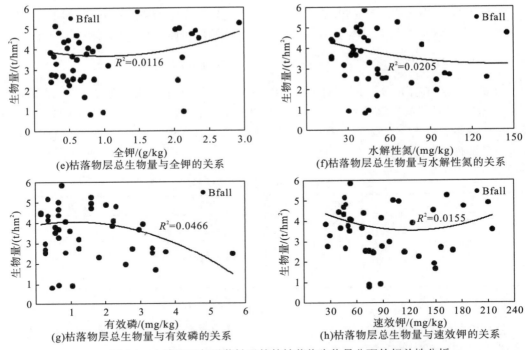

图 7.4　土壤因子与思茅松天然林枯落物生物量分配的相关性分析

5. 土壤因子与思茅松天然林总生物量的关系

思茅松天然林总生物量随土壤因子的变化呈规律性。思茅松天然林乔木层总生物量（Bstt）与土壤因子均呈正相关性，其中与速效钾有极显著正相关性（0.467），与全氮、全钾有显著正相关性（0.298、0.351）。乔木层地上总生物量（Bsat）与土壤因子均呈正相关性，其中与速效钾有极显著正相关性（0.475），与全氮、全钾有显著正相关性（0.306、0.329）。乔木层根系总生物量（Bsrt）与土壤因子均呈正相关性，其中与土壤 pH、全钾有极显著正相关性（0.397、0.423），与速效钾有显著相关性（0.367）。

整体上看思茅松天然林总生物量与土壤因子均呈正相关性，并随全钾、速效钾的增加而增加（表 7.5）。

表 7.5　土壤因子与思茅松天然林总生物量相关关系表

土壤因子	Bstt	Bsat	Bsrt
PH	0.245*	0.211*	0.397**
OM	0.248*	0.270*	0.100
TN	0.298*	0.306*	0.221*
TP	0.105	0.105	0.091
TK	0.351*	0.329*	0.423**
HN	0.254*	0.268*	0.147*
YP	0.045	0.041	0.062
SK	0.467**	0.475**	0.367*

注：*为 0.05 水平上的相关性，**为 0.01 水平上的相关性。

　　各指数曲线拟合的显著性均有差异，从曲线拟合的 R^2 看，R^2 均比较小，其中全钾、速效钾的相关性检验显著。思茅松天然林乔木层总生物量随土壤 pH、全氮、全磷、全钾、水解性氮的增加呈不断增加的趋势 ［图 7.5 (a)、(c)、(d)、(e)、(f)］；随土壤有机质含量的增加呈先减少后增加的趋势，当土壤有机质含量为 20g/kg 时达到最小值［图 7.5 (b)］；随有效磷的增加呈先增加后趋于水平的趋势，当有效磷达到 3mg/kg 后开始趋于水平 ［图 7.5 (g)］；随速效钾的增加呈先增加后减少的趋势，当速效钾为 165 mg/kg 时达到最大值［图 7.5 (h)］。乔木层地上总生物量随土壤因子的变化也存在类似的规律 (图 7.5)。乔木层根系总生物量随土壤 pH、土壤有机质含量、全氮、全磷、全钾、水解性氮、速效钾的增加呈缓慢增加的趋势 ［图 7.5 (a)、(b)、(c)、(d)、(e)、(f)、(h)］；随有效磷的增加呈基本不变的趋势 ［图 7.5 (g)］。

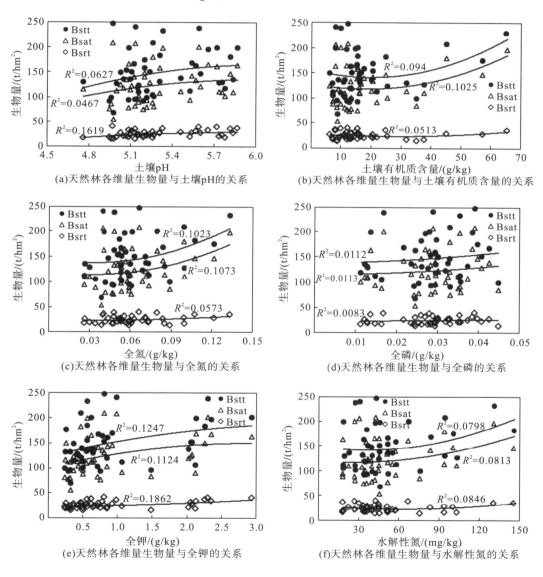

(a)天然林各维量生物量与土壤pH的关系

(b)天然林各维量生物量与土壤有机质含量的关系

(c)天然林各维量生物量与全氮的关系

(d)天然林各维量生物量与全磷的关系

(e)天然林各维量生物量与全钾的关系

(f)天然林各维量生物量与水解性氮的关系

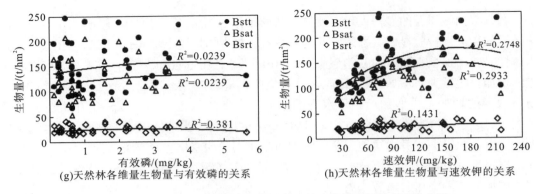

(g)天然林各维量生物量与有效磷的关系   (h)天然林各维量生物量与速效钾的关系

图 7.5　土壤因子与思茅松天然林总体生物量分配的相关性分析

土壤 pH、全氮、全磷、全钾、水解性氮对思茅松天然林乔木层各总生物量变化趋势的影响相似［图 7.5（a）、（c）、（d）、（e）、（f）］。

7.1.2　土壤因子与思茅松天然林生物量分配比例的关系

1. 土壤因子与思茅松天然林乔木层生物量分配比例的关系

思茅松天然林乔木层生物量分配比例随土壤因子的变化呈规律性。乔木层总生物量百分比（Pbt）与土壤 pH 有显著负相关性（-0.373）；与土壤有机质含量、全氮、全磷、全钾、水解性氮、有效磷、速效钾均呈正相关性，其中与全磷有极显著正相关性（0.385）。乔木层地上总生物量百分比（Pbta）与土壤 pH、全钾、有效磷均呈负相关性，其中与土壤 pH 有显著负相关性（-0.294）；与土壤有机质含量、全氮、全磷、全钾、水解性氮、速效钾均呈正相关性，其中与全磷有显著正相关性（0.310）。乔木层林根系总生物量百分比（Pbtr）与土壤 pH、全钾均呈负相关性，其中与土壤 pH 有极显著负相关性（-0.400）；与土壤有机质含量、全氮、全磷、水解性氮、有效磷均呈正相关性，其中与全磷有极显著正相关性（0.434）；与速效钾没有相关性。

整体上看思茅松天然林乔木层生物量分配比例与土壤 pH 呈负相关性；与土壤有机质含量、全氮、全磷、水解性氮均呈正相关性（表 7.6）。

表 7.6　土壤因子与乔木层生物量分配比例相关关系表

土壤因子	Pbt	Pbta	Pbtr
PH	-0.373*	-0.294*	-0.400**
OM	0.263*	0.270*	0.130*
TN	0.274*	0.262*	0.183*
TP	0.385**	0.310*	0.434**
TK	0.015	0.052	-0.070
HN	0.190*	0.170*	0.147*
YP	0.005	-0.006	0.028
SK	0.186*	0.226*	0.001

注：*为 0.05 水平上的相关性，**为 0.01 水平上的相关性。

　　各指数曲线拟合的显著性均有差异，从曲线拟合的 R^2 看，R^2 均比较小，其中土壤 pH、全钾的相关性检验显著。乔木层总生物量百分比随土壤 pH 的增加呈缓慢减少的趋势［图 7.6(a)］；随土壤有机质含量、全氮、全磷、有效磷的增加呈缓慢增加的趋势［图 7.6(b)、(c)、(d)、(g)］；随全钾、水解性氮、速效钾的增加呈先缓慢增加后缓慢减少的趋势，当全钾为 1.6g/kg、水解性氮为 100mg/kg、速效钾为 135 mg/kg 时分别达到最大值［图 7.6(e)、(f)、(h)］。乔木层地上总生物量百分比随土壤因子的变化也存在类似的规律(图 7.6)。乔木层根系总生物量百分比随土壤 pH、全磷的增加呈先增加后减少的趋势，当土壤 pH 为 5.1、全磷为 0.037g/kg 时分别达到最大值［图 7.6(a)、(d)］；随土壤有机质含量的增加呈先缓慢减少后增加的趋势，当土壤有机质含量为 25g/kg 时达到最小值［图 7.6(b)］；随全氮、水解性氮的增加呈缓慢增加的趋势［图 7.6(c)、(f)］；

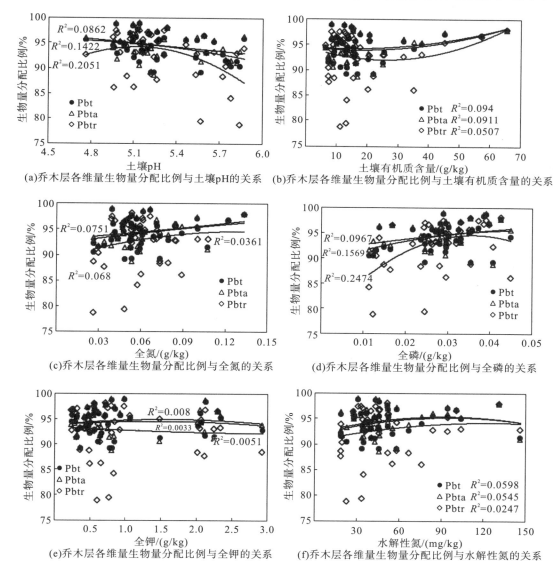

(a)乔木层各维量生物量分配比例与土壤pH的关系　(b)乔木层各维量生物量分配比例与土壤有机质含量的关系

(c)乔木层各维量生物量分配比例与全氮的关系　(d)乔木层各维量生物量分配比例与全磷的关系

(e)乔木层各维量生物量分配比例与全钾的关系　(f)乔木层各维量生物量分配比例与水解性氮的关系

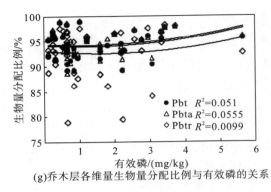

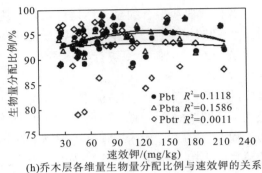

(g)乔木层各维量生物量分配比例与有效磷的关系　　(h)乔木层各维量生物量分配比例与速效钾的关系

图 7.6　土壤因子与乔木层生物量分配比例的相关性分析

随全钾的增加呈缓慢减少的趋势［图 7.6(e)］；随有效磷的增加呈先趋于水平后增加的趋势，当有效磷达到 3mg/kg 时开始缓慢增加［图 7.6(g)］；随速效钾的增加呈基本不变的趋势［图 7.6(h)］。

2. 土壤因子与思茅松天然林灌木层生物量分配比例的关系

思茅松天然林灌木层生物量分配比例随土壤因子的变化呈规律性。灌木层总生物量百分比(Pbshrubt)与土壤 pH、全钾、水解性氮、有效磷、速效钾均呈正相关性，其中与土壤 pH 有极显著正相关性(0.419)；与土壤有机质含量、全氮、全磷均呈负相关性，其中与全磷有极显著负相关性(-0.382)。灌木层地上总生物量百分比(Pbshruba)与土壤 pH、全钾、水解性氮、有效磷、速效钾均呈正相关性，其中与土壤 pH 有极显著正相关性(0.471)；与土壤有机质含量、全氮、全磷均呈负相关性，其中与全磷有极显著负相关性(-0.383)。灌木层根系总生物量百分比(Pbshrubr)与土壤 pH、有效磷、速效钾均呈正相关性，其中与土壤 pH 有最大正相关性(0.158)；与土壤有机质含量、全氮、全磷、全钾、水解性氮均呈负相关性，其中与全磷有最大负相关性(-0.262)。

整体上看思茅松天然林灌木层生物量分配比例与土壤 pH、有效磷、速效钾均呈正相关性；与土壤有机质含量、全氮、全磷均呈负相关性(表 7.7)。

表 7.7　土壤因子与灌木层生物量分配比例相关关系表

土壤因子	Pbshrubt	Pbshruba	Pbshrubr
PH	0.419**	0.471**	0.158
OM	-0.074	-0.063	-0.033
TN	-0.068	-0.030	-0.075
TP	-0.382**	-0.383**	-0.262*
TK	0.058	0.090	-0.006
HN	0.034	0.113	-0.064
YP	0.091	0.118	0.007
SK	0.070	0.107	0.047

注：*为 0.05 水平上的相关性，**为 0.01 水平上的相关性。

各指数曲线拟合的显著性均有差异，从曲线拟合的 R^2 看，R^2 均比较小。灌木层总生物量百分比随土壤 pH、全钾的增加呈缓慢增加的趋势 [图 7.7(a)、(e)]；随土壤有机质含量、有效磷的增加呈先缓慢增加后缓慢减少的趋势，当土壤有机质含量为 30g/kg、有效磷为 1.8 mg/kg 时分别达到最大值[图 7.7(b)、(g)]；随全氮的增加呈基本不变的趋势[图 7.7(c)]；随全磷的增加呈缓慢减少的趋势 [图 7.7(d)]；随水解性氮、速效钾的增加呈先缓慢减少后缓慢增加的趋势，当水解性氮为 70mg/kg、速效钾为 90 mg/kg 时分别达到最小值 [图 7.7(f)、(h)]。灌木层地上总生物量百分比随土壤因子的变化也存在类似的规律(图 7.7)。灌木层根系总生物量百分比随土壤 pH、速效钾的增加呈缓慢增加的趋势 [图 7.7(a)、(h)]；随土壤有机质含量、全氮、全钾、水解性氮、有效磷的增加呈先增加后减少的趋势，当土壤有机质含量为 31g/kg、全氮为 0.065g/kg、全钾为 1.4g/kg、水解性氮为 60mg/kg、有效磷为 1.2 mg/kg 时分别达到最大值 [图 7.7(b)、(c)、(e)、(f)、(g)]；随全磷的增加呈先减少后增加的趋势，当全磷为 0.034g/kg 时达到最小值 [图 7.7(d)]。

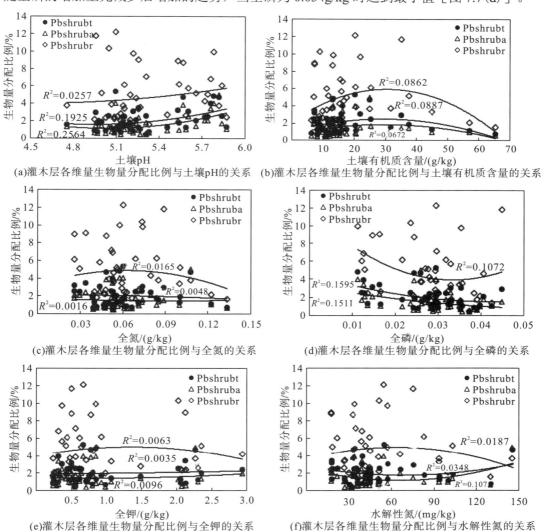

(a)灌木层各维量生物量分配比例与土壤pH的关系　　(b)灌木层各维量生物量分配比例与土壤有机质含量的关系

(c)灌木层各维量生物量分配比例与全氮的关系　　(d)灌木层各维量生物量分配比例与全磷的关系

(e)灌木层各维量生物量分配比例与全钾的关系　　(f)灌木层各维量生物量分配比例与水解性氮的关系

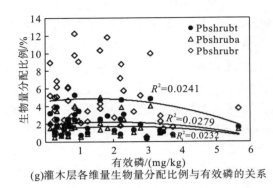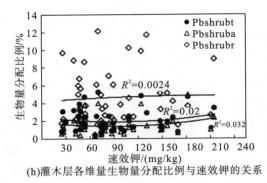

(g)灌木层各维量生物量分配比例与有效磷的关系　　(h)灌木层各维量生物量分配比例与速效钾的关系

图 7.7　土壤因子与灌木层生物量分配比例的相关性分析

土壤有机质含量、有效磷对思茅松天然林灌木层各生物量分配比例变化趋势的影响相似［图 7.7(b)、(g)］。

3. 土壤因子与思茅松天然林草本层生物量分配比例的关系

思茅松天然林草本层生物量分配比例随土壤因子的变化呈规律性。草本层总生物量百分比(Pbherbt)与土壤 pH、全钾均呈正相关性，其中与土壤 pH 有极显著正相关性(0.482)；与土壤有机质含量、全氮、全磷、水解性氮、有效磷、速效钾均呈负相关性，其中与全磷有极显著负相关性(-0.421)。草本层地上总生物量百分比(Pbherba)与土壤 pH、全钾均呈正相关性，其中与土壤 pH 有显著正相关性(0.333)；与土壤有机质含量、全氮、全磷、水解性氮、速效钾均呈负相关性，其中与全磷有显著负相关性(-0.319)；与有效磷没有相关性。草本层根系总生物量百分比(Pbherbr)与土壤 pH、全钾均呈正相关性，其中与土壤 pH 有极显著正相关性(0.479)；与土壤有机质含量、全氮、全磷、水解性氮、有效磷、速效钾均呈负相关性，其中与全磷有极显著负相关性(-0.425)。

整体上看思茅松天然林草本层生物量分配比例与土壤 pH、全钾均呈正相关性；与土壤有机质含量、全氮、全磷、水解性氮、速效钾均呈负相关性(表 7.8)。

表 7.8　土壤因子与草本层生物量分配比例相关关系表

土壤因子	Pbherbt	Pbherba	Pbherbr
PH	0.482**	0.333*	0.479**
OM	-0.194*	-0.154*	-0.175*
TN	-0.232*	-0.177*	-0.218*
TP	-0.421**	-0.319*	-0.425**
TK	0.095	0.015	0.121
HN	-0.183*	-0.137*	-0.171*
YP	-0.040	0.001	-0.053
SK	-0.079	-0.079	-0.049

注：*为 0.05 水平上的相关性，**为 0.01 水平上的相关性。

各指数曲线拟合的显著性均有差异，从曲线拟合的 R^2 看，R^2 均比较小，其中土壤 pH、全钾的相关性检验显著。草本层总生物量百分比随土壤 pH、全氮、水解性氮、速效钾的增加呈先缓慢减少后缓慢增加的趋势，当土壤 pH 为 5.2、全氮为 0.08g/kg、水解性氮为 85mg/kg、速效钾为 130 mg/kg 时分别达到最小值［图 7.8(a)、(c)、(f)、(h)］；随土壤有机质含量、全磷的增加呈缓慢减少的趋势［图 7.8(b)、(d)］；随全钾的增加呈先趋于水平后增加的趋势，当全钾为 2.0g/kg 时开始缓慢增加［图 7.8(e)］；随有效磷的增加呈基本不变的趋势［图 7.8(g)］。草本层地上总生物量百分比随土壤 pH、全钾的增加呈先趋于水平后缓慢增加的趋势，当土壤 pH 为 5.2、全钾为 2.0g/kg 时开始缓慢增加［图 7.8(a)、(e)］；随土壤有机质含量、有效磷的增加呈基本不变的趋势［图 7.8(b)、(g)］；随全氮、水解性氮、速效钾的增加呈先缓慢减少后缓慢增加的趋势，当全氮为 0.08g/kg、水解性氮为 85mg/kg、速效钾为 130 mg/kg 时分别达到最小值［图 7.8(c)、(f)、(h)］；随全磷的增加呈缓慢减少的趋势［图 7.8(d)］。草本层根系总生物量百分比随土壤 pH、全氮、全磷、全钾、水解性氮、速效钾的增加呈先减少后增加的趋势，当土壤 pH 为 5.2、全氮为 0.095g/kg、全磷为 0.04g/kg、全钾为 0.8g/kg、水解性氮为 90mg/kg、速效钾为 135 mg/kg 时分别达到最小值［图 7.8(a)、(c)、(d)、(e)、(f)、(h)］；随土壤有机质含量的增加呈缓慢减少的趋势［图 7.8(b)］；随有效磷的增加呈基本不变的趋势［图 7.8(g)］。

全氮、水解性氮、速效钾对草本层生物量分配比例变化趋势的影响相似［图 7.8(c)、(f)、(h)］。

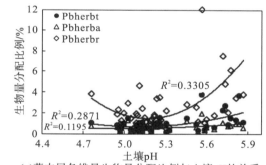

(a)草本层各维量生物量分配比例与土壤pH的关系

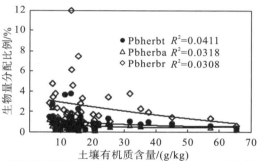

(b)草本层各维量生物量分配比例与土壤有机质含量的关系

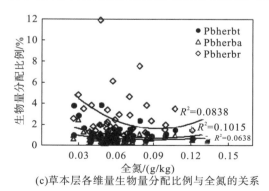

(c)草本层各维量生物量分配比例与全氮的关系

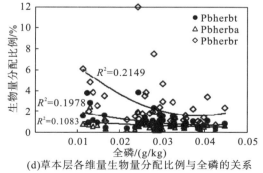

(d)草本层各维量生物量分配比例与全磷的关系

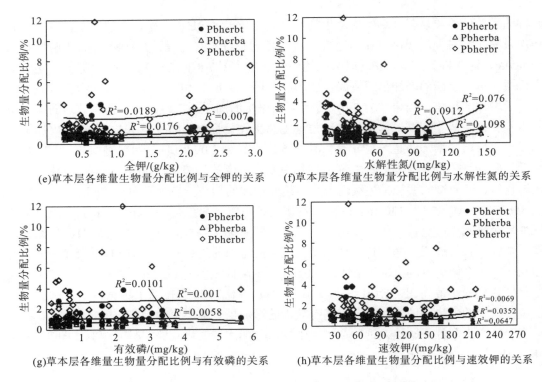

图 7.8 土壤因子与草本层生物量分配比例的相关性分析

4. 土壤因子与思茅松天然林枯落物层生物量分配比例的关系

思茅松天然林枯落物层生物量分配比例随土壤因子的变化呈规律性。枯落物层总生物量百分比(Pfallt)与土壤 pH 有最大正相关性(0.051);与土壤有机质含量、全氮、全磷、全钾、水解性氮、有效磷、速效钾均呈负相关性,其中与速效钾有显著负相关性(-0.324)。枯落物层地上总生物量百分比(Pfalla)与土壤 pH 有正相关性(0.055);与土壤有机质含量、全氮、全磷、全钾、水解性氮、有效磷、速效钾均呈负相关性,其中与速效钾有显著负相关性(-0.344)。

整体上看思茅松天然林灌木层生物量分配比例与土壤 pH 呈正相关性;与土壤有机质含量、全氮、全磷、全钾、水解性氮、有效磷、速效钾均呈负相关性,且随速效钾的增加而增加(表 7.9)。

表 7.9 土壤因子与枯落物层及地上部分总生物量分配比例相关关系表

土壤因子	Pfallt	Pfalla
PH	0.051	0.055
OM	-0.282*	-0.291*
TN	-0.286*	-0.293*
TP	-0.130*	-0.128*
TK	-0.117*	-0.123*

续表

土壤因子	Pfallt	Pfalla
HN	-0.251*	-0.258*
YP	-0.059	-0.058
SK	-0.324*	-0.344*

注：*为 0.05 水平上的相关性。

　　各指数曲线拟合的显著性均有差异，从曲线拟合的 R^2 看，R^2 均比较小，其中速效钾的相关性检验显著。枯落物层总生物量百分比随土壤 pH 的增加呈先增加后减少的趋势，当土壤 pH 为 5.45 时达到最大值 [图 7.9(a)]；随土壤有机质含量、全氮、全磷、水解性氮、有效磷的增加呈不断减少的趋势 [图 7.9(b)、(c)、(d)、(f)、(g)]；随全钾、速效钾的增加呈先减少后增加的趋势，当全钾为 2.0g/kg、速效钾为 140.5 mg/kg 时分别达到最小值 [图 7.9(e)、(h)]。枯落物层地上总生物量百分比随土壤因子的变化也存在类似的规律(图 7.9)。

　　土壤有机质含量、全氮、全磷、水解性氮、有效磷对思茅松天然林枯落物层及地上部分总生物量分配比例变化趋势的影响相似 [图 7.9(b)、(c)、(d)、(f)、(g)]；全钾、速效钾对思茅松天然林枯落物层及地上部分总生物量分配比例变化趋势的影响相似 [图 7.9(e)、(h)]。

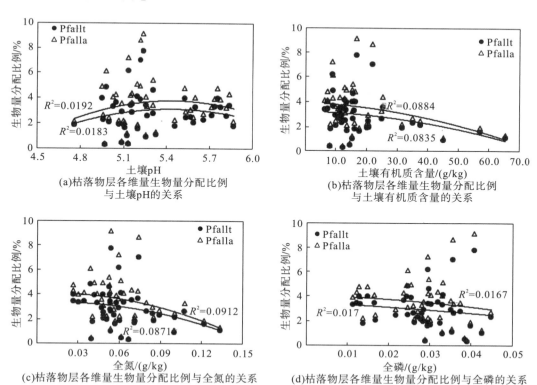

(a)枯落物层各维量生物量分配比例
与土壤pH的关系

(b)枯落物层各维量生物量分配比例
与土壤有机质含量的关系

(c)枯落物层各维量生物量分配比例与全氮的关系

(d)枯落物层各维量生物量分配比例与全磷的关系

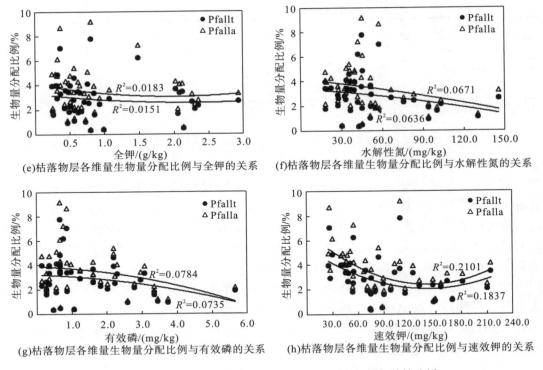

图 7.9　土壤因子与枯落物层生物量分配比例的相关性分析

7.1.3　土壤因子与思茅松天然林乔木层各器官生物量的关系

1. 土壤因子与思茅松天然林乔木层木材生物量的关系

思茅松天然林乔木层木材生物量随土壤因子的变化呈规律性。乔木层总木材生物量（Btw）与土壤因子均呈正相关性，其中与速效钾有极显著正相关性（0.481），与土壤有机质含量、全氮、水解性氮有显著正相关性（0.329、0.337、0.306）。乔木层思茅松木材生物量（Bpw）与土壤 pH、土壤有机质含量、全氮、全磷、全钾、水解性氮、速效钾均呈正相关性，其中与速效钾有极显著正相关性（0.466），与土壤有机质含量、全氮、水解性氮有显著正相关性（0.341、0.350、0.335）；与有效磷有最大负相关性（-0.002）。乔木层其他树种木材生物量（Bow）与土壤 pH、土壤有机质含量、全氮、全钾、水解性氮、有效磷、速效钾均呈正相关性，其中与全钾有最大正相关性（0.270）；仅与全磷有负相关性（-0.006）。

整体上看乔木层木材生物量与土壤 pH、土壤有机质含量、全氮、全钾、水解性氮、速效钾均呈正相关性（表 7.10）。

表 7.10　土壤因子与乔木层木材生物量相关关系表

土壤因子	Btw	Bpw	Bow
PH	0.090	0.032	0.181*
OM	0.329*	0.341*	0.092
TN	0.337*	0.350*	0.092

续表

土壤因子	Btw	Bpw	Bow
TP	0.148*	0.172*	-0.006
TK	0.274*	0.207*	0.270*
HN	0.306*	0.335*	0.042
YP	0.031	-0.002	0.096
SK	0.481**	0.466**	0.217*

注：*为 0.05 水平上的相关性，**为 0.01 水平上的相关性。

各指数曲线拟合的显著性均有差异，从曲线拟合的 R^2 看，R^2 均比较小。乔木层总木材生物量随土壤 pH、土壤有机质含量、全氮、全磷、水解性氮、有效磷的增加呈不断增加的趋势［图 7.10(a)、(b)、(c)、(d)、(f)、(g)］；随全钾、速效钾的增加呈先增加后减少的趋势，当全钾为 2.2g/kg、速效钾为 155 mg/kg 时分别达到最大值［图 7.10(e)、(h)］。乔木层思茅松木材生物量随土壤因子的变化也存在类似的规律(图 7.10)。乔木层其他树种木材生物量随土壤 pH、土壤有机质含量、全氮、全钾、水解性氮的增加呈缓慢增加的趋势［图 7.10(a)、(b)、(c)、(e)、(f)］；随全磷的增加呈基本不变的趋势［图 7.10(d)］；随有效磷的增加呈缓慢减少的趋势［图 7.10(g)］；随速效钾的增加呈先增加后减少的趋势，当速效钾为 140mg/kg 时达到最大值［图 7.10(h)］。

土壤 pH、土壤有机质含量、全氮、水解性氮对思茅松天然林乔木层各维量木材生物量变化趋势的影响相似［图 7.10(a)、(b)、(c)、(f)］。

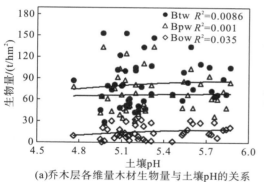

(a)乔木层各维量木材生物量与土壤pH的关系

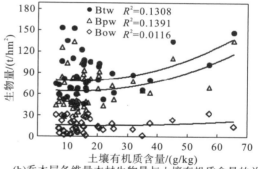

(b)乔木层各维量木材生物量与土壤有机质含量的关系

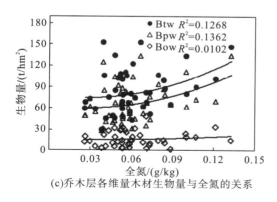

(c)乔木层各维量木材生物量与全氮的关系

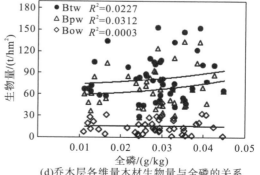

(d)乔木层各维量木材生物量与全磷的关系

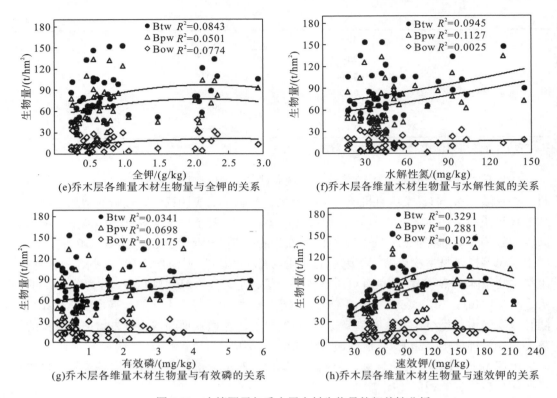

图 7.10　土壤因子与乔木层木材生物量的相关性分析

2. 土壤因子与思茅松天然林乔木层树皮生物量的关系

思茅松天然林乔木层树皮生物量随土壤因子的变化呈规律性。乔木层总树皮生物量（Btb）与土壤 pH、全氮、全钾、速效钾均呈正相关性，其中与土壤 pH 有显著正相关性（0.340）；与土壤有机质含量、全磷、水解性氮、有效磷均呈负相关性，其中与全磷有最大负相关性（-0.138）。乔木层思茅松树皮生物量（Bpb）与土壤 pH、全钾、速效钾均呈正相关性，其中与土壤 pH 有最大正相关性（0.283）；与土壤有机质含量、全氮、全磷、水解性氮、有效磷均呈负相关性，其中与全磷有最大负相关性（-0.165）。乔木层其他树种树皮生物量（Bob）与土壤因子均呈正相关性，其中与全钾有最大正相关性（0.255）。

整体上看乔木层树皮生物量与土壤 pH、全钾均呈正相关性（表 7.11）。

表 7.11　土壤因子与乔木层树皮生物量相关关系表

土壤因子	Btb	Bpb	Bob
PH	0.340*	0.283*	0.070
OM	−0.055	−0.109	0.131*
TN	0.062	−0.006	0.145*
TP	−0.138*	−0.165*	0.087
TK	0.259*	0.127*	0.255*

续表

土壤因子	Btb	Bpb	Bob
HN	−0.071	−0.101	0.083
YP	−0.119*	−0.156*	0.106
SK	0.173*	0.069	0.206*

注: *为0.05水平上的相关性。

各指数曲线拟合的显著性均有差异,从曲线拟合的 R^2 看, R^2 均比较小。乔木层总树皮生物量随土壤 pH、全磷、全钾、有效磷的增加呈先增加后减少的趋势,当土壤 pH 为5.6、全磷为0.023g/kg、全钾为2.1g/kg、有效磷为2.2 mg/kg 时分别达到最大值[图7.11(a)、(d)、(e)、(g)];随土壤有机质含量、水解性氮的增加呈先减少后增加的趋势,当土壤有机质含量为35g/kg、水解性氮为80mg/kg 时分别达到最小值[图7.11(b)、(f)];随全氮、速效钾的增加呈缓慢增加的趋势[图7.11(c)、(h)]。乔木层思茅松树皮生物量随土壤 pH、全钾、有效磷的增加呈先增加后减少的趋势,当土壤 pH 为5.6、全钾为2.2g/kg、有效磷为2.8 mg/kg 时分别达到最大值[图7.11(a)、(e)、(g)];随土壤有机质含量、水解性氮、速效钾的增加呈先减少后增加的趋势,当土壤有机质含量为35g/kg、水解性氮为80mg/kg、速效钾为100 mg/kg 时分别达到最小值[图7.11(b)、(f)、(h)];随全氮的增加呈基本不变的趋势[图7.11(c)];随全磷的增加呈先趋于水平后减少的趋势,当全磷达到0.023g/kg 时开始减少[图7.11(d)]。乔木层其他树种树皮生物量随土壤 pH、全磷、速效钾的增加呈先缓慢增加后缓慢减少的趋势,当土壤 pH 为5.46、全磷为0.03g/kg、速效钾为135 mg/kg 时分别达到最大值[图7.11(a)、(d)、(h)];随土壤有机质含量、全氮、全钾、水解性氮的增加呈缓慢增加的趋势[图7.11(b)、(c)、(e)、(f)];随有效磷的增加呈缓慢减少的趋势[图7.11(g)]。

土壤有机质含量、水解性氮对思茅松天然林乔木层各维量树皮生物量变化趋势的影响相似[图7.11(b)、(f)]。

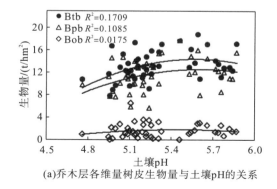

(a)乔木层各维量树皮生物量与土壤pH的关系

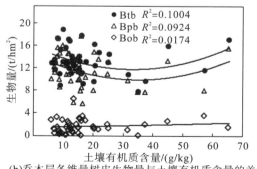

(b)乔木层各维量树皮生物量与土壤有机质含量的关系

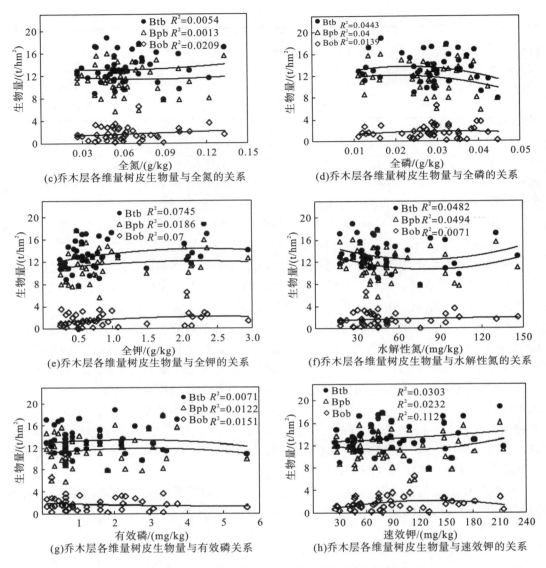

图 7.11　土壤因子与乔木层树皮生物量的相关性分析

3. 土壤因子与思茅松天然林乔木层树枝生物量的关系

思茅松天然林乔木层树枝生物量随土壤因子的变化呈规律性。乔木层总树枝生物量（Btbr）与土壤因子均呈正相关性，其中与全钾、速效钾有极显著正相关性（0.408、0.402），与土壤 pH 有显著相关性（0.338）。乔木层思茅松树枝生物量（Bpbr）与土壤因子均呈正相关性，其中与全钾、速效钾有显著正相关性（0.341、0.340）。乔木层其他树种树枝生物量（Bobr）与土壤 pH、土壤有机质含量、全氮、全钾、水解性氮、有效磷、速效钾均呈正相关性，其中与土壤 pH 有最大正相关性（0.240）；与全磷呈负相关性（-0.032）。

整体上看乔木层树枝生物量与土壤 pH、土壤有机质含量、全氮、全钾、水解性氮、有效磷、速效钾均呈正相关性（表 7.12）。

表 7.12　土壤因子与乔木层树枝生物量相关关系表

土壤因子	Btbr	Bpbr	Bobr
PH	0.338*	0.236*	0.240*
OM	0.129*	0.083	0.098
TN	0.224*	0.235*	0.084
TP	0.103	0.183*	−0.032
TK	0.408**	0.341*	0.236*
HN	0.178*	0.219*	0.037
YP	0.091	0.017	0.110*
SK	0.402**	0.340*	0.228*

注：*为 0.05 水平上的相关性，**为 0.01 水平上的相关性。

　　各指数曲线拟合的显著性均有差异，从曲线拟合的 R^2 看，R^2 均比较小。乔木层总树枝生物量随土壤 pH、全氮、全磷、全钾的增加呈不断增加的趋势［图 7.12(a)、(c)、(d)、(e)］；随土壤有机质含量、水解性氮的增加呈先减少后增加的趋势，当土壤有机质含量为 26g/kg、水解性氮为 60mg/kg 时分别达到最小值［图 7.12(b)、(f)］；随有效磷、速效钾的增加呈先增加后减少的趋势，当有效磷为 2.2mg/kg、速效钾为 180 mg/kg 时分别达到最大值［图 7.12(g)、(h)］。乔木层思茅松树枝生物量随土壤 pH、全氮、全磷、全钾、速效钾的增加呈不断增加的趋势［图 7.12(a)、(c)、(d)、(e)、(h)］；随土壤有机质含量、水解性氮的增加呈先减少后增加的趋势，当土壤有机质含量为 28g/kg、水解性氮为 55mg/kg 时分别达到最小值［图 7.12(b)、(f)］；随有效磷的增加呈先增加后减少的趋势，当有效磷为 2.8mg/kg 时达到最大值［图 7.12(g)］。乔木层其他树种树枝生物量随土壤 pH、全钾的增加呈不断增加的趋势［图 7.12(a)、(e)］；随土壤有机质含量、全氮、水解性氮的增加呈先趋于水平后增加的趋势，当土壤有机质含量达到 30g/kg、全氮达到 0.08g/kg、水解性氮达到 110mg/kg 后开始缓慢增加［图 7.12(b)、(c)、(f)］；随全磷的增加呈先缓慢减少后缓慢增加的趋势，当全磷为 0.03g/kg 时达到最小值［图 7.12(d)］；随有效磷的增加呈缓慢减少的趋势［图 7.12(g)］；随速效钾的增加呈先增加后减少的趋势，当速效钾为 135 mg/kg 时达到最大值［图 7.12(h)］。

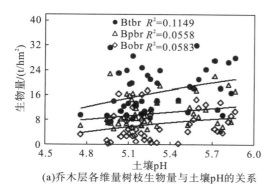

(a)乔木层各维量树枝生物量与土壤pH的关系

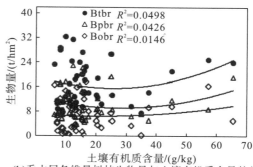

(b)乔木层各维量树枝生物量与土壤有机质含量的关系

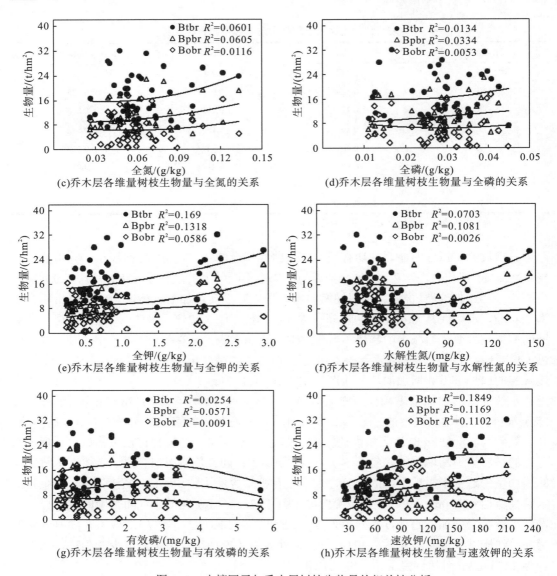

图 7.12　土壤因子与乔木层树枝生物量的相关性分析

　　土壤 pH、全钾对思茅松天然林乔木层各维量树枝生物量变化趋势的影响相似〔图 7.12(a)、(e)〕；土壤有机质含量、水解性氮对思茅松天然林乔木层各维量树枝生物量变化趋势的影响相似〔图 7.12(b)、(f)〕。

4. 土壤因子与思茅松天然林乔木层树叶生物量的关系

　　思茅松天然林乔木层树叶生物量随土壤因子的变化呈规律性。乔木层总树叶生物量(Btl)与土壤 pH、全钾、有效磷均呈正相关性，其中与土壤 pH 有极显著正相关性(0.411)；与土壤有机质含量、全氮、全磷、水解性氮、速效钾均呈负相关性，其中与水解性氮有最大负相关性(-0.238)。乔木层思茅松树叶生物量(Bpl)与土壤 pH、全钾均呈正相关性，其中与土壤 pH 有最大正相关性（0.069）；与土壤有机质含量、全氮、全钾、水解性氮、有效磷、速效钾均呈负相关性，其中与速效钾有显著负相关性（-0.356）。乔木层其他树种树叶生物量（Bol）与土壤 pH、土壤有机质含量、全氮、全钾、有效磷、速效钾均呈正相关性，其中与土壤 pH、全钾有显著正相关性（0.312、0.316）；与全磷、水解性氮均呈负相关性，其中与全磷有最大负相关性（-0.101）。

整体上看乔木层树叶生物量与土壤 pH 呈正相关性；与水解性氮呈负相关性（表 7.13）。

表 7.13　土壤因子与乔木层树叶生物量相关关系表

土壤因子	Btl	Bpl	Bol
PH	0.411**	0.069	0.312*
OM	-0.163*	-0.201*	0.040
TN	-0.172*	-0.189*	0.021
TP	-0.083	0.025	-0.101
TK	0.075	-0.262*	0.316*
HN	-0.238*	-0.206*	-0.024
YP	0.057	-0.083	0.129*
SK	-0.142*	-0.356*	0.205*

注：*为 0.05 水平上的相关性，**为 0.01 水平上的相关性。

各指数曲线拟合的显著性均有差异，从曲线拟合的 R^2 看，R^2 均比较小。乔木层总树叶生物量随土壤 pH、全磷、有效磷的增加呈先增加后减少的趋势，当土壤 pH 为 5.6、全磷为 0.024g/kg、有效磷为 1.4mg/kg 时分别达到最大值 ［图 7.13（a）、（d）、（g）］；随土壤有机质含量、全氮、全钾、水解性氮、速效钾的增加呈先减少后增加的趋势，当土壤有机质含量为 38g/kg、全氮为 0.10g/kg、全钾为 1.25g/kg、水解性氮为 90mg/kg、速效钾为 130 mg/kg 时分别达到最小值 ［图 7.13（b）、（c）、（e）、（f）、（h）］。乔木层思茅松树叶生物量随土壤 pH、全磷、有效磷的增加呈先增加后减少的趋势，当土壤 pH 为 5.4、全磷为 0.028g/kg、有效磷为 2.3mg/kg 时分别达到最大值 ［图 7.13（a）、（d）、（g）］；随土壤有机质含量、全钾、水解性氮、速效钾的增加呈先减少后增加的趋势，当土壤有机质含量为 48g/kg、全钾为 2.1g/kg、水解性氮为 95mg/kg、速效钾为 135 mg/kg 时分别达到最小值 ［图 7.13（b）、（e）、（f）、（h）］；随全氮的增加呈不断减少的趋势 ［图 7.13（c）］。乔木层其他树种树叶生物量随土壤 pH、全钾的增加呈不断增加的趋势 ［图 7.13（a）、（e）］；随土壤有机质含量、全氮、水解性氮的增加呈先减少后增加的趋势，当土壤有机质含量为 29g/kg、全氮为 0.07g/kg、水解性氮为 80mg/kg 时分别达到最小值 ［图 7.13（b）、（c）、（f）］；随全磷、有效磷的增加呈不断减少的趋势 ［图 7.13（d）、（g）］；随速效钾的增加呈先增加后减少的趋势，当速效钾为 155 mg/kg 时达到最大值 ［图 7.13（h）］。

土壤有机质含量、水解性氮对思茅松天然林乔木层各维量树叶生物量变化趋势的影响相似 ［图 7.13（b）、（f）］；全磷、有效磷对思茅松天然林乔木层各维量树叶生物量变化趋势的影响相似 ［图 7.13（d）、（g）］。

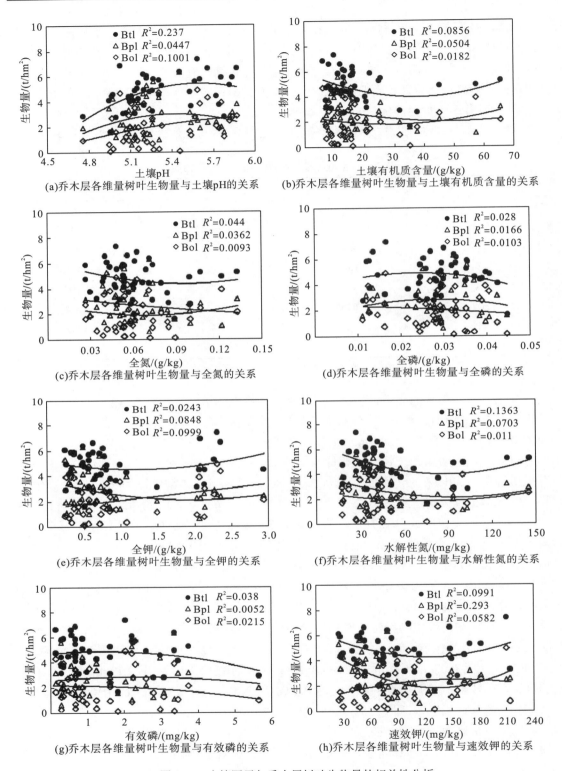

图 7.13　土壤因子与乔木层树叶生物量的相关性分析

5. 土壤因子与思茅松天然林乔木层地上生物量的关系

思茅松天然林乔木层地上生物量随土壤因子的变化呈规律性。乔木层总地上生物量
(Bta) 与土壤因子均呈正相关性，其中与速效钾有极显著正相关性 (0.465)，与全氮、全钾
有显著正相关性 (0.309、0.313)。乔木层思茅松地上生物量 (Bpa) 与土壤 pH、土壤有机质
含量、全氮、全磷、全钾、水解性氮、速效钾均呈正相关性，其中与速效钾有极显著正相
关性 (0.436)，与全氮、水解性氮有显著正相关性 (0.322、0.298)；与有效磷呈负相关性
(-0.016)。乔木层其他树种地上生物量 (Boa) 与土壤 pH、土壤有机质含量、全氮、全钾、
水解性氮、有效磷、速效钾均呈正相关性，其中与全钾有最大正相关性 (0.267)；与全磷
呈负相关性 (-0.014)。

整体上看乔木层地上生物量与土壤 pH、土壤有机质含量、全氮、全钾、水解性氮、
速效钾均呈正相关性 (表 7.14)。

表 7.14   土壤因子与乔木层地上生物量相关关系表

土壤因子	Bta	Bpa	Boa
PH	0.170*	0.090	0.203*
OM	0.277*	0.282*	0.094
TN	0.309*	0.322*	0.089
TP	0.125*	0.159*	-0.014
TK	0.313*	0.227*	0.267*
HN	0.265*	0.298*	0.039
YP	0.035	-0.016	0.105*
SK	0.465**	0.436**	0.221*

注：*为 0.05 水平上的相关性，**为 0.01 水平上的相关性。

各指数曲线拟合的显著性均有差异，从曲线拟合的 R^2 看，R^2 均比较小。乔木层总
地上生物量随土壤 pH、全氮、全磷、全钾、水解性氮、有效磷的增加呈不断增加的趋
势 [图 7.14(a)、(c)、(d)、(e)、(f)、(g)]；随土壤有机质含量的增加呈先减少后增加
的趋势，当土壤有机质含量为 21g/kg 时达到最小值 [图 7.14(b)]；随速效钾的增加呈先
增加后减少的趋势，当速效钾为 160mg/kg 时达到最大值 [图 7.14(h)]。乔木层思茅松地
上生物量随土壤因子的变化也存在类似的规律 (图 7.14)。乔木层其他树种地上生物量随土
壤 pH、土壤有机质含量、全氮、全钾、水解性氮的增加呈缓慢增加的趋势 [图 7.14(a)、
(b)、(c)、(e)、(f)]；随全磷的增加呈基本不变的趋势 [图 7.14(d)]；随有效磷的增
加呈缓慢减少的趋势 [图 7.14(g)]；随速效钾的增加呈先增加后减少的趋势，当速效钾
为 140mg/kg 时达到最大值 [图 7.14(h)]。

土壤 pH、全氮、全钾、水解性氮对思茅松天然林乔木层各维量地上生物量变化趋势
的影响相似 [图 7.14(a)、(c)、(e)、(f)]。

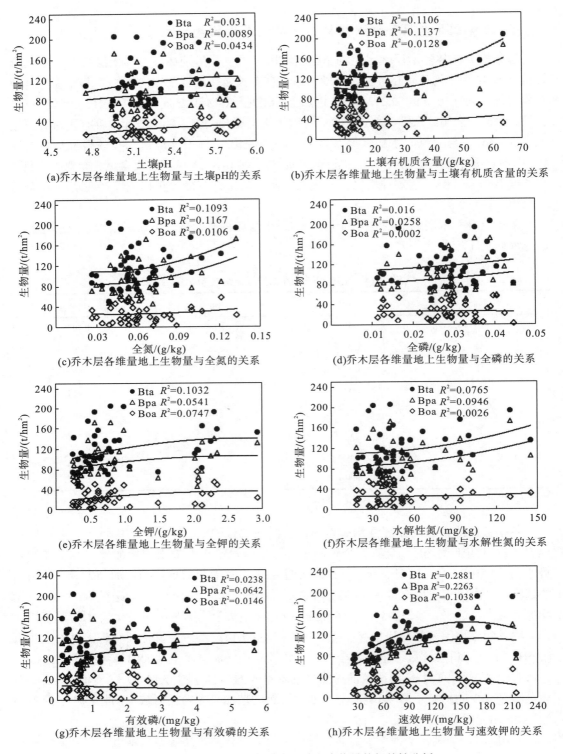

图 7.14　土壤因子与乔木层地上生物量的相关性分析

6. 土壤因子与思茅松天然林乔木层根系生物量的关系

思茅松天然林乔木层根系生物量随土壤因子的变化呈规律性。乔木层总根系生物量（Btr）与土壤因子均呈正相关性，其中与全钾有极显著正相关性（0.393），与土壤 pH、速效钾有显著正相关性（0.311、0.366）。乔木层思茅松根系生物量（Bpr）与土壤因子均呈正相关性，其中与速效钾有最大正相关性（0.273）。乔木层其他树种根系生物量（Bor）与土壤因子均呈正相关性，其中与全钾有极显著正相关性（0.267）。

整体上看乔木层根系生物量与土壤因子均呈正相关性（表 7.15）。

表 7.15　土壤因子与乔木层根系生物量相关关系表

土壤因子	Btr	Bpr	Bor
PH	0.311*	0.233*	0.159*
OM	0.125*	0.074	0.092
TN	0.249*	0.206*	0.101
TP	0.161*	0.178*	0.003
TK	0.393**	0.248*	0.267*
HN	0.168*	0.181*	0.011
YP	0.065	0.011	0.085
SK	0.366*	0.273*	0.190*

注：*为 0.05 水平上的相关性，**为 0.01 水平上的相关性。

各指数曲线拟合的显著性均有差异，从曲线拟合的 R^2 看，R^2 均比较小。乔木层总根系生物量随土壤 pH、全氮、全磷、全钾、速效钾的增加呈不断增加的趋势［图 7.15(a)、(c)、(d)、(e)、(h)］；随土壤有机质含量、水解性氮的增加呈先减少后增加的趋势，当土壤有机质含量为 28g/kg、水解性氮为 62mg/kg 时分别达到最小值［图 7.15(b)、(f)］；随有效磷的增加呈先增加后减少的趋势，当有效磷为 2.5mg/kg 时达到最大值［图 7.15(g)］。乔木层思茅松根系生物量随土壤因子的变化也存在类似的规律（图 7.15）。乔木层其他树种根系生物量随土壤 pH、土壤有机质含量、全氮、全钾的增加呈缓慢增加的趋势［图 7.15(a)、(b)、(c)、(e)］；随全磷、水解性氮的增加呈基本不变的趋势［图 7.15(d)、(f)］；随有效磷的增加呈缓慢减少的趋势［图 7.15(g)］；随速效钾的增加呈先增加后减少的趋势，当速效钾为 135 mg/kg 时达到最大值［图 7.15(h)］。

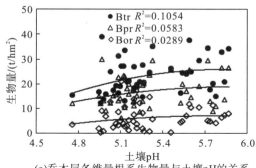

(a)乔木层各维量根系生物量与土壤pH的关系

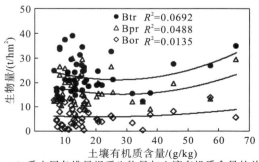

(b)乔木层各维量根系生物量与土壤有机质含量的关系

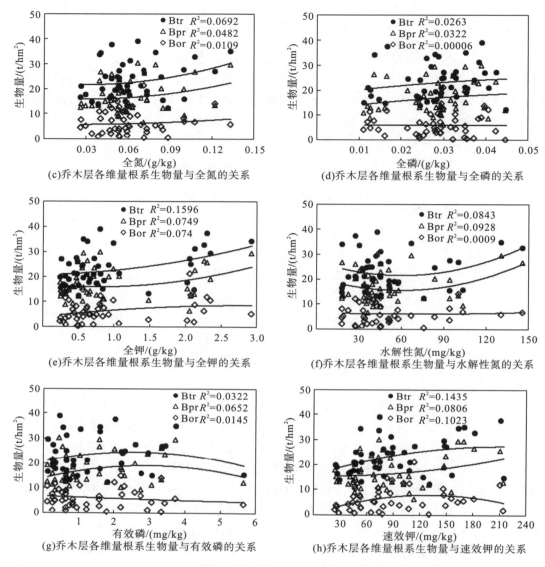

图7.15　土壤因子与乔木层树根生物量的相关性分析

土壤 pH、全氮、全钾对思茅松天然林乔木层各维量根系生物量变化趋势的影响相似〔图 7.15(a)、(c)、(e)〕。

7. 土壤因子与思茅松天然林乔木层总生物量的关系

思茅松天然林乔木层总生物量随土壤因子的变化呈规律性。乔木层总生物量(Btt)与土壤因子均呈正相关性，其中与速效钾有极显著正相关性(0.458)，与全氮、全钾有显著正相关性(0.305、0.332)。乔木层思茅松总生物量(Bpt)与土壤 pH、土壤有机质含量、全氮、全磷、全钾、水解性氮、速效钾均呈正相关性，其中与速效钾有极显著正相关性(0.422)，与全氮有显著正相关性(0.312)；与有效磷呈负相关性(-0.012)。乔木层其他树种总生物量

(Bot)与土壤 pH、土壤有机质含量、全氮、全钾、水解性氮、有效磷、速效钾均呈正相关性，其中与全钾有最大正相关性(0.268)；与全磷呈负相关性(-0.011)。

整体上看乔木层总生物量与土壤 pH、土壤有机质含量、全氮、全钾、水解性氮、速效钾均呈正相关性(表 7.16)。

表 7.16　土壤因子与乔木层总生物量相关关系表

指标	Btt	Bpt	Bot
PH	0.195*	0.117*	0.195*
OM	0.259*	0.255*	0.094
TN	0.305*	0.312*	0.092
TP	0.133*	0.167*	-0.011
TK	0.332*	0.237*	0.268*
HN	0.255*	0.288*	0.033
YP	0.041	-0.012	0.101*
SK	0.458**	0.422**	0.216*

注：*为 0.05 水平上的相关性，**为 0.01 水平上的相关性。

各指数曲线拟合的显著性均有差异，从曲线拟合的 R^2 看，R^2 均比较小。乔木层总生物量随土壤 pH、全氮、全磷、全钾、水解性氮、有效磷的增加呈不断增加的趋势[图 7.16(a)、(c)、(d)、(e)、(f)、(g)]；随土壤有机质含量的增加呈先减少后增加的趋势，当土壤有机质含量为 21g/kg 时达到最小值 [图 7.16(b)]；随速效钾的增加呈先增加后减少的趋势，当速效钾为 160 mg/kg 时达到最大值 [图 7.16(h)]。乔木层思茅松总生物量随土壤 pH、全氮、全磷、全钾、水解性氮、有效磷的增加呈不断增加的趋势 [图 7.16(a)、(c)、(d)、(e)、(f)、(g)]；随土壤有机质含量的增加呈先减少后增加的趋势，当土壤有机质含量为 21g/kg 时达到最小值 [图 7.16(b)]；随速效钾的增加呈先增加后减少的趋势，当速效钾为 180 mg/kg 时达到最大值 [图 7.16(h)]。乔木层其他树种总生物量随土壤 pH、土壤有机质含量、全氮、全钾、水解性氮的增加呈缓慢增加的趋势 [图 7.16(a)、(b)、(c)、(e)、(f)]；随全磷的增加呈基本不变的趋势 [图 7.16(d)]；随有效磷的增加呈缓慢减少的趋势 [图 7.16(g)]；随速效钾的增加呈先增加后减少的趋势，当速效钾为 135mg/kg 时达到最大值 [图 7.16(h)]。

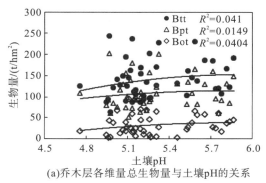

(a)乔木层各维量总生物量与土壤pH的关系

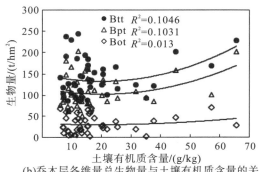

(b)乔木层各维量总生物量与土壤有机质含量的关系

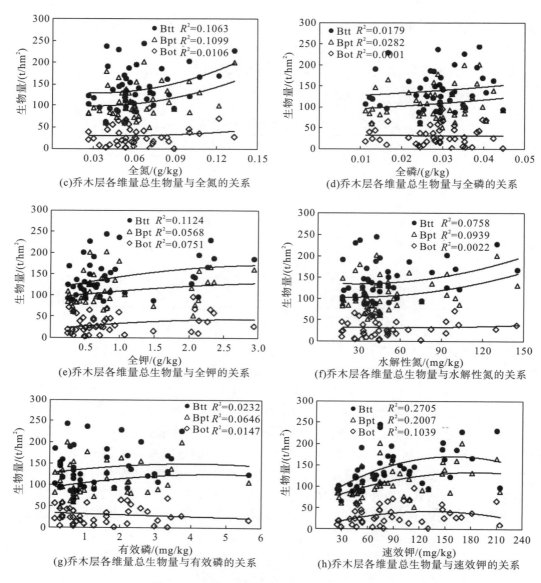

图 7.16 土壤因子与乔木层总生物量的相关性分析

土壤 pH、全氮、全钾、水解性氮对思茅松天然林乔木层各维量总生物量变化趋势的影响相似 [图 7.16(a)、(c)、(e)、(f)]。

7.1.4 土壤因子与思茅松天然林乔木层各器官生物量分配比例的关系

1. 土壤因子与思茅松天然林乔木层木材生物量分配比例的关系

思茅松天然林乔木层木材生物量分配比例随土壤因子的变化呈规律性。乔木层木材生物量占乔木层总生物量百分比(Pbtw1)与土壤有机质含量、全氮、全磷、全钾、水解性氮、有效磷、速效钾均呈正相关性,其中与土壤有机质含量、速效钾有极显著正相关性(0.391、

0.437)，与全氮、水解性氮有显著正相关性(0.310、0.345)；与土壤 pH 呈负相关性(-0.186)。乔木层思茅松木材生物量占思茅松总生物量百分比(Pbpw1)与土壤有机质含量、全氮、全磷、全钾、水解性氮、有效磷、速效钾均呈正相关性，其中与土壤有机质含量、速效钾有极显著正相关性(0.383、0.422)，与全氮、水解性氮有显著正相关性(0.297、0.298)；与土壤 pH 呈负相关性(-0.127)。乔木层其他树种木材生物量占其他树种总生物量百分比(Pbow1)与全磷呈正相关性(0.202)；与土壤 pH、土壤有机质含量、全氮、全钾、水解性氮、有效磷、速效钾均呈负相关性，其中与土壤 pH 有最大负相关性(-0.192)。

整体上看思茅松天然林乔木层木材生物量分配比例与全钾呈正相关性(表 7.17)。

表 7.17　土壤因子与乔木层木材生物量分配比例相关关系表

土壤因子	Pbtw1	Pbpw1	Pbow1
PH	-0.186*	-0.127*	-0.192*
OM	0.391**	0.383**	-0.116*
TN	0.310*	0.297*	-0.058
TP	0.077	0.071	0.202*
TK	0.058	0.086	-0.090
HN	0.345*	0.298*	-0.011
YP	0.022	0.043	-0.040
SK	0.437**	0.422**	-0.138*

注：*为 0.05 水平上的相关性，**为 0.01 水平上的相关性。

各指数曲线拟合的显著性均有差异，从曲线拟合的 R^2 看，R^2 均比较小。乔木层木材生物量占乔木层总生物量百分比随土壤 pH、全磷的增加呈先减少后增加的趋势，当土壤 pH 为 5.5、全磷为 0.025g/kg 时分别达到最小值 [图 7.17(a)、(d)]；随土壤有机质含量、全氮、有效磷的增加呈不断增加的趋势 [图 7.17(b)、(c)、(g)]；随全钾、水解性氮、速效钾的增加呈先增加后减少的趋势，当全钾为 1.5g/kg、水解性氮为 105mg/kg、速效钾为 140mg/kg 时分别达到最大值 [图 7.17(e)、(f)、(h)]。乔木层思茅松木材生物量占思茅松总生物量百分比随土壤因子的变化也存在类似的规律(图 7.17)。乔木层其他树种木材生物量占其他树种总生物量百分比随土壤 pH、全氮、全磷的增加呈先缓慢增加后缓慢减少的趋势，当土壤 pH 为 5.2、全氮为 0.06g/kg、全磷为 0.031g/kg 时分别达到最大值 [图 7.17(a)、(c)、(d)]；随土壤有机质含量、全钾、速效钾的增加呈缓慢减少的趋势 [图 7.17(b)、(e)、(h)]；随水解性氮的增加呈基本不变的趋势 [图 7.17(f)]；随有效磷的增加呈先趋于水平后缓慢增加的趋势，当有效磷达到 3mg/kg 后开始缓慢增加 [图 7.17(g)]。

土壤 pH、全磷对思茅松天然林乔木层各维量木材生物量分配比例变化趋势的影响相似 [图 7.17(a)、(d)]；全钾、速效钾对思茅松天然林乔木层各维量木材生物量分配比例变化趋势的影响相似 [图 7.17(e)、(h)]。

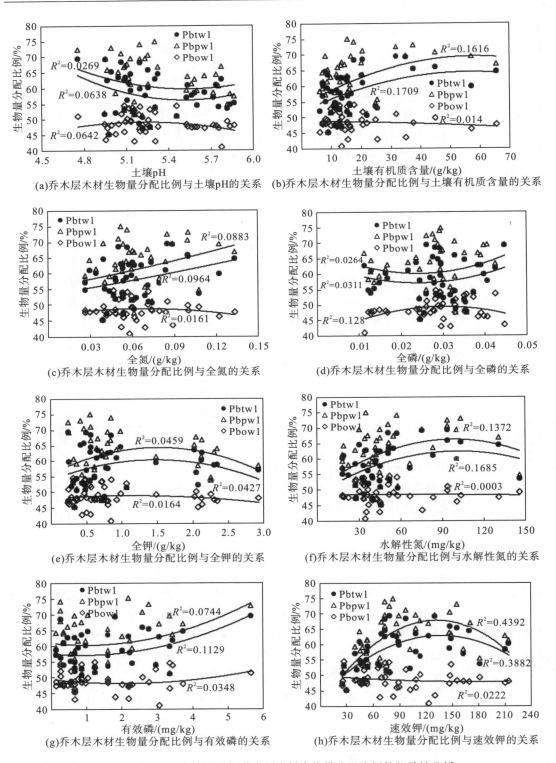

图 7.17　土壤因子与乔木层木材生物量分配比例的相关性分析

2. 土壤因子与思茅松天然林乔木层树皮生物量分配比例的关系

思茅松天然林乔木层树皮生物量分配比例随土壤因子的变化呈规律性。乔木层树皮生物量占乔木层总生物量百分比(Pbtb1)与土壤因子均呈负相关性,其中与土壤有机质含量、水解性氮、速效钾有极显著负相关性(-0.387、-0.397、-0.494),与全氮有显著负相关性(-0.361)。乔木层思茅松树皮生物量占思茅松总生物量百分比(Pbpb1)与土壤 pH 呈正相关性(0.069);与土壤有机质含量、全氮、全磷、全钾、水解性氮、有效磷、速效钾均呈负相关性,其中与土壤有机质含量、全氮、水解性氮、速效钾有极显著负相关性(-0.455、-0.422、-0.479、-0.531),与全磷有显著负相关性(-0.373)。乔木层其他树种树皮生物量占其他树种总生物量百分比(Pbob1)与土壤有机质含量、全氮、全磷、水解性氮均呈正相关性,其中与全磷有显著正相关性(0.332);与土壤 pH、全钾、有效磷、速效钾均呈负相关性,其中与土壤 pH 有极显著负相关性(-0.525)。

整体上看乔木层树皮生物量分配比例与全钾、有效磷、速效钾均呈负相关性(表 7.18)。

表 7.18　土壤因子与乔木层树皮生物量分配比例相关关系表

土壤因子	Pbtb1	Pbpb1	Pbob1
PH	-0.054	0.069	-0.525**
OM	-0.387**	-0.445**	0.030
TN	-0.361*	-0.422**	0.030
TP	-0.243*	-0.373*	0.332*
TK	-0.236*	-0.188*	-0.190*
HN	-0.397**	-0.479**	0.097
YP	-0.185*	-0.193*	-0.027
SK	-0.494**	-0.531**	-0.212*

注:*为 0.05 水平上的相关性,**为 0.01 水平上的相关性。

各指数曲线拟合的显著性均有差异,从曲线拟合的 R^2 看,R^2 均比较小。乔木层树皮生物量占乔木层总生物量百分比随土壤 pH 的增加呈先增加后减少的趋势,当土壤 pH 为 5.45 时达到最大值 [图 7.18(a)];随土壤有机质含量、全氮、全磷、全钾、水解性氮、有效磷的增加呈不断减少的趋势 [图 7.18(b)、(c)、(d)、(e)、(f)、(g)];随速效钾的增加呈先减少后增加的趋势,当速效钾为 150 mg/kg 时达到最小值 [图 7.18(h)]。乔木层思茅松树皮生物量占思茅松总生物量百分比随土壤 pH、全磷的增加呈先增加后减少的趋势,当土壤 pH 为 5.34、全磷为 0.021g/kg 时达到最大值 [图 7.18(a)、(d)];随土壤有机质含量、全氮、全钾、水解性氮、有效磷的增加呈不断减少的趋势 [图 7.18(b)、(c)、(e)、(f)、(g)];随速效钾的增加呈先减少后增加的趋势,当速效钾为 150 mg/kg 时达到最小值[图 7.18(h)]。乔木层其他树种树皮生物量占其他树种总生物量百分比随土壤 pH、全磷、水解性氮的增加呈先缓慢增加后缓慢减少的趋势,当土壤 pH 为 5.1、全磷为 0.03g/kg、水解性氮为 80mg/kg 时分别达到最大值 [图 7.18(a)、(d)、(f)];随土壤有机质含量、全氮、全钾、有效磷的增加呈基本不变的趋势 [图 7.18(b)、(c)、(e)、(g)];随速效钾的增加呈先缓慢减少后缓慢增加的趋势，当速效钾为 135 mg/kg 时达到最小值 ［图 7.18（h）］。

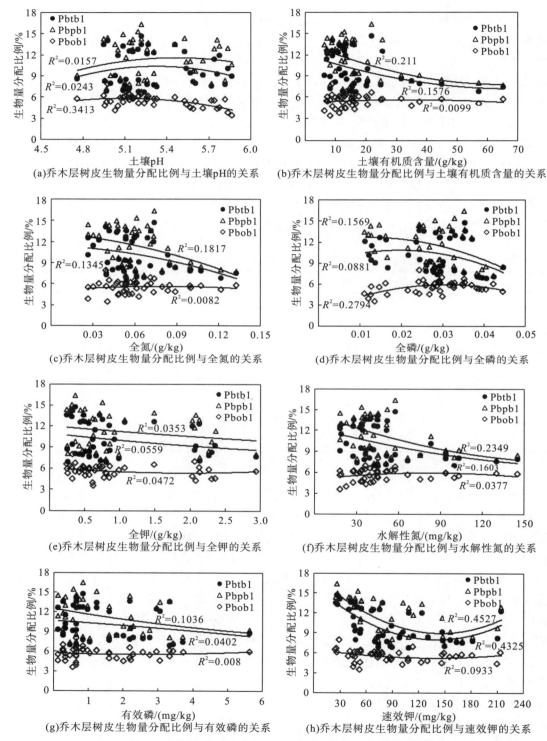

图 7.18　土壤因子与乔木层树皮生物量分配比例的相关性分析

全氮、全钾、有效磷对思茅松天然林乔木层树皮生物量分配比例变化趋势的影响相似 [图 7.18(c)、(e)、(g)]。

3. 土壤因子与思茅松天然林乔木层树枝生物量分配比例的关系

思茅松天然林乔木层树枝生物量分配比例随土壤因子的变化呈规律性。乔木层树枝生物量占乔木层总生物量百分比(Pbtbr1)与土壤 pH、全氮、全磷、全钾、有效磷、速效钾均呈正相关性，其中与土壤 pH 有极显著正相关性(0.406)；与土壤有机质含量、水解性氮均呈负相关性，其中与土壤有机质含量有最大负相关性(-0.094)。乔木层思茅松树枝生物量占思茅松总生物量百分比(Pbpbr1)与土壤 pH、全磷、全钾、水解性氮、有效磷均呈正相关性，其中与土壤 pH 有最大正相关性(0.250)；与土壤有机质含量、全氮、速效钾均呈负相关性，其中与土壤有机质含量有最大负相关性(-0.186)。乔木层其他树种树枝生物量占其他树种总生物量百分比(Pbobr1)与土壤 pH、土壤有机质含量、全磷、全钾、水解性氮、有效磷、速效钾均呈正相关性，其中与土壤 pH、速效钾有显著正相关性(0.329、0.331)；与全氮呈负相关性(-0.171)。

整体上看乔木层树枝生物量分配比例与土壤 pH、全钾、有效磷均呈正相关性(表 7.19)。

表 7.19　土壤因子与乔木层树枝生物量分配比例相关关系表

土壤因子	Pbtbr1	Pbpbr1	Pbobr1
PH	0.406**	0.250*	0.329*
OM	-0.094	-0.186*	0.164*
TN	0.006	-0.011	0.136*
TP	0.035	0.152	-0.171*
TK	0.276*	0.246*	0.133*
HN	-0.006	0.010*	0.163*
YP	0.155*	0.102	0.095
SK	0.081	-0.003	0.331*

注：*为 0.05 水平上的相关性，**为 0.01 水平上的相关性。

各指数曲线拟合的显著性均有差异，从曲线拟合的 R^2 看，R^2 均比较小。乔木层树枝生物量占乔木层总生物量百分比随土壤 pH、全钾的增加呈缓慢增加的趋势 [图 7.19(a)、(e)]；随土壤有机质含量、水解性氮的增加呈先缓慢减少后缓慢增加的趋势，当土壤有机质含量为 38g/kg、水解性氮为 75mg/kg 时分别达到最小值 [图 7.19(b)、(f)]；随全氮、全磷、速效钾的增加呈基本不变的趋势 [图 7.19(c)、(d)、(h)]；随有效磷的增加呈先缓慢增加后减少的趋势，当有效磷为 1.5mg/kg 时达到最大值 [图 7.19(g)]。乔木层思茅松树枝生物量占思茅松总生物量百分比随土壤 pH 的增加呈缓慢增加的趋势[图 7.19(a)]；随土壤有机质含量、全钾、水解性氮、速效钾的增加呈先缓慢减少后缓慢增加的趋势，当土壤有机质含量为 38g/kg、全钾为 1.1g/kg、水解性氮为 75mg/kg、速效钾为 110 mg/kg 时分别达到最小值 [图 7.19(b)、(e)、(f)、(h)]；随全氮、全磷的增加呈基本不变的趋势 [图 7.19(c)、(d)]；随有效磷的增加呈先缓慢增加后减少的趋势，当有效磷为 1.9mg/kg

时达到最大值［图 7.19（g）］。乔木层其他树种树枝生物量占其他树种总生物量百分比随土壤 pH、全磷的增加呈先减少后增加的趋势，当土壤 pH 为 5.15、全磷为 0.029g/kg时分别达到最小值［图 7.19（a）、（d）］；随土壤有机质含量、全钾、有效磷、速效钾的增加呈先缓慢增加后缓慢减少的趋势，当土壤有机质含量为 51g/kg、全钾为 1.8g/kg、有效磷为 2.5mg/kg、速效钾为 140 mg/kg 时分别达到最大值［图 7.19（b）、（e）、（g）、（h）］；随全氮、水解性氮的增加呈缓慢增加的趋势［图 7.19（c）、（f）］。

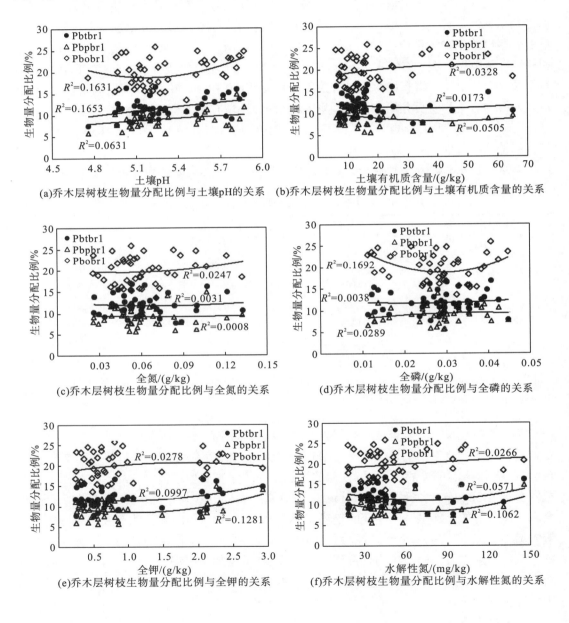

(a)乔木层树枝生物量分配比例与土壤pH的关系　(b)乔木层树枝生物量分配比例与土壤有机质含量的关系

(c)乔木层树枝生物量分配比例与全氮的关系　(d)乔木层树枝生物量分配比例与全磷的关系

(e)乔木层树枝生物量分配比例与全钾的关系　(f)乔木层树枝生物量分配比例与水解性氮的关系

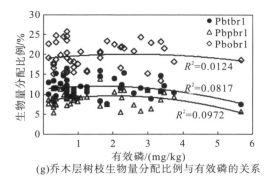
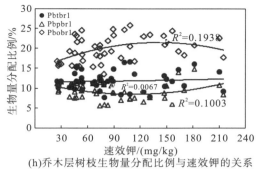

(g)乔木层树枝生物量分配比例与有效磷的关系　　(h)乔木层树枝生物量分配比例与速效钾的关系

图 7.19　土壤因子与乔木层树枝生物量分配比例的相关性分析

4. 土壤因子与思茅松天然林乔木层树叶生物量分配比例的关系

思茅松天然林乔木层树叶生物量分配比例随土壤因子的变化呈规律性。乔木层树叶生物量占乔木层总生物量百分比(Pbtl1)与土壤 pH 呈正相关性(0.035)；与土壤有机质含量、全氮、全磷、全钾、水解性氮、有效磷、速效钾均呈负相关性，其中与全氮、速效钾有极显著负相关性(-0.390、-0.566)，与土壤有机质含量、水解性氮有显著负相关性(-0.355、-0.377)。乔木层思茅松树叶生物量占思茅松总生物量百分比(Pbpl1)与土壤因子均呈负相关性，其中与速效钾有极显著负相关性(-0.541)，与土壤有机质含量、全氮、全钾、水解性氮有显著负相关性(-0.299、-0.332、-0.337、-0.310)。乔木层其他树种树叶生物量占其他树种总生物量百分比(Pbol1)与土壤 pH、全钾均呈正相关性，其中与土壤 pH 有最大正相关性(0.168)；与土壤有机质含量、全氮、全磷、水解性氮、有效磷、速效钾均呈负相关性，其中与全磷有最大负相关性(-0.274)。

整体上看乔木层树叶生物量分配比例与土壤有机质含量、全氮、全磷、水解性氮、有效磷、速效钾均呈负相关性(表 7.20)。

表 7.20　土壤因子与乔木层树叶生物量分配比例相关关系表

土壤因子	Pbtl1	Pbpl1	Pbol1
PH	0.035	-0.074	0.168*
OM	-0.335*	-0.299*	-0.175*
TN	-0.390**	-0.332*	-0.243*
TP	-0.121*	-0.051	-0.274*
TK	-0.275*	-0.337*	0.110*
HN	-0.377*	-0.310*	-0.219*
YP	-0.046	-0.105*	-0.046
SK	-0.566**	-0.541**	-0.134*

注：*为 0.05 水平上的相关性，**为 0.01 水平上的相关性。

各指数曲线拟合的显著性均有差异，从曲线拟合的 R^2 看，R^2 均比较小。乔木层树叶生物量占乔木层总生物量百分比随土壤 pH、全磷的增加呈先增加后减少的趋势，当土壤

pH 为 5.35、全磷为 0.024g/kg 时分别达到最大值［图 7.20(a)、(d)］；随土壤有机质含量、全氮、水解性氮、有效磷的增加呈不断减少的趋势［图 7.20(b)、(c)、(f)、(g)］；随全钾、速效钾的增加呈先减少后增加的趋势，当全钾为 2.0g/kg、速效钾为 145 mg/kg 时分别达到最小值［图 7.20(e)、(h)］。乔木层思茅松树叶生物量占思茅松总生物量百分比随土壤因子的变化也存在类似的规律(图 7.20)。乔木层其他树种树叶生物量占其他树种总生物量百分比随土壤 pH 的增加呈缓慢增加的趋势［图 7.20(a)］；随土壤有机质含量、全氮、全钾、水解性氮、速效钾的增加呈先减少后增加的的趋势，当土壤有机质含量为 40g/kg、全氮为 0.095g/kg、全钾为 1.25g/kg、水解性氮为 95mg/kg、速效钾为 120 mg/kg 时分别达到最小值［图 7.20(b)、(c)、(e)、(f)、(h)］；随全磷的增加呈不断减少的趋势［图 7.20(d)］；随有效磷的增加呈先增加后减少的趋势，当有效磷为 1.4mg/kg 时达到最大值［图 7.20(g)］。

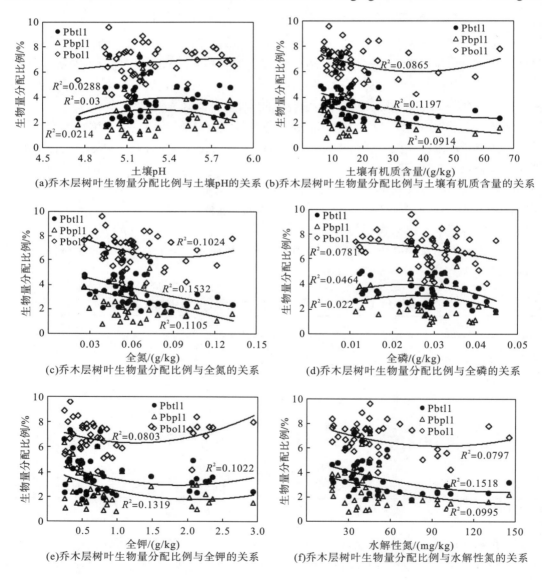

(a)乔木层树叶生物量分配比例与土壤pH的关系　(b)乔木层树叶生物量分配比例与土壤有机质含量的关系

(c)乔木层树叶生物量分配比例与全氮的关系　(d)乔木层树叶生物量分配比例与全磷的关系

(e)乔木层树叶生物量分配比例与全钾的关系　(f)乔木层树叶生物量分配比例与水解性氮的关系

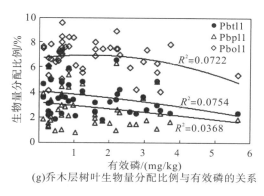 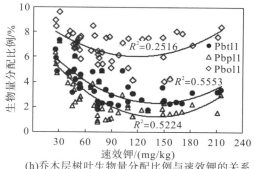

(g)乔木层树叶生物量分配比例与有效磷的关系　　(h)乔木层树叶生物量分配比例与速效钾的关系

图 7.20　土壤因子与乔木层树叶生物量分配比例的相关性分析

土壤有机质含量、全氮、水解性氮对思茅松天然林乔木层树叶生物量分配比例变化趋势的影响相似［图 7.20(b)、(c)、(f)］；全钾、速效钾对思茅松天然林乔木层树叶生物量分配比例变化趋势的影响相似［图 7.20(e)、(h)］。

5. 土壤因子与思茅松天然林乔木层地上生物量分配比例的关系

思茅松天然林乔木层地上生物量分配比例随土壤因子的变化呈规律性。乔木层地上生物量占乔木层总生物量百分比(Pbta1)与土壤有机质含量、全氮、全钾、水解性氮、速效钾均呈正相关性，其中与土壤有机质含量、速效钾有显著正相关性(0.305、0.343)；与土壤 pH、全磷、有效磷均呈负相关性，其中与土壤 pH 有最大负相关性(-0.123)。乔木层思茅松地上生物量占思茅松总生物量百分比(Pbpa1)与土壤有机质含量、全氮、全钾、水解性氮、速效钾均呈正相关性，其中与速效钾有显著正相关性(0.307)；与土壤 pH、全磷、有效磷均呈负相关性，其中与土壤 pH 有最大负相关性(-0.132)。乔木层其他树种地上生物量占其他树种总生物量百分比(Pboa1)与土壤 pH、全磷、全钾、水解性氮、有效磷、速效钾均呈正相关性，其中与水解性氮有最大正相关性(0.167)；与土壤有机质含量、全氮均呈负相关性，其中与土壤有机质含量有最大负相关性(-0.016)。

整体上看乔木层地上生物量分配比例与全钾、水解性氮、速效钾均呈正相关性(表 7.21)。

表 7.21　土壤因子与乔木层地上生物量分配比例相关关系表

土壤因子	Pbta1	Pbpa1	Pboa1
PH	-0.123*	-0.132*	0.122*
OM	0.305*	0.292*	-0.016
TN	0.194*	0.196*	-0.013
TP	-0.085	-0.067	0.013
TK	0.007	0.037	0.069
HN	0.239*	0.177*	0.167*
YP	-0.014	-0.045	0.054
SK	0.343*	0.307*	0.159*

注：*为 0.05 水平上的相关性，**为 0.01 水平上的相关性。

　　各指数曲线拟合的显著性均有差异，从曲线拟合的 R^2 看，R^2 均比较小。乔木层地上生物量占乔木层总生物量百分比随土壤 pH、全磷、有效磷的增加呈先减少后增加的趋势，当土壤 pH 为 5.5、全磷为 0.03g/kg、有效磷为 1.6mg/kg 时分别达到最小值［图 7.21（a）、(d)、(g)］；随土壤有机质含量、全钾、水解性氮、速效钾的增加呈先增加后减少的趋势，当土壤有机质含量为 58g/kg、全钾为 1.4g/kg、水解性氮为 90mg/kg、速效钾为 135 mg/kg 时分别达到最大值[图 7.21（b）、(e)、(f)、(h)]；随全氮的增加呈不断增加的趋势[图 7.21（c）]。乔木层思茅松地上生物量占思茅松总生物量百分比随土壤因子的变化也存在类似的规律(图 7.21)。乔木层其他树种地上生物量占其他树种总生物量百分比随土壤 pH、水解性氮、速效钾的增加呈缓慢增加的趋势［图 7.21（a）、(f)、(h)］；随土壤有机质含量、全磷、全钾的增加呈先缓慢增加后缓慢减少的趋势，当土壤有机质含量为 30g/kg、全磷为 0.03g/kg、全钾为 1.55g/kg 时分别达到最大值［图 7.21（b）、(d)、(e)］；随全氮、有效磷的增加呈基本不变的趋势［图 7.21（c）、(g)］。

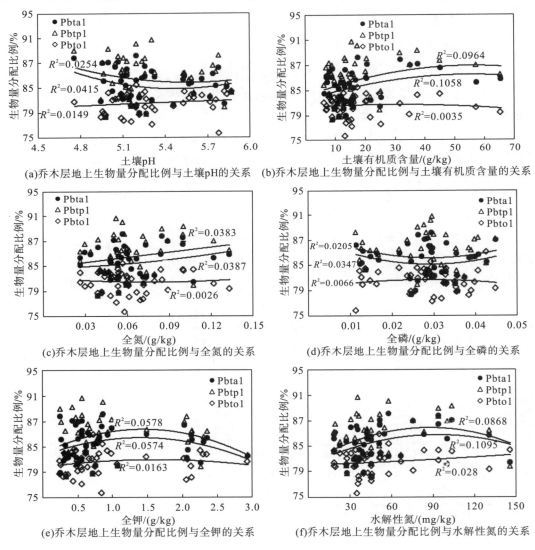

(a)乔木层地上生物量分配比例与土壤pH的关系　　(b)乔木层地上生物量分配比例与土壤有机质含量的关系

(c)乔木层地上生物量分配比例与全氮的关系　　(d)乔木层地上生物量分配比例与全磷的关系

(e)乔木层地上生物量分配比例与全钾的关系　　(f)乔木层地上生物量分配比例与水解性氮的关系

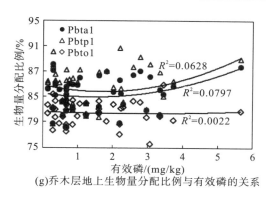

(g)乔木层地上生物量分配比例与有效磷的关系

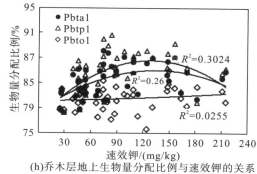

(h)乔木层地上生物量分配比例与速效钾的关系

图 7.21　土壤因子与乔木层地上生物量分配比例的相关性分析

　　土壤有机质含量、全钾对思茅松天然林乔木层地上生物量分配比例变化趋势的影响相似［图 7.21(b)、(e)］；水解性氮、速效钾对思茅松天然林乔木层地上生物量分配比例变化趋势的影响相似［图 7.21(f)、(h)］。

6. 土壤因子与思茅松天然林乔木层根系生物量分配比例的关系

　　思茅松天然林乔木层根系生物量分配比例随土壤因子的变化呈规律性。乔木层根系生物量占乔木层总生物量百分比(Pbtr1)与土壤 pH、全磷、有效磷均呈正相关性，其中与土壤 pH 有最大正相关性(0.123)；与土壤有机质含量、全氮、全钾、水解性氮、速效钾均呈负相关性，其中与土壤有机质含量、速效钾有显著负相关性(-0.305、-0.343)。乔木层思茅松根系生物量占思茅松总生物量百分比(Pbpr1)与土壤 pH、全磷、有效磷均呈正相关性，其中与土壤 pH 有最大正相关性(0.132)；与土壤有机质含量、全氮、全钾、水解性氮、速效钾均呈负相关性，其中与速效钾有显著负相关性(-0.307)。乔木层其他树种根系生物量占其他树种总生物量百分比(Pbor1)与土壤有机质含量、全氮均呈正相关性，其中与土壤有机质含量有最大正相关性(0.016)；与土壤 pH、全磷、全钾、水解性氮、有效磷、速效钾均呈负相关性，其中与水解性氮有最大负相关性(-0.167)。

　　整体上看乔木层根系生物量分配比例与全钾、水解性氮、速效钾均呈负相关性(表 7.22)。

表 7.22　土壤因子与乔木层根系生物量分配比例相关关系表

土壤因子	Pbtr1	Pbpr1	Pbor1
PH	0.123*	0.132*	-0.122*
OM	-0.305*	-0.292*	0.016
TN	-0.194*	-0.196*	0.013
TP	0.085	0.067	-0.013
TK	-0.007	-0.037	-0.069
HN	-0.239*	-0.177*	-0.167*
YP	0.014	0.045	-0.054
SK	-0.343*	-0.307*	-0.159*

注：*为 0.05 水平上的相关性，**为 0.01 水平上的相关性。

　　各指数曲线拟合的显著性均有差异，从曲线拟合的 R^2 看，R^2 均比较小。乔木层根系生物量占乔木层总生物量百分比随土壤 pH、全磷、有效磷的增加呈先增加后减少的趋势，当土壤 pH 为 5.5、全磷为 0.031g/kg、有效磷为 1.8mg/kg 时分别达到最大值［图 7.22（a）、(d)、(g)］；随土壤有机质含量、全钾、水解性氮、速效钾的增加呈先减少后增加的趋势，当土壤有机质含量为 55g/kg、全钾为 1.5g/kg、水解性氮为 90mg/kg、速效钾为 135 mg/kg 时分别达到最小值［图 7.22（b）、(e)、(f)、(h)］；随全氮的增加呈不断减少的趋势［图 7.22（c）］。乔木层思茅松根系生物量占思茅松总生物量百分比随土壤因子的变化也存在类似的规律（图 7.22）。乔木层其他树种根系生物量占其他树种总生物量百分比随土壤 pH、水解性氮、速效钾的增加呈缓慢减少的趋势［图 7.22（a）、(f)、(h)］；随土壤有机质含量、全氮、全磷、全钾、有效磷的增加呈基本不变的趋势［图 7.22（b）、(c)、(d)、(e)、(g)］。

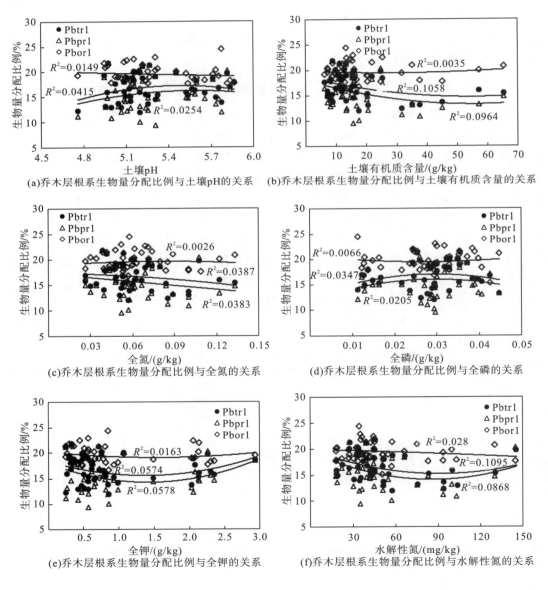

(a)乔木层根系生物量分配比例与土壤pH的关系　　(b)乔木层根系生物量分配比例与土壤有机质含量的关系

(c)乔木层根系生物量分配比例与全氮的关系　　(d)乔木层根系生物量分配比例与全磷的关系

(e)乔木层根系生物量分配比例与全钾的关系　　(f)乔木层根系生物量分配比例与水解性氮的关系

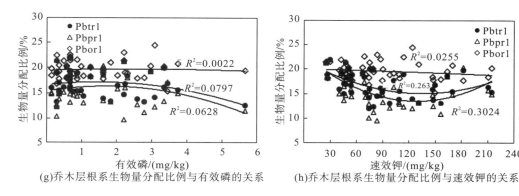

(g)乔木层根系生物量分配比例与有效磷的关系　　(h)乔木层根系生物量分配比例与速效钾的关系

图7.22　土壤因子与乔木层根系生物量分配比例的相关性分析

全磷、有效磷对乔木层根系生物量分配比例变化趋势的影响相似〔图7.22(d)、(g)〕；土壤有机质含量、全钾对乔木层根系生物量分配比例变化趋势的影响相似〔图7.22(b)、(e)〕；水解性氮、速效钾对乔木层根系生物量分配比例变化趋势的影响相似〔图7.22(f)、(h)〕。

7.1.5　土壤因子与乔木层不同树种各器官生物量占各器官总生物量百分比的关系

1. 土壤因子与乔木层不同树种木材生物量占总木材生物量百分比的关系

乔木层不同树种木材生物量占总木材生物量百分比随土壤因子变化的相关性呈正负相反，且相关性最大值和相关系数相同的规律。乔木层思茅松木材生物量占总木材生物量百分比(Pbpw2)与土壤pH、全钾、有效磷均呈负相关性，其中与土壤pH有最大负相关性(-0.181)；与土壤有机质含量、全氮、全磷、水解性氮、速效钾均呈正相关性，其中与全磷有最大正相关性(0.087)。乔木层其他树种木材生物量占总木材生物量百分比(Pbow2)与土壤因子的相关性存在和以上相关性正负相反，最大值和相关系数相同的规律(表7.23)。

表7.23　土壤因子与乔木层不同树种木材生物量占总木材生物量百分比相关关系表

土壤因子	Pbpw2	Pbow2
PH	-0.181*	0.181*
OM	0.027	-0.027
TN	0.030	-0.030
TP	0.087	-0.087
TK	-0.150*	0.150*
HN	0.069	-0.069
YP	-0.110*	0.110*
SK	0.011	-0.011

注：*为0.05水平上的相关性。

各指数曲线拟合的显著性均有差异，从曲线拟合的R^2看，R^2均比较小。乔木层思茅松

木材生物量占总木材生物量百分比随土壤 pH、全钾的增加呈缓慢减少的趋势［图 7.23(a)、
(e)］；随土壤有机质含量、全氮、全磷、水解性氮、有效磷的增加呈缓慢增加的趋势
［图 7.23(b)、(c)、(d)、(f)、(g)］；随速效钾的增加呈先缓慢减少后缓慢增加的趋势，
当速效钾为 110mg/kg 时达到最小值［图 7.23(h)］。乔木层其他树种木材生物量占总木材
生物量百分比随土壤因子的变化趋势与之相反(图 7.23)。

　　土壤 pH、全钾对乔木层不同树种木材生物量占总木材生物量百分比变化趋势的影响
相似［图 7.23(a)、(e)］；土壤有机质含量、全氮、全磷、水解性氮、有效磷对乔木层不
同树种木材生物量占总木材生物量百分比变化趋势的影响相似［图 7.23(b)、(c)、(d)、
(f)、(g)］。

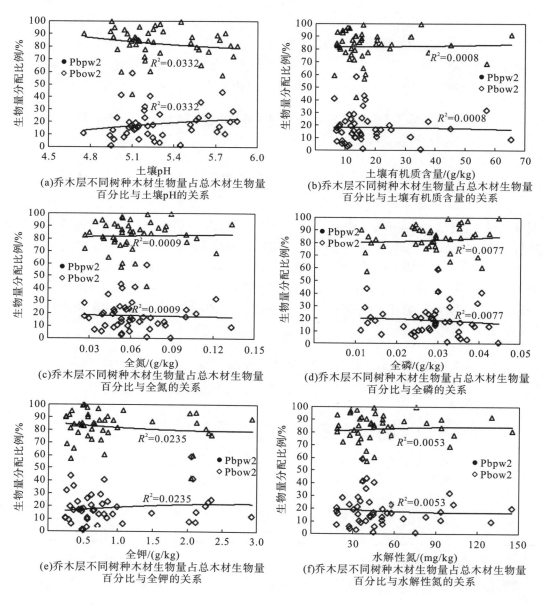

(a)乔木层不同树种木材生物量占总木材生物量
百分比与土壤pH的关系

(b)乔木层不同树种木材生物量占总木材生物量
百分比与土壤有机质含量的关系

(c)乔木层不同树种木材生物量占总木材生物量
百分比与全氮的关系

(d)乔木层不同树种木材生物量占总木材生物量
百分比与全磷的关系

(e)乔木层不同树种木材生物量占总木材生物量
百分比与全钾的关系

(f)乔木层不同树种木材生物量占总木材生物量
百分比与水解性氮的关系

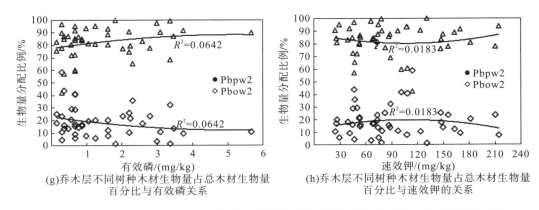

(g)乔木层不同树种木材生物量占总木材生物量　　(h)乔木层不同树种木材生物量占总木材生物量
　　百分比与有效磷关系　　　　　　　　　　　　　　　百分比与速效钾的关系

图 7.23　土壤因子与乔木层不同树种木材生物量占总木材生物量百分比的相关性分析

2. 土壤因子与乔木层不同树种树皮生物量占总树皮生物量百分比的关系

乔木层不同树种树皮生物量占总树皮生物量百分比随土壤因子变化的相关性呈正负相反，且相关性最大值和相关系数相同的规律。乔木层思茅松树皮生物量占总树皮生物量百分比(Pbpb2)与土壤因子均呈负相关性，其中与有效磷有最大负相关性(-0.160)。乔木层其他树种树皮生物量占总树皮生物量百分比(Pbob2)与土壤因子的相关性存在和以上相关性正负相反，最大值和相关系数相同的规律(表 7.24)。

表 7.24　土壤因子与乔木层不同树种树皮生物量占总树皮生物量百分比相关关系表

土壤因子	Pbpb2	Pbob2
PH	-0.013	0.013
OM	-0.148*	0.148*
TN	-0.140*	0.140*
TP	-0.136*	0.136*
TK	-0.157*	0.157*
HN	-0.100	0.100
YP	-0.160*	0.160*
SK	-0.141*	0.141*

注：*为 0.05 水平上的相关性。

各指数曲线拟合的显著性均有差异，从曲线拟合的 R^2 看，R^2 均比较小。乔木层思茅松树皮生物量占总树皮生物量百分比随土壤 pH、土壤有机质含量、全钾、水解性氮、速效钾的增加呈先缓慢减少后缓慢增加的趋势，当土壤 pH 为 5.4、土壤有机质含量为 50g/kg、全钾为 2.4g/kg、水解性氮为 92mg/kg、速效钾为 125 mg/kg 时分别达到最小值[图 7.24(a)、(b)、(e)、(f)、(h)]；随全氮、全磷的增加呈缓慢减少的趋势［图 7.24(c)、(d)］；随有效磷的增加呈先缓慢增加后缓慢减少的趋势，当有效磷为 4mg/kg 时达到最大值［图 7.24(g)］。乔木层其他树种树皮生物量占总树皮生物量百分比随土壤因子的变化趋势与之相反(图 7.24)。

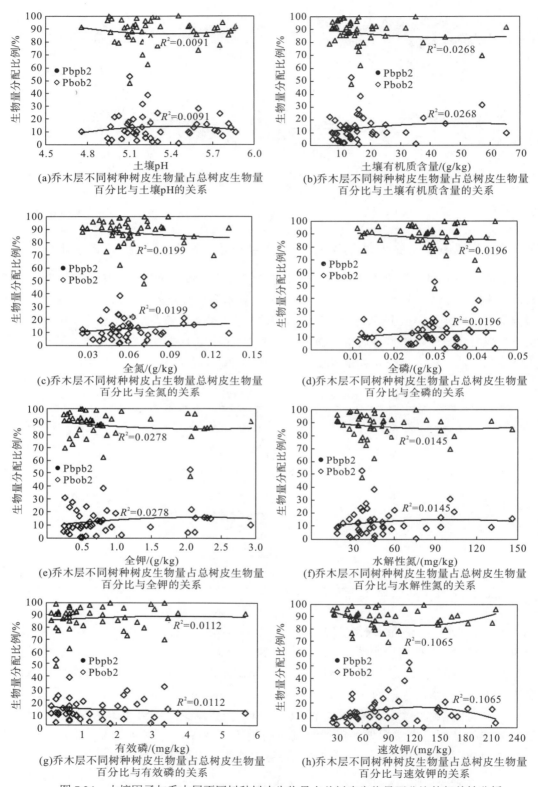

图7.24　土壤因子与乔木层不同树种树皮生物量占总树皮生物量百分比的相关性分析

土壤 pH、土壤有机质含量、全钾、水解性氮、速效钾对乔木层不同树种树皮生物量占总树皮生物量百分比变化趋势的影响相似［图 7.24(a)、(b)、(e)、(f)、(h)］；全氮、全磷对乔木层不同树种树皮生物量占总树皮生物量百分比变化趋势的影响相似［图 7.24(c)、(d)］。

3. 土壤因子与乔木层不同树种树枝生物量占总树枝生物量百分比与的关系

乔木层不同树种树枝生物量占总树枝生物量百分比与随土壤因子的变化相关性呈正负相反，且相关性最大值和相关系数相同的规律。乔木层思茅松树枝生物量占总树枝生物量百分比(Pbpbr2)与土壤 pH、土壤有机质含量、全氮、全钾、水解性氮、有效磷、速效钾均呈负相关性，其中与土壤 pH 有最大负相关性(-0.187)；与全磷呈正相关性(0.171)。乔木层其他树种树枝生物量占总树枝生物量百分比(Pbobr2)与土壤因子相关性存在和以上相关性正负相反，最大值和相关系数相同的规律(表 7.25)。

表 7.25　土壤因子与乔木层不同树种树枝生物量占总树枝生物量百分比与相关关系表

土壤因子	Pbpbr2	Pbobr2
PH	-0.187*	0.187*
OM	-0.077	0.077
TN	-0.013	0.013
TP	0.171*	-0.171*
TK	-0.080	0.080
HN	-0.002	0.002
YP	-0.089	0.089
SK	-0.074	0.074

注：*为 0.05 水平上的相关性。

各指数曲线拟合的显著性均有差异，从曲线拟合的 R^2 看，R^2 均比较小。乔木层思茅松树枝生物量占总树枝生物量百分比随土壤 pH 的增加呈不断减少的趋势［图 7.25(a)］；随土壤有机质含量、全钾、水解性氮、速效钾的增加呈先减少后增加的趋势，当土壤有机质含量为 45g/kg、全钾为 1.7g/kg、水解性氮为 75mg/kg、速效钾为 120 mg/kg 时分别达到最小值［图 7.25(b)、(e)、(f)、(h)］；随全氮、有效磷的增加呈先缓慢增加后缓慢减少的趋势，当全氮为 0.07g/kg、有效磷为 3.1mg/kg 时分别达到最大值［图 7.25(c)、(g)］；随全磷的增加呈不断增加的趋势［图 7.25(d)］。乔木层其他树种树枝生物量占总树枝生物量百分比随土壤因子的变化趋势与之相反(图 7.25)。

土壤有机质含量、全钾、水解性氮、速效钾对乔木层不同树种树枝生物量占总树枝生物量百分比变化趋势的影响相似［图 7.25(b)、(e)、(f)、(h)］；全氮、有效磷生物量对乔木层不同树种树枝生物量占总树枝生物量百分比变化趋势的影响相似［图 7.25(c)、(g)］。

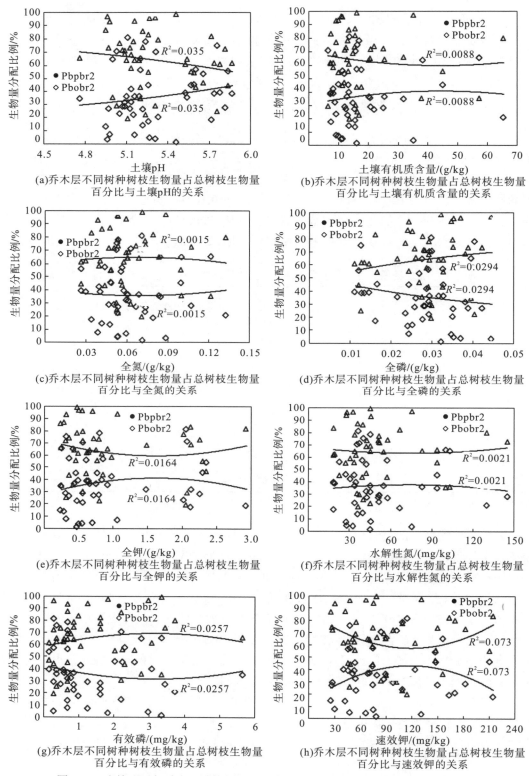

图7.25 土壤因子与乔木层不同树种树枝生物量占总树枝生物量百分比的相关性分析

4. 土壤因子与乔木层不同树种树叶生物量占总树叶生物量百分比的关系

乔木层不同树种树叶生物量占总树叶生物量百分比随土壤因子变化的相关性呈正负相反，且相关性最大值和相关系数相同的规律。乔木层思茅松树叶生物量占总树叶生物量百分比(Pbpl2)与土壤 pH、土壤有机质含量、全氮、全钾、水解性氮、有效磷、速效钾均呈负相关性，其中与全钾有最大负相关性(−0.292)；与全磷呈正相关性(0.083)。乔木层其他树种树叶生物量占总树叶生物量百分比(Pbol2)与土壤因子的相关性存在和以上相关性正负相反，最大值和相关系数相同的规律(表 7.26)。

表 7.26　土壤因子与乔木层不同树种树叶生物量占总树叶生物量百分比相关关系表

土壤因子	Pbpl2	Pbol2
PH	−0.201*	0.201*
OM	−0.125*	0.125*
TN	−0.112*	0.112*
TP	0.083	−0.083
TK	−0.292*	0.292*
HN	−0.088	0.088
YP	−0.110*	0.110*
SK	−0.236*	0.236*

注：*为 0.05 水平上的相关性。

各指数曲线拟合的显著性均有差异，从曲线拟合的 R^2 看，R^2 均比较小。乔木层思茅松树叶生物量占总树叶生物量百分比随土壤 pH、土壤有机质含量、全氮、全钾、水解性氮的增加呈不断减少的趋势［图 7.26(a)、(b)、(c)、(e)、(f)］；随全磷、有效磷的增加呈不断增加的趋势［图 7.26(d)、(g)］；随速效钾的增加呈先减少后增加的趋势，当速效钾为 135 mg/kg 时达到最小值［图 7.26(h)］。乔木层其他树种树叶生物量占总树叶生物量百分比随土壤因子的变化趋势与之相反(图 7.26)。

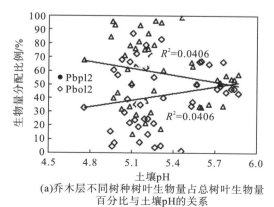

(a)乔木层不同树种树叶生物量占总树叶生物量
百分比与土壤pH的关系

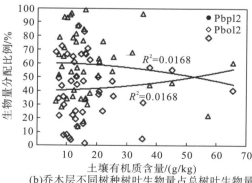

(b)乔木层不同树种树叶生物量占总树叶生物量
百分比与土壤有机质含量的关系

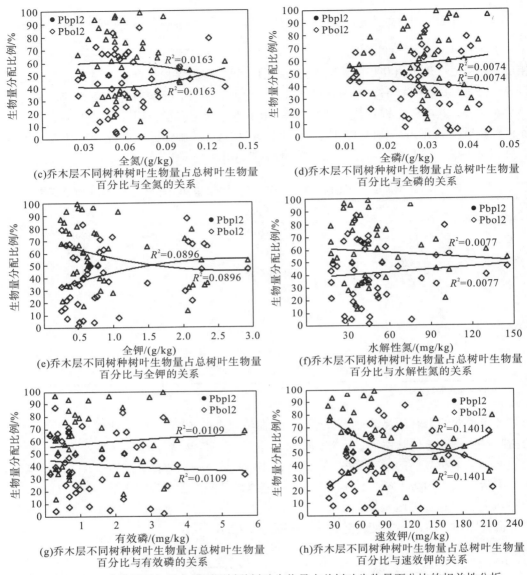

图 7.26 土壤因子与乔木层不同树种树叶生物量占总树叶生物量百分比的相关性分析

土壤 pH、土壤有机质含量、全氮、全钾、水解性氮对乔木层不同树种树叶生物量占总树叶生物量百分比变化趋势的影响相似 [图 7.26(a)、(b)、(c)、(e)、(f)]；全磷、有效磷对乔木层不同树种树叶生物量占总树叶生物量百分比变化趋势的影响相似 [图 7.26(d)、(g)]。

5. 土壤因子与乔木层不同树种地上部分生物量占总地上部分生物量百分比的关系

乔木层不同树种地上部分生物量占总地上部分生物量百分比随土壤因子变化的相关性呈正负相反，且相关性最大值和相关系数相同的规律。乔木层思茅松地上部分生物量占总地上部分生物量百分比（Pbpa2）与土壤 pH、土壤有机质含量、全钾、有效磷、速效钾均呈负相关性，其中与全钾有最大负相关性（-0.154）；与全氮、全磷、水解性氮均呈正相关性，其中与全磷有最大正相关性（0.084）。乔木层其他树种地上部分生物量占总地上部分生物量百分比（Pboa2）与土壤因子的相关性存在和以上相关性正负相反，最大值和相关系数相同的规律（表 7.27）。

表 7.27　土壤因子与乔木层不同树种地上部分生物量占总地上部分生物量百分比相关关系表

土壤因子	Pbpa2	Pboa2
PH	-0.190*	0.190*
OM	-0.014	0.014
TN	0.003	-0.003
TP	0.084	-0.084
TK	-0.154*	0.154*
HN	0.037	-0.037
YP	-0.122*	0.122*
SK	-0.038	0.038

注：*为 0.05 水平上的相关性。

　　各指数曲线拟合的显著性均有差异，从曲线拟合的 R^2 看，R^2 均比较小。乔木层思茅松地上部分生物量占总地上部分生物量百分比随土壤 pH、全钾的增加呈缓慢减少的趋势 [图 7.27(a)、(e)]；随土壤有机质含量、全氮的增加呈基本不变的趋势 [图 7.27(b)、(c)]；随全磷、水解性氮、有效磷的增加呈缓慢增加的趋势 [图 7.27(d)、(f)、(g)]；随速效钾的增加呈先减少后增加的趋势，当速效钾为 120 mg/kg 时达到最小值 [图 7.27(h)]。乔木层其他树种地上部分生物量占总地上部分生物量百分比随土壤因子的变化趋势与之相反（图 7.27）。

　　土壤 pH、全钾对乔木层不同树种地上部分生物量占总地上部分生物量百分比变化趋势的影响相似 [图 7.27(a)、(e)]；土壤有机质含量、全氮对乔木层不同树种地上部分生物量占总地上部分生物量百分比变化趋势的影响相似 [图 7.27(b)、(c)]；全磷、水解性氮、有效磷对乔木层不同树种地上部分生物量占总地上部分生物量百分比变化趋势的影响相似 [图 7.27(d)、(f)、(g)]。

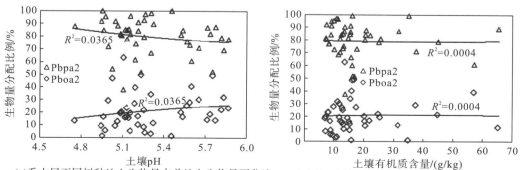

(a)乔木层不同树种地上生物量占总地上生物量百分比与土壤pH的关系　(b)乔木层不同树种地上生物量占总地上生物量百分比与土壤有机质含量的关系

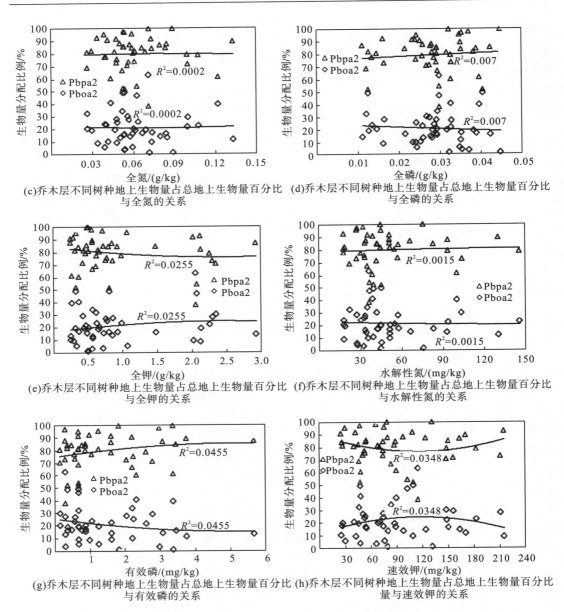

图 7.27　土壤因子与乔木层不同树种地上部分生物量占总地上部分生物量百分比的相关性分析

6. 土壤因子与乔木层不同树种根系生物量占总根系生物量百分比的关系

　　乔木层不同树种根系生物量占总根系生物量百分比随土壤因子变化的相关性呈正负相反，且相关性最大值和相关系数相同的规律。乔木层思茅松根系生物量占总根系生物量百分比(Pbpr2)与土壤 pH、土壤有机质含量、全氮、全钾、有效磷、速效钾均呈负相关性，其中与土壤 pH 有最大负相关性(-0.121)；与全磷、水解性氮呈正相关性(0.088、0.016)。乔木层其他树种根系生物量占总根系生物量百分比(Pbor2)与土壤因子的相关性存在和以上相关性正负相反，最大值和相关系数相同的规律(表 7.28)。

表 7.28　土壤因子与乔木层不同树种根系生物量占总根系生物量百分比相关关系表

土壤因子	Pbpr2	Pbor2
PH	-0.121*	0.121*
OM	-0.077	0.077
TN	-0.036	0.036
TP	0.088	-0.088
TK	-0.114*	0.114*
HN	0.016	-0.016
YP	-0.076	0.076
SK	-0.066	0.066

注：*为 0.05 水平上的相关性。

　　各指数曲线拟合的显著性均有差异，从曲线拟合的 R^2 看，R^2 均比较小。乔木层思茅松根系生物量占总根系生物量百分比随土壤 pH、全氮的增加呈缓慢减少的趋势［图 7.28(a)、(c)］；随土壤有机质含量、全钾、水解性氮、速效钾的增加呈先减少后增加的趋势，当土壤有机质含量为 50g/kg、全钾为 1.75g/kg、水解性氮为 62mg/kg、速效钾为 120 mg/kg 时分别达到最小值［图 7.28(b)、(e)、(f)、(h)］；随全磷的增加呈缓慢增加的趋势［图 7.28(d)］；随有效磷的增加呈先缓慢增加后缓慢减少的趋势，当有效磷为 3.3mg/kg 时达到最大值［图 7.28(g)］。乔木层其他树种根系生物量占总根系生物量百分比随土壤因子的变化趋势与之相反(图 7.28)。

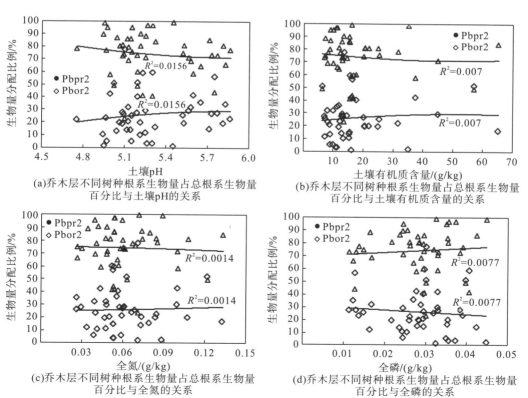

(a)乔木层不同树种根系生物量占总根系生物量百分比与土壤pH的关系

(b)乔木层不同树种根系生物量占总根系生物量百分比与土壤有机质含量的关系

(c)乔木层不同树种根系生物量占总根系生物量百分比与全氮的关系

(d)乔木层不同树种根系生物量占总根系生物量百分比与全磷的关系

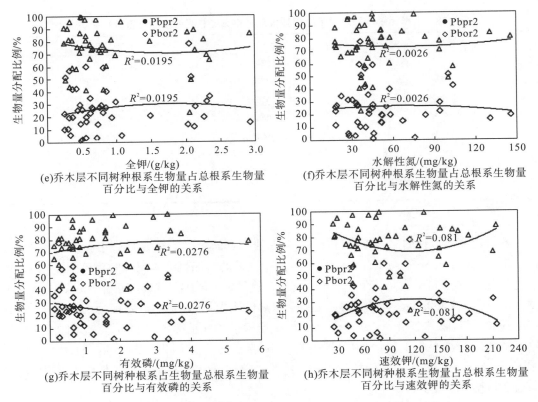

图 7.28   土壤因子与乔木层不同树种根系生物量占总根系生物量百分比的相关性分析

土壤 pH、全氮对乔木层不同树种根系生物量占总根系生物量百分比变化趋势的影响相似 [图 7.28(a)、(c)]；土壤有机质含量、全钾、水解性氮、速效钾对乔木层不同树种根系生物量占总根系生物量百分比变化趋势的影响相似 [图 7.28(b)、(e)、(f)、(h)]。

7. 土壤因子与不同树种总生物量占乔木层总生物量百分比的关系

不同树种总生物量占乔木层总生物量百分比随土壤因子变化的相关性呈正负相反，且相关性最大值和相关系数相同的规律。思茅松总生物量占乔木层总生物量百分比(Pbpt2)与土壤 pH、土壤有机质含量、全氮、全钾、有效磷、速效钾均呈负相关性，其中与土壤 pH 有最大负相关性(−0.178)；与全磷、水解性氮均呈正相关性，其中与全磷有最大正相关性(0.084)。其他树种总生物量占乔木层总生物量百分比(Pbot2)与土壤因子的相关性存在和以上相关性正负相反，最大值和相关系数相同的规律(表 7.29)。

表 7.29   土壤因子与不同树种总生物量占乔木层总生物量百分比相关关系表

土壤因子	Pbpt2	Pbot2
PH	−0.178*	0.178*
OM	−0.024	0.024
TN	−0.004	0.004
TP	0.084	−0.084

续表

土壤因子	Pbpt2	Pbot2
TK	-0.149*	0.149*
HN	0.036	-0.036
YP	-0.113*	0.113*
SK	-0.042	0.042

注：*为 0.05 水平上的相关性。

各指数曲线拟合的显著性均有差异，从曲线拟合的 R^2 看，R^2 均比较小。思茅松总生物量占乔木层总生物量百分比随土壤pH、全钾的增加呈不断减少的趋势[图 7.29(a)、(e)]；随土壤有机质含量、全氮、水解性氮的增加呈基本不变的趋势［图 7.29(b)、(c)、(f)］；随全磷、有效磷的增加呈缓慢增加的趋势［图 7.29(d)、(g)］；随速效钾的增加呈先减少后增加的趋势，当速效钾为 120 mg/kg 时达到最小值［图 7.29(h)］。其他树种总生物量占乔木层总生物量百分比随土壤因子的变化趋势与之相反(图 7.29)。

土壤 pH、全钾对不同树种总生物量占乔木层总生物量百分比变化趋势的影响相似［图 7.29(a)、(e)］；土壤有机质含量、全氮、水解性氮对不同树种总生物量占乔木层总生物量百分比变化趋势的影响相似［图 7.29(b)、(c)、(f)］；全磷、有效磷对不同树种总生物量占乔木层总生物量百分比变化趋势的影响相似［图 7.29(d)、(g)］。

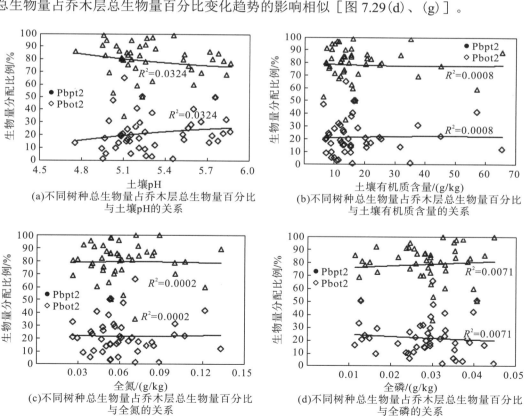

(a)不同树种总生物量占乔木层总生物量百分比与土壤pH的关系

(b)不同树种总生物量占乔木层总生物量百分比与土壤有机质含量的关系

(c)不同树种总生物量占乔木层总生物量百分比与全氮的关系

(d)不同树种总生物量占乔木层总生物量百分比与全磷的关系

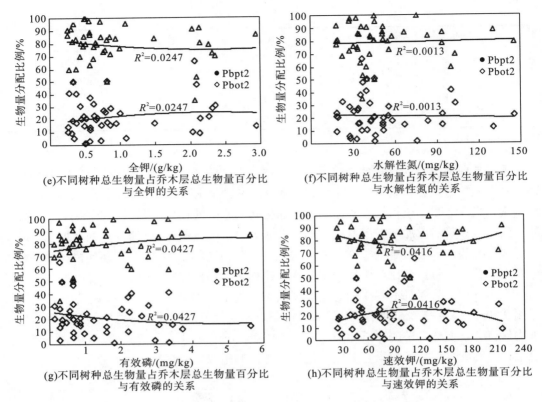

图 7.29　土壤因子与不同树种总生物量占乔木层总生物量百分比的相关性分析

7.2　土壤因子对思茅松天然林生物量分配的环境解释

7.2.1　土壤因子与林层各总生物量及分配比例的 CCA 排序分析

从林层各生物量与土壤因子的 CCA 排序结果(表 7.30)可以看出，四个轴的特征值分别为 0.025、0.006、0.002 和 0.001，总特征值为 0.146。四个轴分别表示了土壤因子变量的 17.2%、21.2%、22.6%和 23.4%。第一排序轴解释了思茅松天然林林分各层生物量变化信息的 72.7%，前两轴累积解释其变化的 89.4%，可见排序的前两轴，尤其是第一轴较好地反映了样地林层各生物量随土壤因子的变化。

从林层各生物量分配比例与土壤因子的 CCA 排序结果(表 7.30)可以看出，四个轴的特征值分别为 0.024、0.007、0.004 和 0.001，总特征值为 0.159。四个轴分别表示了土壤因子变量的 15.1%、19.6%、21.9%和 22.7%。第一排序轴解释了思茅松天然林生物量分配比例变化信息的 66.3%，第二轴累积解释其变化的 86.3%，可见排序的前两轴，尤其是第一轴较好地反映了样地林层各生物量分配比例随土壤因子的变化。

表 7.30　土壤因子与林层各生物量及分配比例的 CCA 排序结果

变量	指标	AX1	AX2	AX3	AX4	总特征值
生物量	EI	0.025	0.006	0.002	0.001	
	SPEC	0.616	0.489	0.304	0.357	
	CPVSD	17.2	21.2	22.6	23.4	0.146
	CPVSER	72.7	89.4	95.5	98.9	
生物量分配比例	EI	0.024	0.007	0.004	0.001	
	SPEC	0.622	0.484	0.352	0.235	
	CPVSD	15.1	19.6	21.9	22.7	0.159
	CPVSER	66.3	86.3	96.5	99.9	

从样地林层各生物量与土壤因子 CCA 排序的相关性分析结果(表 7.31)可以看出,土壤 pH 与排序轴第一轴具有最大正相关性,相关系数为 0.5581;全磷与排序轴第一轴具有最大负相关性,相关系数为-0.4917;水解性氮与第二轴的相关性较高,相关系数为 0.3195;土壤 pH 与各轴均呈正相关。除土壤 pH、全钾和有效磷外,其他土壤因子均与第一轴呈负相关。除全钾和全磷外,其他土壤因子均与第二轴呈正相关。因此,影响思茅松天然林林层各生物量的土壤因子有:土壤 pH、全磷、水解性氮。

从样地林层各生物量分配比例与土壤因子 CCA 排序的相关性分析结果(表 7.31)可以看出,土壤 pH 与排序轴第一轴具有最大正相关性,相关系数为 0.5785;全磷与排序轴第一轴具有最大负相关性,相关系数为-0.5108;水解性氮与第二轴的相关性较高,相关系数为 0.3588。土壤 pH、全钾和速效钾与各轴均呈正相关。除土壤 pH、全钾、有效磷和速效钾外,其他土壤因子均与第一轴呈负相关。所有土壤因子均与第二轴和第四轴呈正相关。因此,影响思茅松天然林林层各生物量分配比例的土壤因子有:土壤 pH、全磷、水解性氮和速效钾。

由此可以看出,土壤因子中的土壤 pH、全磷、水解性氮和速效钾均对思茅松天然林样地林层各生物量及分配比例具有较大影响。

表 7.31　土壤因子与林层各生物量及分配比例 CCA 排序的相关性分析

土壤因子	生物量				生物量比例			
	AX1	AX2	AX3	AX4	AX1	AX2	AX3	AX4
PH	0.5581	0.0234	0.0673	0.0576	0.5785	0.0180	0.0176	0.0397
OM	-0.2141	0.1593	0.1725	-0.0577	-0.1743	0.3237	0.0824	0.0302
TN	-0.2091	0.2045	0.1715	0.0550	-0.1890	0.3373	0.0213	0.0703
TP	-0.4917	-0.0244	0.0336	0.1844	-0.5108	0.0434	0.0015	0.1153
TK	0.1055	-0.0217	0.1563	0.1103	0.1227	0.1000	0.0970	0.0828
HN	-0.1065	0.3195	0.1526	0.0598	-0.0902	0.3588	-0.0618	0.0925
YP	0.0047	0.1659	-0.0261	0.0200	0.0204	0.1402	-0.0843	0.0089
SK	-0.0834	0.2147	0.2185	0.0109	0.0171	0.3836	0.0409	0

从各林层总生物量与土壤因子的 CCA 排序图［图 7.30(a)］可以看出，沿着 CCA 第一轴从左至右，全磷、土壤有机质含量、全氮、水解性氮和速效钾等土壤因子不断减少，有效磷、全钾和土壤 pH 等土壤因子不断增加。沿着 CCA 第二轴从下往上，全钾和全磷不断减少，土壤 pH、土壤有机质含量、有效磷、全氮、速效钾和水解性氮不断增大。土壤 pH 与第一轴具有较强正相关性，全磷与第一轴具有较强负相关性；有效磷、速效钾和水解性氮与第二轴具有较强的正相关性。全磷与乔木层总生物量(Bt)、乔木层地上总生物量(Bta)、天然林地上总生物量(Bsat)、天然林总生物量(Bstt)的相关性较密切；且乔木层总生物量(Bt)、乔木层地上总生物量(Bta)、天然林地上总生物量(Bsat)、天然林总生物量(Bstt)聚集在一起，表明它们具有相似的变化规律，在相似的条件下取得最大值。全磷与乔木层根系总生物量(Btr)、天然林根系总生物量(Bsrt)有一定的相关性，且乔木层根系总生物量(Btr)、天然林根系总生物量(Bsrt)具有相似的变化规律。土壤 pH、全钾与灌木层根系总生物量(Bshrubr)、草本层地上总生物量(Bherba)具有较强的相关性，且当全钾最大，土壤pH较小时灌木层根系总生物量(Bshrubr)、草本层地上总生物量(Bherba)具有最大值。土壤 pH、全磷与思茅松天然林各总生物量的相关性最强。

从各林层总生物量分配比例与土壤因子的 CCA 排序图［图 7.30(b)］可以看出，沿着 CCA 第一轴从左至右，全磷、土壤有机质含量、全氮和水解性氮等土壤因子逐渐减少，速效钾、有效磷、全钾和土壤 pH 等土壤因子逐渐增大。沿着 CCA 第二轴从下往上，土壤 pH、全磷、全钾、有效磷、土壤有机质含量、全氮、水解性氮和速效钾不断增大，且都与第二轴呈正相关。土壤 pH 与第一轴具有较强的正相关性，全磷与第一轴具有较强的负相关性；有效磷、速效钾和水解性氮与第二轴具有较强的正相关性。全磷与乔木层总生物量百分比(Pbt)、乔木层地上总生物量百分比(Pbta)和乔木层根系总生物量百分比(Pbtr)具有密切的相关性，且乔木层总生物量百分比(Pbt)、乔木层地上总生物量百分比(Pbta)和乔木层根系总生物量百分比(Pbtr)聚集在一起，表明它们具有相似的变化规律。全钾与灌木层根系总生物量百分比(Pbshrubr)具有密切的相关性。其他林层各总生物量分配比例与土壤因子的相关性不强。

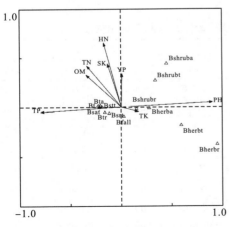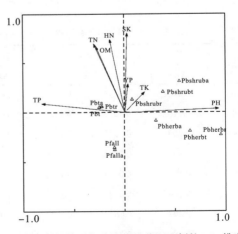

(a)土壤因子与林层各总生物量的CCA排序图   (b)土壤因子与林层各总生物量分配比例的CCA排序图

图 7.30 土壤因子与林层各总生物量及分配比例的 CCA 排序图

7.2.2　土壤因子与乔木层各器官生物量及分配比例的 CCA 排序分析

从乔木层各器官生物量与土壤因子的 CCA 排序结果(表 7.32)可以看出，四个轴的特征值分别为 0.014、0.006、0.002 和 0.001，总特征值为 0.126。四个轴分别表示了土壤因子变量的 10.8%、15.7%、17.7%和 18.1%。第一排序轴解释了思茅松天然林乔木层各器官生物量变化信息的 58.2%，前两轴累积解释其变化的 84.7%，可见排序的前两轴，尤其是第一轴较好地反映了样地乔木层各器官生物量随土壤因子的变化。

从乔木层各器官生物量分配比例与土壤因子的 CCA 排序结果表(表 7.32)可以看出，四个轴的特征值分别为 0.006、0.002、0.001 和 0，总特征值为 0.034。四个轴分别表示了土壤因子变量的 17.1%、23.6%、27.9%和 29.1%。第一排序轴解释了思茅松天然林乔木层各器官生物量分配比例变化信息的 56.6%，第二轴累积解释其变化的 78.3%，可见排序的前两轴，尤其是第一轴较好地反映了样地乔木层各器官各生物量分配比例随土壤因子的变化。

表 7.32　土壤因子与乔木层各器官生物量及分配比例的 CCA 排序结果

变量	指标	AX1	AX2	AX3	AX4	总特征值
生物量	EI	0.014	0.006	0.002	0.001	
	SPEC	0.4	0.502	0.617	0.451	0.126
	CPVSD	10.8	15.7	17.7	18.1	
	CPVSER	58.2	84.7	95.2	97.7	
生物量分配比例	EI	0.006	0.002	0.001	0	
	SPEC	0.614	0.554	0.577	0.565	0.034
	CPVSD	17.1	23.6	27.9	29.1	
	CPVSER	56.6	78.3	92.4	96.6	

从乔木层各器官生物量与土壤因子 CCA 排序的相关性分析结果(表 7.33)可以看出，全钾与第一排序轴具有最大正相关性，相关系数为 0.2256；速效钾与第一排序轴的相关性次之。速效钾与排序轴第二轴具有最大正相关性，相关系数为 0.3598；水解性氮与排序轴第二轴的相关性次之，相关系数为 0.3532；全氮与第二轴的相关性较高。除全磷外，其他土壤因子均与第一轴呈正相关。除土壤 pH 和有效磷外，其他土壤因子均与第二轴呈正相关。由此可以看出，影响思茅松天然林乔木层各器官生物量的土壤因子有：速效钾、水解性氮。

从乔木层各器官生物量分配比例与土壤因子 CCA 排序的相关性分析结果(表 7.33)可以看出，速效钾与排序轴第一轴具有最大正相关，相关系数为 0.5478；全氮、水解性氮、土壤有机质与排序轴第一轴的相关性相对较高，相关系数分别为 0.3588、0.3572、0.3533；土壤 pH 与第二轴具有最大负相关性，相关系数为-0.3820。所有土壤因子均与第一轴呈正相关。由此可以看出，影响思茅松天然林乔木层各器官生物量分配比例的土壤因子有：速效钾、土壤 pH。

表 7.33　土壤因子与乔木层各器官生物量及分配比例的 CCA 排序的相关性分析

土壤因子	生物量				生物量比例			
	AX1	AX2	AX3	AX4	AX1	AX2	AX3	AX4
PH	0.1064	−0.1608	0.2992	0.1800	0.0707	−0.3820	0.0360	0.3058
OM	0.1032	0.2544	−0.1526	−0.1167	0.3533	0.1658	−0.0577	−0.1083
TN	0.0833	0.3122	0.0025	0.0085	0.3588	0.1408	0.0800	0.0159
TP	−0.0198	0.2283	0.1444	−0.2836	0.0937	0.1761	0.3379	−0.2574
TK	0.2256	0.0790	0.2115	0.2118	0.3110	−0.2118	0.0745	0.1041
HN	0.0544	0.3532	0.0202	−0.0288	0.3572	0.1745	0.1242	−0.0396
YP	0.1130	−0.0452	0.0776	−0.1390	0.1251	−0.1142	0.0956	−0.0915
SK	0.2098	0.3598	0.0309	0.1813	0.5478	0.0922	0.0258	0.1877

从乔木层各维量生物量与土壤因子的 CCA 排序图［图 7.31（a）］可以看出，沿着 CCA 第一轴从左至右，全磷不断减少，水解性氮、全氮、土壤有机质含量、土壤 pH、有效磷、速效钾和全钾不断增加。沿着 CCA 第二轴从下往上，土壤 pH、有效磷不断减小，全钾、全磷、土壤有机质含量、全氮、水解性氮和速效钾不断增加。全钾与第一轴具有较强正相关性；水解性氮与第二轴具有较强的正相关性。全磷与思茅松木材生物量（Bpw）具有较密切的相关性，当全磷较大时思茅松木材生物量（Bpw）具有较大值；全磷与思茅松地上生物量（Bpa）、思茅松总生物量（Bpt）和思茅松树枝生物量（Bpbr）具有一定的相关性，且思茅松地上生物量（Bpa）、思茅松总生物量（Bpt）和思茅松树枝生物量（Bpbr）聚集在一起，表明它们具有相似的变化规律，在相似的条件下取得最大值。全磷与乔木层根系总生物量（Btr）具一定相关性。水解性氮与乔木层木材总生物量（Btw）有较强相关性，当水解性氮中等时，乔木层木材总生物量（Btw）具有最大值。全磷、水解性氮与乔木层总生物量（Btt）和乔木层地上总生物量（Bta）有较强相关性，且乔木层总生物量（Btt）和乔木层地上总生物量（Bta）聚集在一起，表明它们具有相似的变化规律，在相似的条件下取得最大值。乔木层树枝总生物量（Btbr）与速效钾和全钾有一定相关性。速效钾、水解性氮与乔木层各器官生物量的相关性最为密切。

从乔木层各维量生物量分配比例与土壤因子的 CCA 排序图［图 7.31（b）］可以看出，沿着 CCA 第一轴从左至右，土壤 pH、全磷、有效磷、全钾、水解性氮、全氮、土壤有机质含量和速效钾逐渐增大。沿着 CCA 第二轴从下往上，土壤 pH、全钾、有效磷不断减小，速效钾、全氮、土壤有机质含量、水解性氮和全磷不断增大。速效钾与第一轴具有较强正相关性；土壤 pH 与第二轴具有较强负相关性。土壤 pH 与其他树种树叶生物量百分比（Pbol1）和思茅松树枝生物量百分比（Pbpbr1）具有密切相关性。全钾与其他树种根系生物量百分比（Pbor1）具有密切相关性。速效钾与其他树种木材生物量百分比（Pbow1）、思茅松木材生物量百分比（Pbpw1）具有密切相关性。全磷与思茅松树皮生物量占总树皮生物量百分比（Pbpb2）、思茅松木材生物量占乔木层总木材生物量百分比（Pbpw2）具有密切相关性。思茅松地上生物量占总地上生物量百分比(Pbpa2)、其他树种树皮生物量百分比(Pbob1)、思茅松生物量占总生物量百分比(Pbpt2)、思茅松根系生物量占总根系生物量百分比(Pbpr2)聚集在一起,表明它们具有相似的变化规律。

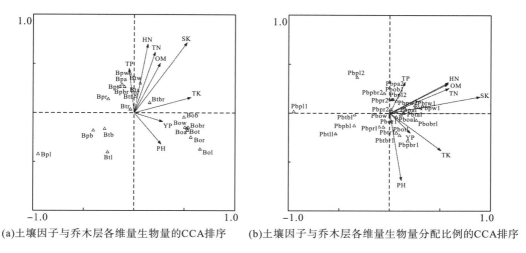

(a)土壤因子与乔木层各维量生物量的CCA排序　　(b)土壤因子与乔木层各维量生物量分配比例的CCA排序

图 7.31　土壤因子与乔木层各维量生物量及分配比例的 CCA 排序图

7.3　小　　结

基于三个典型位点 45 块思茅松天然林样地和 128 珠样木的各维量生物量及分配比例数据,结合土壤因子(土壤 pH、土壤有机质含量、全氮、全磷、全钾、水解性氮、有效磷、速效钾),采用相关性分析和 CCA 排序方法,分析了思茅松天然林各维量生物量及分配比例与土壤因子之间的关系,得出以下结论。

(1)思茅松天然林各维量的 34 个生物量中有 13 个生物量维量与土壤 pH 呈极显著或显著相关性,且这 13 个生物量维量随土壤 pH 的增加基本呈增加的趋势;思茅松天然林的 43 个生物量分配比例维量中有 11 个生物量分配比例维量与土壤 pH 呈显著相关性,且这 11 个生物量分配比例维量随土壤 pH 的增加无相对一致的变化规律。思茅松天然林各维量的 34 个生物量中有 2 个生物量与土壤有机质含量呈显著相关性,且这 2 个生物量维量随土壤有机质含量的增加基本呈增加的趋势;思茅松天然林的 43 个生物量分配比例维量中有 8 个生物量分配比例维量与土壤有机质含量呈极显著或显著相关性,且这 8 个生物量分配比例维量随土壤有机质含量的增加维量无相对一致的变化规律。思茅松天然林各维量的 34 个生物量中有 10 个生物量维量与全氮呈显著相关性,且这 10 个生物量维量都随全氮的增加基本呈增加的趋势;思茅松天然林的 43 个生物量分配比例维量中有 6 个生物量分配比例维量与全氮呈极显著或显著相关性,且这 6 个生物量分配比例维量都随全氮的增加基本呈增加的趋势。思茅松天然林各维量的 34 个生物量中有 4 个生物量维量与全磷呈显著相关性,且这 4 个生物量维量都随全磷的增加基本呈增加的趋势;思茅松天然林的 43 个生物量分配比例维量中有 10 个生物量分配比例维量与全磷呈极显著或显著相关性,且这 10 个生物量分配比例维量随全磷的增加无相对一致的变化规律。思茅松天然林各维量的 34 个生物量中有 12 个生物量维量与全钾呈极显著或显著相关性，且这 12 个生物量维量均随全钾的增加呈增加的趋势；思茅松天然林的 43 个生物量分配比例维量中仅 1 个生物量分配比例维量与全钾呈显著相关性，且这个生物量分配比例维量随全钾的增加呈先减少后增加的趋势。思茅松天然林各维量的 34 个生物量中有 3 个生物量维量与水解性氮呈显著相关性，且这 3 个生物量维量随水解性氮的增加无相对一致的变化规律；思茅松天然林的 43 个生物量分配比例维量中有 6 个生物量分配比例维量与水解性氮呈极显著或显著相关性，且这 6 个生物量分配比例维量均随水解性氮的增加基本呈减少的趋势。思茅松天然林的 34 个生物量维量和 43 个生物量分配比例维量，均不与有效磷呈显著相关性。思茅松天然林各维量的 34 个生物量中有 16 个生物量维量与速效钾呈极显著或显著相关性，且这 16 个生物量维量均随速效钾的增加基本呈先增加后减少的趋势；思茅松天然林的 43 个生物量分配比例维量中有 13 个生物量分配比例与速效钾呈显著相关性，且这 13 个生物量分配比例维量随速效钾的增加无相对一致的变化规律。

(2)通过对思茅松天然林各维量生物量及分配比例与土壤因子的 CCA 排序结果可知，前两轴的累积解释量均在 78.3%以上。对思茅松天然林林层各生物量及分配比例与土壤因子 CCA 排序的相关性分析可知，土壤 pH 与第一轴呈较大正相关性，全磷与第一轴呈较大负相关性。对思茅松天然林乔木层各器官生物量及分配比例与林分因子 CCA 排序的相关性分析可知，速效钾与第一轴有最大正相关性。从 CCA 二维排序图上可以看出，土壤 pH、全磷对思茅松天然林各总生物量及分配比例影响最大，速效钾、水解性氮对乔木层各器官生物量及分配比例影响最大。

可见，土壤 pH、全磷对思茅松天然林各总生物量及分配比例产生显著影响，速效钾、水解性氮对乔木层各器官生物量及分配比例产生显著影响。随土壤 pH 的增加，各维量生物量基本呈增加的趋势。

第8章 结论与讨论

8.1 结 论

本研究以云南省普洱市三个典型位点的思茅松天然林为研究对象,在三个典型位点共实测45块样地和128株样木的基本测树因子、部分生物量、地形因子和土壤样本数据。利用实测数据计算出思茅松天然林各维量生物量,并分析各典型位点思茅松天然林各维量生物量的分配规律。基于思茅松天然林各维量生物量并结合环境因子(地形因子、林分因子、土壤因子),借助相关性分析以及典范对应分析(CCA)方法,分析了思茅松天然林各维量生物量与环境因子之间的关系,给出了思茅松天然林生物量分配的环境解释。

1. 思茅松天然林各维量生物量分配规律

通过比较思茅松天然林各维量生物量可以看出,各层生物量及百分比分配规律均为:乔木层>枯落物层(根系生物量及百分比除外)>灌木层>草本层,其中乔木层生物量占绝对优势(92.78%以上)。乔木层各器官生物量及百分比分配规律均为:木材>根系>树枝≈树皮>树叶,其中木材生物量占绝对优势(53.02%以上)。乔木层思茅松及其他树种各器官的生物量占乔木层总生物量百分比分配规律均为:思茅松>其他树种,且思茅松占绝对优势。此外,思茅松天然林各维量生物量及百分比分配在三个典型位点上也呈现出一定的差异。三个典型位点中灌木层、草本层生物量及百分比思茅区占优势。三个典型位点中乔木层地上生物量、乔木层总生物量、林分地上生物量、林分总生物量及百分比、乔木层各维量木材生物量、各维量地上总生物量、各维量总生物量澜沧县占优势。三个典型位点中乔木层各维量树皮生物量百分比、思茅松和乔木层树叶生物量百分比、乔木层各器官占乔木层总生物量的百分比墨江县占优势。

2. 思茅松天然林各维量生物量分配的环境解释

通过思茅松天然林各维量生物量及分配比例与气候因子的CCA排序结果可知,前两轴的累积解释量均在80.6%以上,从CCA二维排序图中可以看出,气候因子对思茅松天然林各维量生物量及分配比例没有显著影响。

通过思茅松天然林各维量生物量及分配比例与地形因子的CCA分析结果发现,前两轴的累积解释量均在86.9%以上。从CCA二维排序图可以看出,海拔和坡向对思茅松天然林各维量生物量及分配比例有显著影响。从思茅松天然林各维量生物量与地形因子的相关性分析发现,随海拔的增加各维量生物量基本呈减少的趋势。

通过思茅松天然林各维量生物量及分配比例与林分因子的CCA分析结果发现,前两轴的累积解释量均在89.8%以上。从CCA二维排序图可以看出,林分密度指数、林分平均高、林分优势高和地位指数对思茅松天然林各维量生物量及分配比例有显著影响。从思茅松天然林的各维量生物量与林分因子的相关性分析发现,随林分密度指数、林分平均高、林分优势高的增加各维量生物量基本呈增加的趋势。

通过思茅松天然林各维量生物量及分配比例与土壤因子的 CCA 分析结果发现, 前两轴的累积解释量均在 78.3% 以上。从 CCA 二维排序图可以看出, 土壤 pH、全磷对思茅松天然林各层生物量及分配比例的影响最大,速效钾、水解性氮对乔木层各器官生物量及分配比例的影响最大。从思茅松天然林各维量生物量与土壤因子的相关性分析发现,随土壤 pH 的增加, 各维量生物量基本呈增加的趋势。

综合各环境因子看,地形因子中的海拔和坡向,林分因子中的林分密度指数、林分平均高、林分优势高和地位指数,土壤因子中的土壤 pH、全磷、水解性氮、速效钾均对思茅松天然林各维量生物量及分配比例有显著影响。

8.2 讨 论

8.2.1 思茅松天然林各维量生物量分配

(1)关于思茅松天然林各层生物量分配。本研究,通过对三个典型位点思茅松天然林各层生物量分配的研究发现,无论是各层生物量还是生物量百分比的分配规律均为:乔木层＞枯落物层(根系生物量及百分比除外)＞灌木层＞草本层。这与许丰伟等(2013)对贵州独山县国有林场马尾松人工林生物量的研究, 吴兆录和党承林(1992b)对思茅松林的研究相一致。由于本研究选择的典型位点主要是以思茅松为优势树种的林分,甚至有些样地的乔木层是天然思茅松纯林。因此,思茅松无论是地上部分生物量,还是根系生物量均有较多的积累,且在各层中均占绝对优势。

(2)关于思茅松天然林乔木层各器官生物量分配。对思茅松天然林乔木层思茅松各器官的生物量进行研究后发现,其分配规律为:木材＞根系＞树皮≈树枝＞树叶,这与叶绍明等(2007)对巨桉人工林生物量的研究相一致。但与吴兆录和党承林(1992b)对云南普洱地区思茅松天然林思茅松各器官的研究结果:树干＞树枝＞树叶＞根系＞根茎＞果实的规律有一定差别。但因本书研究的是天然成熟林,林木株数相对较少,同时木材和根系较为发达且积累生物量更多;同时, 本研究在对思茅松天然林乔木层各维量生物量的研究中,采用分思茅松和其他树种研究, 发现在思茅松和其他树种各器官生物量分配规律(木材＞树枝≈根系＞树叶＞树皮)也有部分不相同。但考虑到其他树种主要为刺栲、西南桦、红木荷等树种,其枝较发达,根系的主根相对较细小,故其生物量分配有所不同。

(3)关于三个典型位点生物量分配的不同。三个典型位点之间,澜沧地区思茅松天然总生物量、乔木层生物量、思茅松生物量均比其他两地多。思茅地区思茅松天然林生物量中灌木层、草本层和枯落物层生物量均占优势。而墨江地区各维量生物量相对较少。本研究已经通过地形因子、林分因子和土壤因子对其生物量分配的不同进行了研究。同时, 通过研究区位置的经纬度可以看出,澜沧地区纬度最低,思茅地区次之,墨江地区纬度最高,纬度的差异体现在水热条件的不同。根据罗云建等(2013)对中国森林生态系统生物量及其分配研究中的结果认为，乔木生物量随纬度的增加而减小。韩爱惠(2009)对森林生物量及碳储量研究的结果认为，森林生物量与纬度呈明显的负相关，随着纬度的增加生物量减少。所以，经纬度也是影响三个典型位点生物量分配的因素。

8.2.2　思茅松天然林生物量分配的环境解释

(1)关于林分因子对思茅松天然林各维量生物量分配的影响。本研究认为林分因子中的林分密度指数、林分平均高、林分优势高和地位指数对思茅松天然林各维量生物量的影响更显著。程堂仁等(2007)通过研究甘肃小陇山林区乔木层生物量的林分影响因子后得出，各种林分的乔木层生物量和林分蓄积量均与林分因子中的林分平均胸径、林分平均高、林分密度密切相关。张恒(2010)对部分乔木的生物量和碳储量研究后发现，三种主要乔木：白桦天然林、落叶松人工林、人工油松林林种各组分生物量与林分平均胸径、林分平均高及林分密度极显著相关。本研究得到的结果与其研究结果一致。

(2)关于地形因子对思茅松天然林各维量生物量分配的影响。林木的生长发育和生产力会在不同的地形条件下表现不同(杨俊松等，2016)。刘小菊等(2010)通过研究云南景谷县思茅松人工林得出，在研究的地形因子中，海拔对思茅松的生长影响最显著，坡向影响最小。在本研究中，思茅松天然林各维量生物量的分配受地形因子中的海拔影响最显著，与刘小菊等(2010)的研究结果相一致。

(3)关于土壤因子对思茅松天然林各维量生物量分配的影响。蒋云东等(2005)对云南景谷县思茅松人工林土壤化学性质与树高、地径等相关性的研究发现，土壤 pH、速效磷含量、土壤有机质含量、水解酸含量等土壤因子会影响思茅松的生长，进而对思茅松生物量分配产生影响。本研究发现，土壤 pH、全磷、水解性氮对思茅松天然林各维量生物量的影响显著。本研究中样地的土壤 pH 范围较窄且呈酸性土壤，这与高菲菲(2013)对云南省茶叶主产区土壤养分状况分析与评价中测定的土壤 pH 一致。土壤 pH 是基于样地的实测数据，虽所测得的土壤 pH 范围较窄，但体现了该地的土壤特质，研究该土壤 pH 与各维量生物量的相关性及 CCA 分析，可揭示当地土壤 pH 对生物量的影响，依然具有研究价值。

(4)关于部分环境因子与各维量生物量相关性分析中 R^2 相对较低。环境因子与各维量生物量的 CCA 分析，能从整体上反映环境因子与各维量之间的关系，但不能说明两者之间的变化情况。从 CCA 分析中得到对各维量生物量影响较大的环境因子后，需从环境因子与各维量生物量的相关性分析及变化趋势图中才能反映出受该环境因子影响的生物量的具体变化情况，因此相关性分析中相对较低的 R^2 变化趋势图也具有一定的说明意义。

参 考 文 献

鲍显诚, 陈灵芝, 陈清朗, 等, 1984. 栓皮栎林的生物量[J]. 植物生态学与地植物学丛刊, (4): 63-70.

陈灵芝, 任继凯, 1984. 北京西山人工油松林群落学特性及生物量的研究[J]. 植物生态学与地植物学报, 8(3): 173-181.

程堂仁, 马钦彦, 冯仲科, 等, 2007. 甘肃小陇山森林生物量研究[J]. 北京林业大学学报, 29(1): 31-36.

樊维, 蒙荣, 陈全胜, 2010. 不同施氮水平对克氏针茅草原地上地下生物量分配的影响[J]. 畜牧与饲料科学, 31(2): 74-76.

方精云, 陈安平, 2001. 中国森林植被碳库的动态变化及其意义[J]. 植物学报, 43(9): 967-973.

方精云, 刘国华, 徐嵩龄, 1996. 我国森林植被的生物量和净生产量[J]. 生态学报, (05): 497-508.

冯宗炜, 陈楚莹, 张家武, 1982. 湖南会同地区马尾松林生物量的测定[J]. 林业科学, 18(2): 127-134.

高成杰, 2015. 滇重楼生物量分配与环境调控机制研究[D]. 北京: 中国林业科学研究院.

高成杰, 2012. 干热河谷印楝和大叶相思人工林生物量分配规律与养分循环特征研究[D]. 北京: 中国林业科学研究院.

高菲菲, 2013. 云南省茶叶主产区茶园土壤养分状况分析与评价[D]. 云南农业大学.

耿浩林, 王玉辉, 王风玉, 等, 2008. 恢复状态下羊草(Leymus chinensis)草原植被根冠比动态及影响因子[J]. 生态学报, 28(10): 4629-4634.

韩爱惠, 2009. 森林生物量及碳储量遥感监测方法研究[D]. 北京: 北京林业大学.

韩国栋, 2002. 降水量和气温对小针茅草原植物群落初级生产力的影响[J]. 内蒙古大学学报(自然科学版), 33(1): 83-88.

姜韬, 赵森, 张树梓, 等, 2012. 河北省油松单木生物量及其分配格局分析[J]. 河北林果研究, 27(3): 239-244.

蒋云东, 李思广, 杨忠元, 等, 2005. 土壤化学性质与思茅松人工幼林树高、地径的相关性研究[J]. 西部林业科学, 34(3): 6-10.

黎磊, 周道玮, 盛连喜, 2011. 密度制约决定的植物生物量分配格局[J]. 生态学杂志. 30(8): 1579-1589.

黎磊, 周道玮, 2011. 红葱种群地上和地下构件的密度制约调节[J]. 植物生态学报, 35(3): 284-293.

李江, 2011. 思茅松中幼龄人工林生物量和碳储量动态研究[D]. 北京: 北京林业大学.

李娜, 2008. 川西亚高山森林植被生物量及碳储量遥感估算研究[D]. 雅安: 四川农业大学.

李鹏, 2013. 基于地统计学的秦岭南坡森林乔木层地上生物量空间分布研究[D]. 杨凌: 西北农林科技大学.

李泰君, 胥辉, 丁勇, 等, 2008. 思茅松树干生物量、树皮率与基本密度研究[J]. 林业科技, 33(4): 20-23.

李文华, 邓坤枚, 李飞, 1981. 长白山主要生态系统生物量生产量的研究[J]. 森林生态系统研究(试刊), 34-50.

李雯, 张程, 王庆成, 等, 2015. 指数施肥对白桦裸根苗生长动态、生物量分配及光合作用的影响[J]. 植物研究, (3): 391-396.

林开敏, 洪伟, 俞新妥, 等, 2001. 杉木人工林下植物生物量的动态特征和预测模型[J]. 林业科学, (S1): 99-105.

刘小菊, 苏静霞, 张金枝, 等, 2010. 思茅松人工林生长与立地条件的关系[J]. 中国农学通报, 26(18): 142-145.

罗春旺, 2016. 湿地松生物量分配及细根的养分供应能力研究[D]. 北京: 北京林业大学.

罗云建, 王效科, 张小全, 等, 2013. 中国森林生态系统生物量及其分配研究[M]. 北京: 中国林业出版社.

马冰, 2016. 光照和温度对高寒草甸六种常见禾本科植物幼苗生长和生物量分配的影响[D]. 兰州: 兰州大学.

马维玲, 石培礼, 李文华, 等, 2010. 青藏高原高寒草甸植株性状和生物量分配的海拔梯度变异[J]. 中国科学: 生命科学, 40(6): 533-543.

马志良, 高顺, 杨万勤, 等, 2015. 遮荫对撂荒地草本群落生物量分配和养分积累的影响[J]. 生态学报, 35(16): 5279-5286.

欧光龙, 2014. 气候变化背景下思茅松天然林生物量模型构建[D]. 哈尔滨: 东北林业大学.

潘维俦, 李利村, 高正衡, 等, 1978. 杉木人工林生态系统中的生物产量及其生产力的研究[J]. 湖南林业科技, (5): 1-12.

彭少麟, 张祝平, 1996. 鼎湖山森林植被主要优势种黄果厚壳桂, 厚壳桂生物量及第一性生产力研究. 见中国森林生态系统结构与功能规律研究[M]. 北京: 中国林业出版社.

全国明, 毛丹鹃, 章家恩, 等, 2015. 不同养分水平对飞机草生长与生物量分配的影响[J]. 生态科学, (2): 27-33.

宋智芳, 安沙舟, 孙宗玖, 2009. 刈割和放牧条件下伊犁绢蒿生物量分配特点[J]. 草业科学, 26(12): 118-123.

孙洪刚, 刘军, 董汝湘, 等, 2014. 水分胁迫对毛红椿幼苗生长和生物量分配的影响[J]. 林业科学研究, 27(3): 381-387.

孙雪莲, 舒清态, 欧光龙, 等, 2015. 基于随机森林回归模型的思茅松人工林生物量遥感估测[J]. 林业资源管理, (1): 71-76.

万猛, 李志刚, 李富海, 等, 2009. 基于遥感信息的森林生物量估算研究进展[J]. 河南林业科技, 29(04): 42-45.

王海亮, 2003. 思茅松天然次生林林分生长模型研究[D]. 昆明: 西南林业大学.

王军邦, 王政权, 胡秉民, 2002. 不同栽植方式下紫椴幼苗生物量分配及资源利用分析. 植物生态学报, 26(2): 677-683.

王满莲, 冯玉龙, 2005. 紫茎泽兰和飞机草的形态、生物量分配和光合特性对氮营养的响应[J]. 植物生态学报, 29(5): 697-705.

王娳, 彭书时, 方精云, 2008. 中国北方天然草地的生物量分配及其对气候的响应[J]. 干旱区研究, 25(1): 91-97.

温庆忠, 赵元藩, 陈晓鸣, 等, 2010. 中国思茅松林生态服务功能价值动态研究[J]. 林业科学研究, 23(5): 671-677.

吴楚, 王政权, 范志强, 等, 2004. 氮胁迫对水曲柳幼苗养分吸收、利用和生物量分配的影响[J]. 应用生态学报, 15(11): 2034-2038.

吴兆录, 党承林, 1992a. 云南普洱地区思茅松林的净第一性生产力[J]. 云南大学学报(自然科学版), (2): 128-136.

吴兆录, 党承林, 1992b. 云南普洱地区思茅松林的生物量[J]. 云南大学学报(自然科学版), (2): 119-127.

武会欣, 史月桂, 张宏芝, 等, 2006. 八达岭林场油松生物量的研究[J]. 河北林果研究, 21(3): 240-242.

肖义发, 欧光龙, 王俊峰, 等, 2014. 思茅松单木根系生物量的估算模型[J]. 东北林业大学学报, (1): 57-60.

谢寿昌, 1996. 木果石栎林森林群落的生物量和生产力[J]//中国森林生态系统结构与功能规律研究[M]. 北京: 中国林业出版社.

谢贤健, 张健, 赖挺, 等, 2005. 短轮伐期巨桉人工林地上部分生物量和生产力研究[J]. 四川农业大学学报, 23(1): 66-74.

邢素丽, 张广录, 刘慧涛, 等, 2004. 基于Landsat ETM数据的落叶松林生物量估算模式[J]. 福建林学院学报, (2): 153-156.

胥辉, 张会儒, 2002. 林木生物量模型研究[M]. 昆明: 云南科技出版社.

徐郑周, 2010. 燕山山地华北落叶松人工林生物分配格局及植物多样性的研究[D]. 保定: 河北农业大学.

许丰伟, 高艳平, 何可权, 等, 2013. 马尾松不同林龄林分生物量与净生产力研究[J]. 湖北农业科学, 2013, 52(8): 1853-1858.

薛海霞, 2016. 白刺生物量分配和养分含量对施肥的响应[D]. 北京: 中国林业科学研究院.

杨俊松, 王德炉, 吴春玉, 等, 2016. 地形因子对马铃乡马尾松人工林生长的影响[J]. 林业调查规划, 41(1): 98-100.

叶绍明, 郑小贤, 谢伟东, 等, 2007. 萌芽更新与植苗更新对尾巨桉人工林收获的影响[J]. 南京林业大学学报(自然科学版), 31(3): 43-46.

云南森林编写委员会, 1988. 云南森林[M]. 昆明: 云南科技出版社, 中国林业出版社

张恒, 2010. 大青山主要乔木生物量和碳储量的研究[D]. 呼和浩特: 内蒙古农业大学.

张家武, 冯宗炜, 1980. 桃源县丘陵地区杉木造林密度与生物产量的关系[C]//中国科学院林业土壤研究所: 杉木人工林生态学研究论文集[A], 201-208.

张林静, 石云霞, 潘晓玲, 2007. 草本植物繁殖分配与海拔高度的相关分析[J]. 西北大学学报(自然科学版), 37(1): 77-80.

张玲, 王树凤, 陈益泰, 等, 2013. 3种枫香的根系构型及功能特征对干旱的响应[J]. 土壤, 45(6): 1119-1126.

张茜, 赵成章, 马小丽, 等, 2013. 高寒草地狼毒种群繁殖分配对海拔的响应[J]. 生态学杂志, 32(2): 247-252.

张佐明, 史建峰, 马丽娜, 2012. 落叶松人工林胸径与叶生物量相关性研究[J]. 甘肃林业科技, 37(04): 17-19.

赵菡, 2017. 江西省主要树种不同立地等级的地上生物量与不确定性估计[D]. 北京: 中国林业科学研究院.

中国植物志编辑委员会, 1978. 中国植物志(第7卷)[M]. 北京: 科学出版社

朱丽梅, 胥辉, 2009. 思茅松单木生物量模型研究[J]. 林业科技, 34(3): 19-23.

卓露, 管开云, 李文军, 等, 2014. 不同生境下细叶鸢尾表型可塑性及生物量分配差异性[J]. 生态学杂志, 33(3): 618-623.

Andersson F O, Agren G I, Fuhrer E, 2000. Sustainable tree biomass production[J]. Forest Ecology & Management, 132(1): 51-62.

Andrews M, Raven J A, Sprent J I, 2001 Environmental effects on dry matter partitioning between shoot and root of crop plants: relations with growth and shoot protein concentration[J]. Annals of Applied Biology, 138(1): 57-68.

Balachandran S, Hull R J, Martins R A, et al, 1997. Influence of Environmental Stress on Biomass Partitioning in Transgenic Tobacco Plants Expressing the Movement Protein of Tobacco Mosaic Virus[J]. Plant Physiology, 114(2): 475-481.

Bonser S, Aarssen L, 2009. Interpreting reproductive allometry: Individual strategies of allocation explain size-dependent reproduction in plant populations[J]. Perspectives in Plant Ecology Evolution & Systematics, 11(1): 31-40.

Boysen J P, 1910. Studier over skovtraernes forhold til lyest Tidsskr[J]. F. Skorvaessen, (22): 11-16.

Burton A J, Jarvey J C, Jarvi M P, et al, 2015. Chronic N deposition alters root respiration‐tissue N relationship in northern hardwood forests[J]. Global Change Biology, 18(1): 258-266.

Ccd G, Lfm M, Van d B R, et al, 2002. Interactive effects of nitrogen and irradiance on growth and partitioning of dry mass and nitrogen in young tomato plants[J]. Functional Plant Biology, 29(6): 1319-1328.

Ccd G, Lfm M, Van d B R, et al, 2002. Interactive effects of nitrogen and irradiance on growth and partitioning of dry mass and nitrogen in young tomato plants[J]. Functional Plant Biology, 29(6): 1319-1328.

Chapin F S, Bloom A J, Field C B, et al, 1987. Plant Responses to Multiple Environmental Factors[J]. Bioscience, 37(1): 49-57.

Davidson R L, 1969. Effect of Root/Leaf Temperature Differentials on Root/Shoot Ratios in Some Pasture Grasses and Clover[J]. Annals of Botany, 33(131): 561-569.

Enquist B J, Niklas K J, 2002. Global allocation rules for patterns of biomass partitioning in seed plants[J]. Science, 295(5559): 1517-20.

Ericsson T, Rytter L, Vapaavuori E, 1996. Physiology of carbon allocation in trees[J]. Biomass & Bioenergy, 11(2): 115-127.

Fabbro T, Korner C, 2004. Altitudinal differences in flower traits and reproductive allocation. [J]. Flora, 199(1): 70-81.

French R J, Turner N C, 1991. Water deficits change dry matter partitioning and seed yield in narrow-leafed lupins(*Lupinus angustifolius L.*)[J]. Australian Journal of Agricultural Research, 42(3): 471-484.

Grechi I, Vivin P, Hilbert G, et al, 2007. Effect of light and nitrogen supply on internal C: N balance and control of root-to-shoot biomass allocation in grapevine[J]. Environmental & Experimental Botany, 59(2): 139-149.

Hale B K, Herms D A, Hansen R C, et al, 2005. Effects of drought stress and nutrient availability on dry matter allocation, phenolic glycosides, and rapid induced resistance of poplar to two lymantriid defoliators[J]. Journal of Chemical Ecology, 31(11): 2601-2620.

Harper J L, Ogden J, 1970. The Reproductive Strategy of Higher Plants: I. The Concept of Strategy with Special Reference to Senecio Vulgaris L. [J]. Journal of Ecology, 58(3): 681-698.

Houghton J E T, Ding Y H, Griggs J, et al, 2001. IPCC 2001. Climate Change 2001: the scientific basis[M]// Climate Change 2001: The Scientific Basis: 227-239.

Houghton J T, Meira-Filho L G, Callander B A, et al, 1996. Climate Change 1995. The second IPCC Assessment of Climate Change[M]. California: University of California Press.

Hunt R, Burnett J A, 1973. The Effects of Light Intensity and External Potassium Level on Root/Shoot Ratio and Rates of Potassium

Uptake in Perennial, Ryegrass (*Lolium perenne L.*)[J]. Annals of Botany, 37(3): 233-243.

Huston M, Smith T, 1987. Plant Succession: Life History and Competition[J]. American Naturalist, 130(2): 168-198.

Jackson R B, Schenk H J, Jobbágy E G, et al, 2000. Belowground consequences of vegetation change and their treatment in models. [J]. Ecological Applications, 10(2): 470-483

Kittredge J, 1944. Estimation of the Amount of Foliage of Trees and Stands[J]. Journal of Forestry, 42(12): 905-912.

Krebs C, 1972. The Experimental Analysis of Distribution and Abundance[J]. Quarterly Review of Biology, 48(1): 133-148.

Lacointe A, 2000. Carbon allocation among tree organs: a review of basic processes and representation in functional-structural tree models[J]. Annals of Forest Science, 57(5): 521-533.

Lambers H, Iii F S C, Pons T L, 2008. Plant physiological ecology[M]. SPRINGER.

Litton C M, Raich J W, Ryan M G, 2010. Carbon allocation in forest ecosystems[J]. Global Change Biology, 13(10): 2089-2109.

Lockhart B R, Gardiner E S, Hodges J D, et al, 2008. Carbon allocation and morphology of cherrybark oak seedlings and sprouts under three light regimes[J]. Annals of Forest Science, 65(8): 801.

Macarthur R H, Pianka E R, 1966. On Optimal Use of a Patchy Environment[J]. American Naturalist, 100(916): 603-609.

Maclean D A, Wein R W, 1976. Biomass of jack pine and mixed hardwood stands in northeastern New Bru. [J]. Canadian Journal of Forest Research, 6(4): 441-447.

Mccarthy M C, Enquist B J, 2007. Consistency between an allometric approach and optimal partitioning theory in global patterns of plant biomass allocation[J]. Functional Ecology, 21(4): 713-720.

Mcconnaughay K D M, Coleman J S, 1999. BIOMASS ALLOCATION IN PLANTS: ONTOGENY OR OPTIMALITY? A TEST ALONG THREE RESOURCE GRADIENTS[J]. Ecology, 80(8): 2581-2593.

Mokany K, Raison R, Prokushkin A, 2006. Critical analysis of root: shoot ratios in terrestrial biomes[J]. Global Change Biology, 12(1): 84-96.

Nielsen K L, Eshel ALynch J P, 2001. The effect of phosphorus availability on the carbon economy of contrastingcommon bean (*Phaseolus vulgaris L.*) genotypes[J]. Journal of Experimental Botany, 52(355): 329-339.

Ogawa H, Yoda K, Kira T, 1961. Comparative ecological studies on three main types of forest vegetation in Thailand: II[J]. Nature life southeast Asia (Kyoto), 4(1): 49-80

Poorter H, Nagel O, 2000. The role of biomass allocation in the growth response of plants to different levels of light, CO_2, nutrients and water: a quantitative review (vol 27, pg 595, 2000)[J]. Australian Journal of Plant Physiology, 27(12): 1191-0.

Poorter H, Niklas K J, Reich P B, et al, 2012. Biomass allocation to leaves, stems and roots: meta-analyses of interspecific variation and environmental control[J]. New Phytologist, 193(1): 30-50.

Satoo T, 1955. Phsical basis of growth of forest trees[J]//Recent Advance in Silvicultural Sciences, 116-141.

Shi-RongLiu, CraigBarton, HelenLee, et al, 2002. Long-term response of Sitka spruce (Picea sitchensis (Bong.) Carr.) to CO_2 enrichment and nitrogen supply. I. Growth, biomass allocation and physiology[J]. Giornale Botanico Italiano, 136(2): 189-198.

Snyman H A. Rangeland degradation in a semi-arid South Africa. I, 2005. Influence on seasonal root distribution, root/shoot ratios and water-use efficiency. [J]. Journal of Arid Environments, 60(3): 457-481.

Tilman D, 1989. Plant strategies and the dynamics and structure of plant communities. [J]. Trends in Ecology & Evolution, 51(3): 409-411.

Turner D P, Koerper G J, Harmon M E, et al, 1995. A Carbon Budget for Forests of the Conterminous United States[J]. Ecological Applications, 5(2): 421-436.

Villar R, Veneklaas E J, Jordano P, et al, 1998. Relative growth rate and biomass allocation in 20 Aegilops (Poaceae) species[J]. New Phytologist, 140(3): 425-437.

Wright S D, Mcconnaughay K D M, 2002. Interpreting phenotypic plasticity: the importance of ontogeny[J]. Plant Species Biology, 17(2-3): 119-131.

Xiang S, Wu N, Sun S, 2009. Within-twig biomass allocation in subtropical evergreen broad-leaved species along an altitudinal gradient: allometric scaling analysis[J]. Trees, 23(3): 637-647.

Xu Z, Zhou G, Wang Y, 2007. Combined effects of elevated CO_2, and soil drought on carbon and nitrogen allocation of the desert shrub Caragana intermedia[J]. Plant & Soil, 301(1-2): 87-97.